中国长江三峡集团有限公司
科技图书出版基金资助

海上风电标准规范试题集

王良友　主编

中国三峡出版传媒
中国三峡出版社

图书在版编目（CIP）数据

海上风电标准规范试题集 / 王良友主编. —北京：
中国三峡出版社，2022.12
ISBN 978-7-5206-0231-0

Ⅰ.①海… Ⅱ.①王… Ⅲ.①海风–风力发电–习题集
Ⅳ.①TM 62–44

中国版本图书馆 CIP 数据核字（2021）第 275685 号

责任编辑：危　雪

中国三峡出版社出版发行
（北京市通州区新华北街156号　101100）
电话：（010）57082635 57082577
http://media.ctg.com.cn

北京世纪恒宇印刷有限公司印刷　新华书店经销
2022 年 12 月第 1 版　2022 年 12 月第 1 次印刷
开本：787 毫米 ×1092 毫米　1/16　印张：15.75
字数：368千字
ISBN 978-7-5206-0231-0　定价：108.00元

《海上风电标准规范试题集》编委会

主　　编： 王良友

副 主 编： 王武斌　　张　龙　　吕鹏远　　吴启仁　　刘　兵　　张继立
　　　　　周　兵　　周　蔺　　王继伟　　范薇薇　　单晓晖　　胡德芳
　　　　　艾　青　　陈露露

参编人员： 兰金江　　王　允　　蔡　东　　李　霞　　徐卫利　　姜　浩
　　　　　王　辉　　刘建平　　李亚静　　韩雷岩　　程　龙　　于　力
　　　　　徐海滨　　刘运志　　刘俊峰　　陈新群　　许新鑫　　倪道俊
　　　　　张连兵　　隋奎芳　　雷增卷　　曾建平　　李　智　　庄清寒
　　　　　王振双　　祝建军　　彭姝姝　　曹锦超　　彭　亚　　符鹏程
　　　　　张　宇　　程人杰　　蔡志崧　　杨　敏　　范海光　　刘博鑫

P 前 言
reface

　　为鼓励和促进海上风电的发展，我国在海上风电规划建设、价格机制、技术扶持等方面出台了一系列政策，为海上风电规模化发展提供了有力保障。从国内海上风电发展的路径上看，我国海上风电经历了试点、特许权招标、规模化探索三个阶段。中国长江三峡集团有限公司（以下简称"三峡集团"）从2016年开始，按照国家能源局的相关部署积极推进海上风电开发，为"十四五"发展做长足准备。

　　三峡集团积极响应国家政策，大力开发海上风电资源，在海上风电场项目建设过程中不断探索，提升了对海上风电场的规划、建设、运行和维护管理水平。为进一步提升三峡集团以及国内海上风电产业的相关从业人员对海上风电相关标准的认识，从而更加规范、系统、全面地了解海上风电的开发、建设、生产、运营全过程，特制订《海上风电标准规范试题集》。本书在参考国际标准、国家标准、行业标准等相关标准的前提下，结合当前海上风电实际的管理需求，编制了2400余道试题，包含判断题、单选题、多选题、填空题和简答题5种题型，涵盖了海上风电工程建设、运行维护等作业过程中的多个工作面，内容力求精准、全面。

　　当前，从业主开发商单位的角度对于海上风电数量众多的标准始终难以入手，但鉴于海上风电资产规模很大，系统化、专业化地进行海上风电的工程建设管理和生产运行维护又迫在眉睫，熟悉并熟练应用相关标准成为其中重要的一环。本书的出版将在一定程度上满足行业的需求，有利于三峡集团以及整个海上风电行业从业人员更加便捷、系统地了解海上风电的相关标准，加深对标准的理解，以此指导自身的实际工作。各单位可将本书作为题库，组织开展相关技能竞赛和培训等工作，有利于从整体上提升各单位风电从业人员的专项技能，更好地为三峡集团和行业创造价值。同时，本书涵盖的海上风电标准数量多，涉及专业内容广泛，也可作为专业人员了解具体海上风电标准的敲门砖，发挥引导的功能，有利于每一个专业人员快速熟悉各个标准的重点、脉络，准确掌握相应的标准内容。

本书作为海上风电标准题集，在国内外图书出版中尚属首例，将填补相关领域图书市场的空白，成为风电从业人员深入系统学习海上风电相关标准的工具书。由于编者水平有限，书中错误和不足在所难免，在此敬请读者谅解，并欢迎在学习过程中提出宝贵意见和建议，以便再版时修订。

C 目 录
ontents

第一章
判断题

第一节　标准依据

一、1～10题

1. GB/T 32346.1—2015《额定电压 220 kV（U_m=252 kV）交联聚乙烯绝缘大长度交流海底电缆及附件 第 1 部分：试验方法和要求》

2. GB/T 32346.2—2015《额定电压 220 kV（U_m=252 kV）交联聚乙烯绝缘大长度交流海底电缆及附件 第 2 部分：大长度交流海底电缆》

3. GB/T 32346.3—2015《额定电压 220 kV（U_m=252 kV）交联聚乙烯绝缘大长度交流海底电缆及附件 第 3 部分：海底电缆附件》

二、11～20题

GB/T 51190—2016《海底电力电缆输电工程设计规范》

三、21～28题

GB/T 51191—2016《海底电力电缆输电工程施工及验收规范》

四、29～37题

GB/T 51167—2016《海底光缆工程验收规范》

五、38～48题

NB/T 31117—2017《海上风电场交流海底电缆选型敷设技术导则》

六、49～67 题

1. GB/T 191—2008《包装储运图示标志》
2. GB/T 50571—2010《海上风力发电工程施工规范》
3. GB/T 51121—2015《风力发电工程施工与验收规范》
4. GB/T 20319—2017《风力发电机组 验收规范》
5. GB/T 31997—2015《风力发电场项目建设工程验收规程》
6. GB 50150—2016《电气装置安装工程 电气设备交接试验标准》
7. GD 10—2017《海上风电场设施检验指南 2017》（中国船级社）
8.《海上风力发电机组认证规范 2012》（中国船级社）

七、68～82 题

1. NB/T 31041—2019《海上双馈风力发电机变流器技术规范》
2. NB/T 31042—2019《海上永磁风力发电机变流器技术规范》

八、83～103 题

NB/T 31043—2019《海上风力发电机组主控制系统技术规范》

九、104～122 题

GB/T 32077—2015《风力发电机组 变桨距系统》

十、123～128 题

NB/T 31018—2018《风力发电机组电动变桨控制系统技术规范》

十一、129～148 题

1.《海上风力发电机组认证规范 2012》（中国船级社）
2. NB/T 31115—2017《风电场工程 110 kV～220 kV 海上升压变电站设计规范》

十二、149～185 题

1. GB/T 33630—2017《海上风力发电机组 防腐规范》
2. GB/T 33423—2016《沿海及海上风电机组防腐技术规范》
3. NB/T 31006—2011《海上风电场钢结构防腐蚀技术标准》
4. IEC 62305-1：2010 *Protection against lightning-Part 1：General principles*
5. IEC 62305-3：2010 *Protection against lightning-Part 3：Physical damage to structures and life hazard*

6. IEC 62305-4：2010 *Protection against lightning-Part 4：Electrical and electronic systems within structure*

7. GB/T 36490—2018《风力发电机组 防雷装置检测技术规范》

十三、186～239题

1. DL/T 796—2012《风力发电场安全规程》
2. DL/T 797—2012《风力发电场检修规程》

十四、240～297题

IEC 61400-12-1：2022 *Wind energy generation systems-Part 12-1：Power performance measurements of electricity producing wind turbines*

十五、298～324题

IEC 61400-13：2015 *Wind turbines-Part 13：Measurement of mechanical loads*

十六、325～328题

IEC 61400-50-3：2022 *Wind energy generation systems-Part 50-3：Use of nacelle-mounted lidars for wind measurements*

十七、329～350题

DL/T 796—2012《风力发电场安全规程》

十八、351～360题

DL/T 797—2012《风力发电场检修规程》

十九、361～366题

GB/T 25385—2019《风力发电机组 运行及维护要求》

二十、367～371题

GB/T 18451.1—2022《风力发电机组 设计要求》

二十一、372～376题

GB/T 36569—2018《海上风电场风力发电机组基础技术要求》

二十二、377～380 题

NB/T 31006—2011《海上风电场钢结构防腐蚀技术标准》

二十三、381～382 题

GB/T 32128—2015《海上风电场运行维护规程》

二十四、383～389 题

GB/T 31517.1—2022《固定式海上风力发电机组 设计要求》

二十五、390～391 题

GB/T 20319—2017《风力发电机组 验收规范》

二十六、392～413 题

DL/T 796—2012《风力发电场安全规程》

二十七、414～433 题

1．GB/T 32128—2015《海上风电场运行维护规程》

2．DL/T 797—2012《风力发电场检修规程》

二十八、434～441 题

GB/T 25385—2019《风力发电机组 运行及维护要求》

二十九、442～466 题

1．GB/T 19073—2018《风力发电机组 齿轮箱设计要求》

2．VDI 3834 Part 1：2015 *Measurement and evaluation of the mechanical vibration of wind turbines and their components—Wind turbines with gearbox*

三十、467～487 题

1．GB/T 755—2019《旋转电机 定额和性能》

2．GB/T 1029—2021《三相同步电机试验方法》

3．GB/T 1032—2012《三相异步电动机试验方法》

4．GB/T 23479.1—2009《风力发电机组 双馈异步发电机 第 1 部分：技术条件》

5．GB/T 23479.2—2009《风力发电机组 双馈异步发电机 第 2 部分：试验方法》

6．GB/T 25389.1—2018《风力发电机组 永磁同步发电机 第 1 部分：技术条件》

7. GB/T 25389.2—2018《风力发电机组 永磁同步发电机 第 2 部分：试验方法》

8. NB/T 31063—2014《海上永磁同步风力发电机》

三十一、488～506 题

IEC 61400-23：2014 *Wind turbines-Part 23：Full-scale structural testing of rotor blades*

三十二、507～528 题

1. DNV GL-ST-0376：2015 *Rotor blades for wind turbines*

2. GB/T 25383—2010《风力发电机组 风轮叶片》

3. IEC 61400-5：2020 *Wind energy generation systems-Part 5：Wind turbine blades*

三十三、529～652 题

1. GB/T 25383—2010《风力发电机组 风轮叶片》

2. DNV GL-ST-0376：2015 *Rotor blades for wind turbines*

3. GB/T 33629—2017《风力发电机组 雷电防护》

4. IEC 61400-5：2020 *Wind energy generation systems-Part 5：Wind turbine blades*

5. IECRE OD-501：2018 *Type and Component Certification Scheme*，*Edition 2.0*

第二节　判断题例题

1. 海底电缆系统包含海底电缆、终端及各种不同的接头。（　　）

2. 额定电压 220 kV（U_m=252 kV）交联聚乙烯绝缘大长度交流海底电缆应按照 GB/T 3048.12—2007《电线电缆电性能试验方法　第 12 部分：局部放电试验》标准进行制造长度电缆的局部放电试验，要求测试灵敏度 10 pC 或优于 10 pC。（　　）

3. 对于额定电压 220 kV（U_m=252 kV）交联聚乙烯绝缘大长度交流海底电缆，在接受交货电缆例行试验时，应接受 190 kV、30 min、频率不低于 20 Hz 的交流电压试验。（　　）

4. 在海底电缆的材料特征代号表示中，"44"代表双粗圆钢丝铠装。（　　）

5. 大长度海底电缆的金属套采用连续挤包的无缝铅套。（　　）

6. 三芯光纤复合海底电缆在成缆时，光纤单元宜放置于绝缘线芯之间的边隙内。（　　）

7. 单芯光纤复合海底电缆光纤单元可放置于内衬层内。（　　）

8. 大长度海缆的成品电缆外被层表面应有明显长度标记，电缆两端头的 1000 m 长度内，每 50 m 应有一个连续的长度标记。（　　）

9. 大长度电缆应采用船舶运输，缆舱内圈直径应大于电缆允许最小弯曲直径。（　　）

10. 海缆与陆缆的过渡接头内部设计通常是主绝缘为预制绝缘件，外部设计类同刚性修理接头。（　　）

11. 海底电缆路由选择应综合分析工程可行性，遵循安全可靠、经济合理、利于施工及维护的原则。（　　）

12. 海底电缆应具有满足使用条件的铠装结构。（　　）

13. 海底电缆应采用整根连续生产，并且不能有工厂接头。（　　）

14. 海底电缆护层可包括径向防水层、加强层、防腐层、防蛀层、铠装层和外护层。（　　）

15. 海底电缆与气体绝缘组合电器设备直接相连时，应采用封闭式 GIS 电缆终端。（　　）

16. 海底电缆终端的额定电压及其绝缘水平不得低于所连接海底电缆的额定电压及其要求的绝缘水平。（　　）

17. 与架空线直接相连的海底电缆终端应设置避雷器，直接进站的海底电缆可根据需要设置避雷器。（　　）

18. 平行敷设的海底电缆应避免交叉重叠，电缆间距不宜小于该处最大水深的 1.2 倍，登陆段间距可适当缩小，但应满足电缆载流量和保护的要求。（　　）

19. 海底电缆的套管保护可单独使用。（　　）

20. 对于额定电压 110 kV 的海底电缆，终端处余缆长度应大于或等于 10 m。（　　）

21. 海底电缆输电工程施工前应建立完善的施工组织机构和监理机构，配备满足岗位要求的人员。（　　）

22. 海缆敷设船只应配有导航及定位设备，具备在给定误差内跟随路由的能力。（　　）

23. 海底电缆登陆段敷设可采用开挖电缆沟槽或穿管方式。（　　）

24. 海底电缆可采用边敷边埋，先敷后埋的掩埋保护工艺。（　　）

25. 加盖保护施工不应对海底电缆造成损伤，并应具有良好的稳定性。（　　）

26. 海底电缆登陆平台作业时，应防止海底电缆在水下管入口处打折或打扭，防止电缆在向上提升时受到损伤。（　　）

27. 海底电缆施工完成后，应及时将实际敷设线路向国家海洋、海事等主管部门申报。（　　）

28. 单芯海底电缆两端金属套及铠装钢丝可分开单独接地。（　　）

29．在装船前，海底光缆应进行外观检查和光电指标测试验收，测试指标应满足合同和设计指标要求。（　　）

30．岸滩人井的建设应在海底光缆登陆施工前完成，岸滩人井应具备保护接地装置，保护地接地电阻不应大于 10 Ω。（　　）

31．有中继 WDM 海底光缆系统的终端设备功能检查和本机测试项目中不包含站内设备集成验证测试。（　　）

32．远供电源设备的输出电压极性可切换。（　　）

33．无中继海底光缆线路应进行线路长度和光纤衰减测试，有中继海底光缆应进行第一光中继段线路长度和光纤衰减测试。（　　）

34．海底光缆线路工程施工过程中应进行随工检验。（　　）

35．海底光缆线路工程的工程终验应在初验合格并经试运行，且工程遗留问题上报后进行。（　　）

36．对于跨境合作海底光缆工程也可以参照 GB/T 51167 标准执行。（　　）

37．一般来说，海底光缆在铺设过程中，实际放出的海底光缆长度要稍大于施工布放船只的航行路由长度。（　　）

38．海底电缆路由方案选择应综合考虑海域自然环境和海洋功能区划，做到安全可靠、经济合理、便于施工维护，必要时应进行风险评估。（　　）

39．确定送出线路海底电缆路由方案的因素是海上升压站和登陆点选址，以及路由调查成果研究。（　　）

40．送出线路海底电缆回路数不宜采用冗余回路方案。（　　）

41．单芯海底电缆不宜采用备用相方案。（　　）

42．海底电缆载流量不应小于最大工作电流，最大工作电流应按照相应回路最大送电容量计算选取，并应考虑补偿后的功率因数修正。（　　）

43．对于海底电缆载流量计算，恶劣气象环境条件和最大送电容量两种工况应同时考虑。（　　）

44．110 kV 和 220 kV 海底电缆终端宜采用预制式终端，也可采用插拔式终端。（　　）

45．海底电缆穿越堤防段保护套管的内径宜大于 2.5 倍电缆直径。（　　）

46．海底电缆敷设施工应按设计路由进行，实际敷设偏差应控制在设计路由中心线 20 m 以内，且不应超越扫海清障范围。（　　）

47．海底风电场电缆不推荐采用充油海底电缆，推荐采用交联聚乙烯绝缘海底电缆，35 kV 及以下海底电缆可选用乙丙橡胶绝缘海底电缆。（　　）

48．35 kV 及以下海底电缆终端不宜采用热缩式，110 kV～220 kV 海底电缆终端不宜采用现场制作型终端。（　　）

49．测量转子绕组绝缘电阻时，绝缘电阻值应不小于 0.5 MΩ。（　　）

50．水内冷转子绕组使用 1000 V 及以下兆欧表或其他仪器测量。（　　　）

51．当发电机定子绕组绝缘电阻已经符合启动要求，而转子绕组绝缘电阻低于 2000 Ω 时，可允许投入运行。（　　　）

52．在电机额定转速时超速试验前、后测量转子绕组的绝缘电阻。（　　　）

53．测量绝缘电阻时，采用兆欧表电压等级，当转子绕组额定电压为 200 V 以上，采用 2500 V 兆欧表；200 V 及以下，采用 1000 V 兆欧表。（　　　）

54．隐极式转子绕组可以不进行交流耐压试验，可采用 2000 V 兆欧表测量绝缘电阻来代替。（　　　）

55．测量发电机和励磁机的励磁回路连同所连接设备的绝缘电阻值，不应低于 1 MΩ。（　　　）

56．在测量电机空载特性曲线之前，当电机有匝间绝缘时，应进行匝间耐压试验，在定子额定电压值的 130%（不超过定子最高电压）下持续 5 min。（　　　）

57．刚性锚绳材料，应符合 EN 354：2002 中的规定，最小直径应为 6 mm，或取一个能提供同等安全的其他数值。（　　　）

58．为限制横向运动，刚性锚绳应按推荐间隔距离固定在一个结构当中。（　　　）

59．导向型坠落制动装置，不需要配置连接件或带连接件端子的牵索。（　　　）

60．刚性锚绳的所有连接 / 脱离点，配置端面止销固，以防止任何导向型坠落制动装置偶然从锚绳脱落的情况。（　　　）

61．由垂直和水平接地极组成的供发电厂、变电站使用的兼有泄流和均压作用的较大型水平网状接地装置，称为接地网。（　　　）

62．发电机定子绕组直流电阻测试时，应在热态状态下测量。（　　　）

63．直流电动机空载运行时间一般不小于 20 min，电刷与换向器接触面应无明显火花。（　　　）

64．油浸式变压器的油中微水量测量中，当电压等级为 110 kV 时，不应大于 30 mg/L。（　　　）

65．油浸式变压器气体含量测量中规定，电压等级为 330 kV～500 kV 时，静置后取样测量油中的含气量应不大于 5% 的体积分数。（　　　）

66．对于电压等级 220 kV 及以上的变压器，绕组连同套管尝试感应电压试验，在新安装时，必须进行现场局部放电测试；对于 110 kV 的变压器，当对绝缘性能有怀疑时，也应进行局部放电测试。（　　　）

67．在变压器绕组变形试验中，对于 66 kV 及以上电压等级的变压器，宜采用低电压短路阻抗法进行测试。（　　　）

68．NB/T 31041 标准适用于安装在海上风电场连接双馈风力发电机转子绕组的电压源型变流器。（　　　）

69．NB/T 31042 标准适用于安装在海上风电场连接永磁风力发电机定子绕组的电

压源型变流器。（　　）

70．变流器保护接地端子应具有适当的防腐蚀措施，且其标识应能清楚而永久地识别。（　　）

71．变流器保护接地端子应设置在容易接近且便于接线处，并且当外壳或任何其他可拆卸的部件移去时其位置仍能保证电器与接地极或保护导体之间的连接。（　　）

72．变流器柜体宜采用钢制防腐设计。（　　）

73．变流器的工作环境温度：常温型 −30～+45℃。（　　）

74．变流器外壳防护等级应不低于 IP 45。（　　）

75．变流器满载连续运行时间不小于 72 h。（　　）

76．变流器柜体设一处公共接地点，柜体各处应保证与公共接地点的电气连接良好，具备电击防范措施，保护接地完整。（　　）

77．屏蔽电缆或处于金属管内的电缆，屏蔽网或金属管应做等电位联结。（　　）

78．固定电缆宜采用永久性防腐的非磁性线夹和支架。（　　）

79．在额定运行条件下，变流器所产生的噪声不应大于 80 dB。（　　）

80．柜体的结构牢固，应能承受运行环境下电、热、机械强度和振动对设备的影响。（　　）

81．操作器件应装在操作者易于操作的位置，紧急停机按钮应置于柜体的最显眼、最易操作的位置，且按钮本身应装有保护罩。（　　）

82．变流器柜体内部宜装设加热除湿装置。（　　）

83．柜体采用钢制防腐设计，防护等级不小于 IP 54。（　　）

84．柜体内部控制模块宜采用带屏蔽的隔离变压器的隔离电源供电。（　　）

85．主控制系统每次重启后，宜默认为自动启动模式。（　　）

86．主控制系统所采取的控制策略应避免机组的频繁启动与停止。（　　）

87．机组停机超过 3 个月再次启动时宜按照新装机组首次启动操作要求进行手动启动。（　　）

88．手动启动应在机舱、塔底、远程均可操作，其优先级别为手动优先于自动，机舱优先于塔底，塔底优先于远程。（　　）

89．偏航按照优先级从高到低有机舱控制、塔底控制、远程控制和自动控制。（　　）

90．当执行高级别偏航控制时，对低级别偏航控制应予以响应。（　　）

91．主控制系统具备扭缆监视和自动解缆功能。（　　）

92．自动解缆时拒绝自动偏航请求，手动解缆时拒绝所有偏航请求。（　　）

93．主控制系统应能根据风速、调度或数据采集与监视控制系统（SCADA）功率分配系统的要求，结合机组状态协调变桨、变流等系统实现机组有功功率和无功功率的调节。（　　）

94. 主控制系统应设有 UPS 断电、欠电压和过电压保护，保证系统在短时断电、欠电压和过电压情况下不会导致系统失灵或误动作。（　　）

95. 安全链系统应采用独立的安全链控制模块，设计采用失效—安全控制模式并独立于主控制系统运行。（　　）

96. 安全链系统优先级低于控制系统。（　　）

97. 当控制系统启动时安全链系统自动降至服从地位。（　　）

98. 安全链系统应具备防止人为误操作的功能。（　　）

99. 安全链系统应有至少两套独立的制动系统支撑，保证在任何情况下都能使风机减速停机。（　　）

100. 安全链故障复位可以远程实现，该远程复位功能应设置权限。（　　）

101. 如果安全链系统动作，则需手动进行故障复位。（　　）

102. 制动装置以叶片空气动力制动为主，同时传动轴配有机械制动。（　　）

103. 当监视到制动系统故障时，机组应立即停机。（　　）

104. 在风力发电机组安全链动作及其他非安全链动作的故障情况下应能够执行叶片顺桨，以保证风力发电机组的安全。（　　）

105. 风力发电机组运行时，应能接收风力发电机组控制系统指令，实时调节桨距角；当接收到正常关机指令时，应能将叶片桨距角调至顺桨状态。（　　）

106. 在电网掉电时，应在满足电网对低电压穿越要求的基础上自动投入后备动力源驱动叶片顺桨。（　　）

107. 变桨距系统应采用冗余设计功能，保证系统装置的可靠性。（　　）

108. 应具备手动调桨距及维护功能，能够通过人机界面、计算机软件或便携式设备对装置进行参数设置、校准及状态信息的读取，通过手动调节桨距角，以及故障时的诊断和分析。（　　）

109. 应具备完善的系统自诊断，能够检测传感器故障、执行机构故障或后备动力源故障。（　　）

110. 变桨距应具备完善的驱动器和电机保护功能，在过电流、过热、过电压等情况下系统能自我保护。（　　）

111. 液压变桨距系统应有防止过载和液压冲击的安全装置。（　　）

112. 液压变桨系统旋转接头安装时应与连接轴同心，以确保旋转接头的良好运转。（　　）

113. 液压系统噪声应小于 55 dB。（　　）

114. 当后备动力源为铅酸蓄电池时，蓄电池不可独立成柜。（　　）

115. 当后备动力源为铅酸蓄电池时，蓄电池的使用寿命应不小于 2 年。（　　）

116. 当后备动力源为锂离子电池时，应内置检测电路。（　　）

117. 当后备动力源为超级电容时，在一次满载顺桨后，对超级电容的充电时间应

小于 10 min。（　　）

118. 变桨系统应采取加设挡板、防护门或粘贴有效的绝缘安全标识等措施，以防止触电。（　　）

119. 变桨系统的防护等级应满足 IP 54。（　　）

120. 所有的外部传感器和开关要求耐腐蚀，有结实的外壳，防护等级应满足 IP 65。（　　）

121. 蓄能器应按设计要求充指定纯度的氮气，充气压力应小于或等于 0.8 倍的公称压力，并定期检查压力。（　　）

122. 蓄能器的回路中应设置释放及切断蓄能器液体的元件。（　　）

123. 在系统失电时，变桨系统应能自动投入后备电源完成安全顺桨。（　　）

124. 在变桨系统与主控系统之间出现通信故障时，变桨系统应能自动完成安全顺桨。（　　）

125. 当安全链断开发生时，变桨系统应能自动完成安全顺桨。（　　）

126. 变桨系统直流电源电压允许偏差 −15% ～ +10%。（　　）

127. 产品随机文件、附件及易损件应按企业产品标准和说明书的规定一并包装和供应。（　　）

128. 产品在包装前，应将其可动部分固定。（　　）

129. 如采用水冷式电机，应采取适当的监测手段，防止出现渗水和漏水现象。（　　）

130. 不论哪一种工作制，电机运行时的温升应不超过其绝缘等级所允许的温升。（　　）

131. 变压器包括变压器所有接线端和电缆的防护等级应采用 IP 65。（　　）

132. 海底电缆、变压器和变电站内的电气设备无需设置过电流保护、短路保护或过电压保护。（　　）

133. 在海上风力发电机组装配时，发电机转向及发电机出线端的相序应已标明，应按标号接线，并在第一次并网时检查相序是否相同。（　　）

134. 海上升压变电站应按照"无人值守"方式设计，并按照无人驻守平台设计。（　　）

135. 海上升压变电站的布置应优先考虑在陆上施工、减少海上施工，优先在水面以下施工、减少水上施工的作业环节。（　　）

136. 装机容量 200 MW 及以下的海上升压变电站主变压器的数量宜为 1～2 台，200 MW 以上的海上升压变电站主变压器的数量不应少于 2 台。（　　）

137. 应急负荷、重要负荷的设备应采用单回路供电。（　　）

138. 应在各电气设备房、控制室、主要过道及楼梯间设置应急照明灯具，在安全通道、楼梯及出入口设置疏散指示标识。（　　）

139．10 kV 及以上电力电缆应与控制保护电缆分层或分开敷设。（   ）

140．计算机监控系统的信息采集不必满足无人值守的运行要求。（   ）

141．海上风电场的电网调度点宜设在陆上集控中心，远动功能宜并入计算机监控系统，陆上集控中心宜设置远动工作站。（   ）

142．视频监控系统应与火灾自动报警系统联动，并能在陆上集控中心实现画面切换。（   ）

143．海上升压变电站应设置主控站，陆上集控中心应设置视频分控站。（   ）

144．室内给排水管道可以在生产设备、配电柜上方通过。（   ）

145．泡沫灭火系统应符合现行国家标准的有关规定，优先选用寿命长、更方便的泡沫灭火剂。（   ）

146．火灾自动报警系统应能与视频监控系统、通风空调监控系统联动。（   ）

147．进入舱室的室外空气应进行除盐雾和除湿处理，设备舱室应维持正压，以防止室外海风侵入。（   ）

148．蓄电池室的供暖装置可以不采用防爆型。（   ）

149．腐蚀环境的定义：含有一种或多种腐蚀介质的环境。（   ）

150．钢制结构件及部件在预处理时，锐边和切割边缘打磨成曲率半径小于 2 mm。（   ）

151．钢制结构件及部件在表面涂装处理完成后 4 h 内应喷底漆，当所处环境的相对湿度小于 50% 时可适当延长，但延长时间不超过 12 h。如果基材表面有可见返锈现场、变湿或被污染，应重新进行表面涂装处理。（   ）

152．在海上风电机组防腐过程中，阴极保护电化学法对钢板、铸铁构件组成的设备或系统，保护电位应在 −0.80 V～−1.00 V 之间（相对于银／氯化银参比电极，下同）；高强度钢（屈服强度不小于 700 MPa）保护电位在 −0.80 V～−0.95 V 之间。（   ）

153．海上风力发电机组的支撑结构：海上风力发电机组机舱以下的整个结构为支撑结构，支撑结构包括塔架、下部结构和基础。与海床直接接触（包括海床上和海床下）的部分为基础，位于水面以上的通道平台底部作为塔架和下部结构的分界线。（   ）

154．防腐蚀系统的设计使用年限应考虑到风电机组的设计使用年限，一般不小于 20 年。（   ）

155．对海上风电场钢结构的腐蚀状况及防腐蚀效果应定期进行巡视检查和定期检测，巡视检查周期宜为半年，内容主要包括大气区、浪溅区涂层老化破坏状况及结构腐蚀情况，全浸区阴极保护电位；定期检查周期一般为 3 年，可根据巡视结果的腐蚀状况适当缩短检测周期，检测应查明结构的腐蚀程度，评价防腐蚀系统效果，预估防腐蚀系统使用年限，并提出处理意见。（   ）

156．雷电防护等级（LPL）共有四个（Ⅰ～Ⅳ级）。（   ）

157．内部雷击防护系统的功能是防止建筑物内危险火花的发生，它是利用等电位联结或设定浪涌保护器部件和内部其他电气传导器件与建筑物的间隔距离（即电气分离）来达到。（　　）

158．雷电防护区 LPZ 0 A 是指暴露在直接雷击中，承受全部雷击电流和全部雷击磁场。（　　）

159．雷电防护区 LPZ 0 B 是指对直接雷击进行防护，承受局部雷击电流或感应电流，以及全部雷击磁场。（　　）

160．雷电防护区 LPZ 01 是指对直接雷击进行防护，承受局部雷击电流或感应电流，以及受衰减的雷击磁场。（　　）

161．在防雷保护中，对于过电压导致内部系统失效的有效防护也可由一个 SPD 系统来实现，以限制过电压，使它低于受保护系统所能承受的额定冲击耐受电压。（　　）

162．雷电对农场的主要风险为火灾、跨步电压损坏和材料损坏，次要风险为丧失电源，以及由于通风和饲料供给系统的电子控制失效造成牲畜伤亡。（　　）

163．雷电对博物馆、古文化遗产的影响是：无法替代的文化遗产的损失。（　　）

164．外部雷电防护系统（LPS）的作用是在没有引起热和机械损坏，也没有触发火灾或爆炸的危险火花的情况下，截获击向建筑物的直接雷（包括建筑物侧边的闪击），把雷电流从雷击电引入到地面并泄放到地球内部。（　　）

165．在防雷系统中主动放电接闪器是许可的。（　　）

166．在防雷保护系统中引下线应尽量环路安装。（　　）

167．当处理雷电流泄放（高频特性）到大地的问题时，在使任何潜在危险过电压最小化的同时，接地终端装置的形状和尺寸是重要的标准。通常推荐使用一个低的接地阻抗（按低频率测量时不低于 $10\ \Omega$）。（　　）

168．电气和电子系统易受雷击电磁脉冲的威胁，因此应采用 LEMS 防护措施来避免内部系统故障。（　　）

169．采用空间屏蔽和配合 SPD 防护的完整 LPMS，可避免传导电涌和辐射磁场的危害，使设备受到良好保护。（　　）

170．采用 LPZ 1 空间屏蔽且 LPZ 1 入口处使用 SPD 防护的 LPMS，可避免传导电涌和辐射磁场，使设备得到保护。（　　）

171．采用内部线路屏蔽并在 LPZ 1 入口处使用 SPD 防护的 LPMS 系统，可避免传导电涌和辐射磁场的危害，使设备得到良好的保护。（　　）

172．由 LEMP 导致的电气设备和电气系统永久性的故障原因为：通过入户线路传输至设备的电涌、直接作用于设备本身的辐射电磁场效应。（　　）

173．内部电缆屏蔽仅限于电缆线路和受保护的设备，为此可采用电缆的金属屏蔽，封闭金属套管和设备的金属外壳。（　　）

174．内部线缆的合理布线能减小感应环路并降低内部电涌，可通过靠近建筑物自然

结构接地部分的电缆布线，以及电力和信号线路相邻布线方法减小感应环路面积。（　　）

175．进入建筑物的外部线路屏蔽包括电缆屏蔽层、封闭金属电缆管道或网格状钢筋的混凝土电缆管道。外部线路的屏蔽很有效，但通常不在 LPMS 规划者的责任范围内（外部线路的所有权多属于网络供应商）。（　　）

176．直击雷的首次短雷击电流可以用 10/350 μs 波形模拟。（　　）

177．外部防雷装置：由接闪器、引下线和接地装置组成，主要用于防护直击雷的防雷装置。（　　）

178．内部防雷装置：除外部防雷装置外，所有其他附加设施均为内部防雷装置，主要用于减小和防护雷电流在需要防护空间内所产生的电磁效应。（　　）

179．等电位联结是将分开的诸金属体直接用连接导体经浪涌保护器连接到防雷装置上，以减小雷电流引发的电位差。（　　）

180．对 SPD 进行外观检查，SPD 的表面应平稳、光洁、无划痕、无裂痕和烧灼痕或变形，SPD 的标识应完整和清晰。（　　）

181．检查 SPD 是否具备有状态指示器，电源 SPD 状态指示器是否指示"正常"状态。（　　）

182．检查 SPD 安装工艺，检测接地线与等电位联结带之间的过渡电阻应大于 0.24 Ω。（　　）

183．检查 SPD 安装工艺，检测 SPD 接地线是否松动，接地线应符合黄绿色标的规定。（　　）

184．等电位联结尽可能走环线，连接线尽可能的长。（　　）

185．为了防止雷电伤人，雷雨天尽量在外逗留。（　　）

186．机组投入运行后，进气口和排气口附近可以存放物品。（　　）

187．装设接地线必须先接接地端，后接导体端。（　　）

188．装、拆接地线均应使用绝缘棒和戴绝缘手套，并穿绝缘靴。（　　）

189．水上作业人员必须佩戴安全帽，穿救生衣，系安全带，穿防滑鞋。（　　）

190．雨雪天气进行水上平台作业时，必须采取可靠的防滑、防寒和防冻措施，应及时清除水、冰、霜、雪。（　　）

191．塔架平台、机舱的顶部和机舱的底部壳体、导流罩等作业人员工作时站立的承台等应标明最大承受重量。（　　）

192．风电场工作人员应熟练掌握触电、窒息急救法，熟悉有关烧伤、烫伤、外伤、气体中毒等急救常识，学会对使用消防器材、安全工器具和检修工器具。（　　）

193．风力发电机组内无防护罩的旋转部位应粘贴"禁止踩踏"的标识。（　　）

194．机组内易发生机械卷入、轨压、碾压、剪切等机械伤害的作业地点应设置"当心机械伤人"标识。（　　）

195．对塔架内照明设施没有要求。（　　）

196．风电场现场作业使用交通运输工具上应配备急救箱、应急灯、缓降器等应急用品，并定期检查、补充或更换。（　　　）

197．进入工作现场可不戴安全帽。（　　　）

198．雷雨天气可以安装、检修、维护和巡检机组。（　　　）

199．雷雨天气后为抢发电量可以靠近风力发电机组。（　　　）

200．叶片有结冰现象且有掉落危险时，人员可以靠近。（　　　）

201．可以多人在同一段塔架内攀爬。（　　　）

202．携带工具人员应后上塔、先下塔；到达塔架顶部平台或工作位置时，应先挂好安全绳，后解防坠器。（　　　）

203．出舱工作使用机舱顶部栏杆作为安全绳挂钩定位点时，每个栏杆可以悬挂多个。（　　　）

204．高处作业时，可以在空中抛接小工具。（　　　）

205．35 kV设备不停电时的安全距离为1.0 m。（　　　）

206．机组内作业需接引工作电源时，直接拉根线就可以。（　　　）

207．可以在机组内打开天窗吸烟。（　　　）

208．塔架、机舱就位后，应立即按照紧固技术要求进行紧固。使用的各类紧固器具，应经过检测合格并有"检验合格"标识。（　　　）

209．施工现场临时用电应采取可靠的安全措施，并应符合JGJ 46—2005《施工现场临时用电安全技术规范》的要求。（　　　）

210．塔架就位时，工作人员可以把头伸出塔架之外。（　　　）

211．机舱和塔架对接时应缓慢而平稳，避免机舱与塔架之间发生碰撞。（　　　）

212．对于潮湿而触电危险性较大的环境（如金属容器、管道内施焊检修），安全电压规定为12 V。（　　　）

213．机组齿轮箱润滑油应每年检测一次。（　　　）

214．所谓运行中的电气设备，是指全部带有电压、一部分带有电压或一经操作即带有电压的电气设备。（　　　）

215．检修液压系统时，应先将液压系统泄压，拆卸液压站部件时，应带防护手套和护目眼镜。（　　　）

216．对开放性骨折且伴有大出血人员，应先止血，再固定，并用干净布片覆盖伤口，然后速送医院救治，不能将外露的断骨推回伤口内。（　　　）

217．雷雨天气，需要巡视室外高压设备时，应穿绝缘靴，并不得靠近避雷器和避雷针。（　　　）

218．超速试验时，实验人员可以在任意控制柜进行操作。（　　　）

219．机组高速轴和刹车系统防护罩未就位时，可以启动机组。（　　　）

220．进入轮毂或叶轮上工作，可以只锁定液压锁。（　　　）

221．可以在叶轮转动时插入锁定销。（　　　　）

222．需要停电的作业，在一经合闸即送电到作业点的开关操作把手上应挂"禁止合闸，有人工作"警示牌。（　　　　）

223．接地线在每次装设以前应经过仔细检查，不得有断股、散股和接头，损坏的应修理或更换，禁止使用不符合规定的导线做接地或短路之用。（　　　　）

224．独立变桨的机组调试变桨系统时，可同时调试 3 只叶片。（　　　　）

225．接地线可以就地取材，使用拆下的电源线。（　　　　）

226．对变桨系统、液压系统、刹车机构、安全链等重要安全保护装置进行检测试验的周期可以根据现场任务灵活调整。（　　　　）

227．机组添加油品时必须与原油品型号相一致。（　　　　）

228．维护和检修发电机前，必须停电并验明三相确无电压。（　　　　）

229．高压设备发生接地故障时，室内不得接近故障点 4 m 以内，室外不得接近故障点 8 m 以内。（　　　　）

230．机组刚投运或检修完成后无需增加巡视次数。（　　　　）

231．火灾、地震、台风、洪水等灾害发生时，如要对电气设备进行巡视时，应得到设备运行管理单位有关领导批准，巡视人员应与派出部门之间保持通信联络。（　　　　）

232．装设接地线必须由两人进行，其中一人操作，另一人负责监护。（　　　　）

233．在寒冷、潮湿和盐雾腐蚀严重地区，停止运行一个星期以上的机组再投运时可以直接启动。（　　　　）

234．事故应急处理可不开工作票。（　　　　）

235．机组机舱发生火灾时，可以坐电梯或免爬器快速撤离。（　　　　）

236．在机舱内灭火，没有使用氧气罩的情况下，可以使用二氧化碳灭火器。（　　　　）

237．有人触电时，应立即上前救人。（　　　　）

238．接地线可以直接放在库房地上。（　　　　）

239．检修时断路器（开关）操作把手上悬挂的"禁止合闸，有人工作"的标识牌没必要挂。（　　　　）

240．根据 IEC 61400-12-1 标准所述，当实际空气密度在 $1.225 \ kg/m^3 \pm 0.05 \ kg/m^3$ 范围内时，只需出具海平面空气密度下的测试结果。（　　　　）

241．根据 IEC 61400-12-1 标准所述，数据采集器的采样频率至少是 1 Hz。（　　　　）

242．根据 IEC 61400-12-1 标准所述，场地标定的数据区间内每个区间内应至少 6 h 的数据其风速高于 8 m/s，至少 6 h 的数据其风速低于 8 m/s。（　　　　）

243．根据 IEC 61400-12-1 标准所述，单顶式测风塔主风速计以下 1.5 m 范围内不能有其他仪器。（　　　　）

244．在进行功率特性测量时，仅在测试开始前对风速计校准就可以了。（　　　　）

245．若气压安装不靠近轮毂高度，需要对气压进行修正。（　　　　）

246．在进行功率特性测量时，对于风力发电机组额定功率 85% 对应风速 1.6 倍以上的风速区间，测量扇区可以开放到 360°。（　　　）

247．进行 AEP 外推时，所使用的常数功率应是测量功率曲线最高风速区间的功率值。（　　　）

248．场地标定时，测试塔和机组位置处的标定塔上所用的风速计可以为不同型号的风速计。（　　　）

249．在进行场地标定时，当相邻两个扇区的气流矫正系数变化超过 0.02 时，推荐将这两个扇区删掉。（　　　）

250．A 类不确定度仅需考虑每一区间内测量和标准化的电功率的不确定度。（　　　）

251．计算年发电量时，可用与形状参数为 2 的威布尔分布完全相同的瑞利分布作为参考风速的频率分布。（　　　）

252．根据 IEC 61400-12-1 标准所述，AEP 以两种方式计算，一种为"AEP 测量"，另一种为"AEP 外推"。（　　　）

253．根据 IEC 61400-12-1 标准所述，地形评估所用的地形文件的网格分辨率至少为 30 m。（　　　）

254．根据 IEC 61400-12-1 标准所述，地形评估所用的地形文件大小最少要覆盖被测机组 16 L（L 为机组至测风塔距离，通常为 2.5 倍风轮直径）的范围。（　　　）

255．根据 IEC 61400-12-1 标准所述，如果地形评估不满足标准附录 B 中的要求，则需要进行场地标定。（　　　）

256．根据 IEC 61400-12-1 标准所述，场地标定中风力发电机组位置处的测风塔应尽可能靠近被测风力发电机组所在的位置，并且距离风力发电机组不超过 0.2 H（H 为轮毂高度）。（　　　）

257．根据 IEC 61400-12-1 标准所述，风速计的校准应在适合校准风速计的风洞中进行。（　　　）

258．根据 IEC 61400-12-1 标准所述，单顶式测风塔主风速计以下 4 m 范围内不能有其他仪器。（　　　）

259．根据 IEC 61400-12-1 标准所述，风速计应安装在横杆上方至少为横杆直径的 20 倍距离处。（　　　）

260．根据 IEC 61400-12-1 标准所述，风速计距离避雷针的水平距离至少为避雷针直径的 30 倍。（　　　）

261．根据 IEC 61400-12-1 标准所述，A 级和 C 级风速计适用于满足标准附录 B 中要求的地形，但是 C 级风速计适用于 −20～40℃ 范围内的温度。（　　　）

262．根据 IEC 61400-12-1 标准所述，B 级和 D 级风速计适用于满足标准附录 B 中要求的地形，但是 D 级风速计适用 −20～40℃ 范围内的温度。（　　　）

263．根据 IEC 61400-12-1 标准所述，遥感设备仅适用于平坦地形的功率特性测试。

（　　　）

264．根据 IEC 61400-12-1 标准所述，功率特性测试仅适用地面遥感设备。（　　　）

265．根据 IEC 61400-12-1 标准所述，遥感设备的标定需要在周围竖立一台测风塔。
（　　　）

266．根据 IEC 61400-12-1 标准所述，遥感设备标定过程采集的数据量至少为
180 h。（　　　）

267．根据 IEC 61400-12-1 标准所述，风速计现场比对数据中的风向应在有效扇区
之内。（　　　）

268．分级结果为 A 的风杯式风速计可以使用在复杂地形的测试场地中。（　　　）

269．当风从测量扇区吹过来时，风速计可以安装位于避雷针的尾流中。（　　　）

270．建议场地标定和功率特性测试在一年中的同一季节进行。（　　　）

271．多数情况下，测风设备的最佳位置是位于风力发电机组的上风向。（　　　）

272．测风设备应定位在距离风力发电机组 $2D \sim 4D$（D 为风力发电机组风轮直
径），推荐使用 $3D$ 的距离。（　　　）

273．遥感测试设备（RSD）可以直接运用在复杂地形的测风当中。（　　　）

274．在测试期间，风力发电机组应按照其运行手册的规定正常运行，同时风力发
电机组的配置可以改变。（　　　）

275．场地标定中对复杂地形划分有三种类型，且复杂程度逐步提高。（　　　）

276．风速计杯应安装在横杆上方至少为横杆直径的 20 倍的距离处，但推荐使用横
杆直径的 25 倍距离。（　　　）

277．在侧装式风速计用作另一侧装式风速计的参考风速计的情况，其中两个侧杆
位于测风塔的同一侧并必须指向相同的方向。（　　　）

278．风速计距离避雷针的水平距离至少为避雷针直径的 20 倍。（　　　）

279．小风机测试进行场地评估时可以忽略附录 A 中的要求。（　　　）

280．根据 Navier-Stokes 分析给出了管状测风塔附近气流的等风速点，可以看到，
如果与风向差 90°，受到的影响最小。（　　　）

281．在 IEC 61400-12-1 标准中，使用激光雷达进行功率曲线测试时，对于地形没
有要求。（　　　）

282．在 IEC 61400-12-1 标准中，允许使用地面雷达或者机舱雷达对机组功率进行
测试。（　　　）

283．根据 IEC 61400-12-1 标准中所述，雷达分级与雷达验证都要求数据总量大于
或等于 1080 个 10 min 样本。（　　　）

284．激光雷达的测试中间值是测量过程中所有参与计算的数值，包括视线方向、
角度、距离等。（　　　）

285．激光雷达风速测量过程中，中间值作为风场重建函数（WFR）的输入量，计

算出最终风速。（　　　）

286．关注激光雷达测量过程的中间值，采用白盒标定；关注激光雷达测量的最终风速，采用黑盒标定。（　　　）

287．激光雷达只需测量风速即可，无需测量风向。（　　　）

288．在对激光雷达进行校准时，要对每束射线光速的轨迹、角度、测量范围进行校准。（　　　）

289．激光雷达的开角（opening angle）定义为同一平面内，两条激光束的夹角。（　　　）

290．在对激光雷达的每一束射线光束进行校准时，激光雷达的仰角、测试场地的风向、测试场地的垂直风速都需要进行考虑。（　　　）

291．激光雷达的标定，在平坦地形及复杂地形都可进行。（　　　）

292．激光雷达激光束的标定是将激光束测量风速与符合 IEC 61400-12-1 标准要求安装的风速计测量结果进行比对。（　　　）

293．分级表示该模型或类型的设备，部署在特定实例的不同情况下的准确性能方面的描述。（　　　）

294．雷达验证测试中任何筛选条件都要在功率测试中应用。（　　　）

295．雷达验证测试中为了降低对比偏差，可以对风剪切、湍流、温度等环境变量进行筛选。（　　　）

296．雷达验证测试中分级测试和标定测试中会分别给出 RSD 的分级不确定度和标定不确定度，这些不确定度是雷达本身的不确定度，在功率曲线测试中测试数据的不确定度中已有体现，为防止重复计算，在最终功率曲线不确定度的计算中不应考虑。（　　　）

297．遥感设备数据采集系统的不确定度会自动整合到校准测试结果中，不应另外考虑。（　　　）

298．稳态无湍流风况下，风力发电机组达到额定功率的轮毂高度处最大风速为额定风速。（　　　）

299．从叶尖到叶根中心连成的虚拟直线，为弦线。（　　　）

300．载荷测试不需要进行场地标定。（　　　）

301．有一变桨距控制的风力发电机组，额定风速为 9 m/s，切入风速为 3 m/s，在 6 m/s 风速区间只有 10 个 10 min 序列数据，则可判断此风速区间数据量不够。（　　　）

302．使用应变计全桥测量塔顶弯矩，安装位置应处于塔架上部 10% 塔架高度内。（　　　）

303．额定功率：在正常运行和外部条件下，风力发电机组设计达到的最大连续功率输出。（　　　）

304．垂直于局部弦线和叶片翼展轴的方向，为摆振方向。（　　　）

305．风力发电机组的电功率输出可以采用机组控制器输出的值。（   ）

306．风力发电机组的电功率输出可在任一点进行测量。（   ）

307．风轮转速只能在低速轴上测量。（   ）

308．叶片弯矩可用解析法进行标定。（   ）

309．塔顶弯矩的重力标定，要求了解机头（机舱和风轮）关于塔架中心轴的质量矩。（   ）

310．超出传感器、数据传输和采集系统运行限值的测量值应删除。（   ）

311．当风力发电机组在低风速条件下空转时，主轴上相位相隔90°的两个弯矩应具有相同的平均值和幅值。（   ）

312．累计雨流谱用来估测风力发电机组的疲劳寿命。（   ）

313．轮毂坐标系 Z 轴平行于风轮扫掠平面且通过参考叶片叶尖。（   ）

314．为了便于操作、防止雷电损坏和环境保护，建议将传感器安装在叶片外表面适当位置。（   ）

315．A类不确定度可通过统计分析一系列重复的测量来确定。（   ）

316．海上载荷测量应当显示波浪和支撑结构之间的相互作用。（   ）

317．如果模拟值和测量值之间有差异，则表示模拟值一定有问题。（   ）

318．进行塔架弯矩的解析法标定时，可在应变计位置截面或靠近截面的位置测量塔架内周长，从而验证从图纸获得的截面直径。（   ）

319．叶片弯矩载荷可以使用解析法进行标定。（   ）

320．塔架坐标系 Z 轴与塔架中心轴共轴。（   ）

321．主轴处的偏航力矩和俯仰力矩相近。（   ）

322．塔顶左右弯矩应与主轴扭矩信号相近。（   ）

323．当风力发电机组在低风速条件下空转时，叶片弯矩与重力矩一致。（   ）

324．在测量期间，应对数据进行定期校验，以保证测试结果的高质量和可重复性。（   ）

325．根据 IEC 61400-50-3 标准所述，雷达厂家没有义务提供确保人眼安全的文件。（   ）

326．根据 IEC 61400-50-3 标准所述，在做机舱雷达的视线风速标定时，光束仰角应尽可能的小。（   ）

327．根据 IEC 61400-50-3 标准所述，叶片通过光束不会对机舱激光雷达的采样率产生影响。（   ）

328．根据 IEC 61400-50-3 标准所述，当机舱雷达用于功率特性测试中，其筛选条件应与标定时的筛选条件保持一致。（   ）

329．上下登爬通向基础平台的梯子时，可以不用佩戴减速滑轮。（   ）

330．吊装时应当站在下风向。（   ）

331．作业时，禁止无关人员进入风机。（　　　）

332．在运行机组工作时，要尽量停留在塔筒内部，或者待在承台下的船上。（　　　）

333．海上行船时，若海浪不大可以考虑不穿戴救生衣。（　　　）

334．强雷阵雨天气可以出海作业。（　　　）

335．在海上过夜时，船舶可以停靠在风电机组承台下方。（　　　）

336．如果员工产生负荷超限、健康状况异常、心理异常、辨识功能缺陷等反应，说明采取的控制措施达到控制目标。（　　　）

337．救援是指将受伤的、身体不适的或被困住的一人或多人解救至安全区域。（　　　）

338．高处救援过程中无合适的安全挂点，救援人员可以将自身的安全绳连接到被救者的胸前 D 型环上。（　　　）

339．进行风电场现场检修等工作，如遇不适、情绪不稳定时，个人觉得没有大碍可以登塔作业。（　　　）

340．禁止使用破损及未经检验合格的安装工器具和个人防护用品。（　　　）

341．严禁在机组内吸烟和燃烧废弃物品，工作中产生的废弃物品应统一收集和处理。（　　　）

342．未明确相关吊装风速的，风速超过 8 m/s 时，不宜进行叶片和叶轮吊装。（　　　）

343．在吊绳被拉紧时，可以用手接触起吊部位进行调整。（　　　）

344．底部塔架安装完成后应立即与接地网进行连接，其他塔架安装就位后应立即连接引雷导线。（　　　）

345．机组运维过程中，大型零部件的更换需要起吊机辅助，人员可以随大型零部件一起起吊。（　　　）

346．机组测试工作结束，应核对机组各项保护参数，恢复正常设置。（　　　）

347．超速试验时，试验人员可以留在机舱塔架爬梯上，并应设专人监护。（　　　）

348．进入轮毂或在叶轮上工作，首先必须将叶轮可靠锁定。（　　　）

349．锁定叶轮时，风速可以高于机组规定的最高允许风速。（　　　）

350．禁止锁定销未完全退出插孔前松开制动器。（　　　）

351．每半年至少对机组的变桨系统、液压系统、刹车机构、安全链等重要安全保护装置进行检测试验一次。（　　　）

352．可以用铲车、装载机等作为风机塔筒检修作业的攀爬设施。（　　　）

353．可以使用车辆作为缆绳支点和起吊动力器械。（　　　）

354．每两年至少对机组的变桨系统、液压系统、刹车机构、安全链等重要安全保护装置进行检测试验一次。（　　　）

355．至少每三个月对变桨系统的后备电源、充电电池组进行充放电试验一次。

（　　　）

356．打开齿轮箱盖及液压站油箱时，由于热蒸汽无毒，可以不做防吸入处理。
（　　　）

357．机组投入运行时，可以将回路的接地线拆除。（　　　）

358．检修施工宜采用先进工艺和新技术、新方法，推广应用新材料、新工具，提高工作效率，缩短检修工期。（　　　）

359．增速齿轮箱润滑油每年至少出具一次油液检测报告。（　　　）

360．风力发电场检修应实行预算管理、成本控制。（　　　）

361．风力发电机组制造商应提供一份详细的运行维护手册，手册应对试运行、运行、检测和维修工作中操作人员的安全做出规定。（　　　）

362．风力发电机设计时不需要考虑零部件检查和维修的安全通道。（　　　）

363．运行维护人员要对眼、脚、头部进行保护，对攀爬塔架和高处作业人员应进行这方面的工作培训。（　　　）

364．运维人员在高出水面的水域作业要经过专业的水上救生培训，在允许的条件下，要配备救生设备。（　　　）

365．维护过程中，对任何一个进入到封闭空间内的工作人员，只要配备了必要的安全设备，此时不需要有待命人员进行随时处理危险情况的营救工作。（　　　）

366．因偶然接触运动零件造成的伤害较少，因此可以不做防护处理。（　　　）

367．当没有足够的摩擦材料使风力发电机组再次紧急关机时，只要风机状态良好，可以不采取停机措施。（　　　）

368．当机械制动用于保护功能时，通常使用液压或机械弹簧压力的摩擦装置。
（　　　）

369．对于轴承，例如主轴和齿轮箱轴承，其寿命至少是 20 年。（　　　）

370．滚动轴承在采用指定的维护程序时，冷却系统和滤清系统可以暂停工作。
（　　　）

371．叶片等其他气动性零件，应用绳子、木条或地锚固定。（　　　）

372．海上风机单桩基础适宜应用于水深在 30 m 以上的海域。（　　　）

373．浮式基础是目前应用海域最深的海上风机基础形式。（　　　）

374．浮式基础的应用海域的水深适宜在 50 m 以下。（　　　）

375．导管架式群桩基础适宜应用在水深 50 m 以下的海域。（　　　）

376．导管架群桩基础设计时，应进行极端载荷工况下基桩的抗压、抗拔和水平承载力验算。（　　　）

377．在没有氧气或氧含量低的密封的桩的内壁可不采取防腐蚀措施。（　　　）

378．海上风机位于内部区的结构，使用浇筑混凝土或填砂时，可不采取防腐蚀措施。（　　　）

379. 防腐蚀系统的设计使用年限应考虑到风力发电机组的设计使用年限，一般不宜小于 10 年。（　　）

380. 采取风机机组防腐措施之前要进行表面除锈，除锈方法推荐采用化学酸洗法。（　　）

381. 在海上风机运行过程中发生异常或故障时，涉及海事管辖范围的，应该向有关部门报告。（　　）

382. 海上作业为了经济效益，一个海上风机可以指派一名专业人员进行维护。（　　）

383. 桩体打入海床时产生的疲劳损伤可以忽略不计。（　　）

384. 在风机吊装过程中，除非安装需要，海上风力发电机组电气系统不应接通电源。（　　）

385. 所有起吊设备、吊索、吊钩，只要在质保期内，可以不用验证其安全负载。（　　）

386. 如果检测出外部原因所造成的故障，但并不影响海上风力发电机组安全，则允许在完成停机后自动恢复到正常运行状态。（　　）

387. 所有安装在海上风力发电机组支撑结构上的走道或者平台，都应位于飞溅区域之下全浸区之上。（　　）

388. 风力发电机组在超过 3 个月未发电的情况下重启时，只要结构完整性没问题，就可以启动开机程序。（　　）

389. 对于永久密封的内部空隙，如箱形梁、管座等无需内部防腐。（　　）

390. 试运行期间需要机组无故障运行一定的时间，非机组故障引起的停机，恢复后试运行可继续计时。（　　）

391. 试运行期间需要机组无故障运行一定的时间，机组故障引起的停机，恢复后则试运行可继续计时。（　　）

392. 风力发电机的接地电阻应每年测试一次。（　　）

393. 风力发电机产生的功率是随时间变化的。（　　）

394. 风力发电机叶轮在切入风速前开始旋转。（　　）

395. 在定期维护中，不必对叶片进行检查。（　　）

396. 风电场选址只要考虑风速这一项要素即可。（　　）

397. 风力发电是清洁和可再生能源。（　　）

398. 风力发电机组要保持长周期稳定的运行，做好维护工作至关重要。（　　）

399. 风力发电机的风轮不必采取防雷措施。（　　）

400. 检修人员上塔时要做好个人安全防护工作。（　　）

401. 风力发电机组的爬梯、安全绳、照明等安全设施应定期检查。（　　）

402. 风力发电机组若在运行中发现有异常声音，可不做检查，继续运行。（　　）

403．当风力发电机组因振动报警停机后，未查明原因前不能投入运行。（　　）

404．风力发电机组风轮的吊装必须在规定的安全风速下进行。（　　）

405．风电场应建立风力发电技术档案，并做好技术档案保管工作。（　　）

406．风力发电机在保修期内，如风电场检修人员需对该风机进行参数修改等工作，须经制造厂家同意。（　　）

407．风力发电机检修后，缺陷仍未消除，也视为检修合格。（　　）

408．风力发电机定期维护后不必填写维护记录。（　　）

409．在寒冷地区，风力发电机齿轮箱或机舱内应有加热加温装置。（　　）

410．风力发电机组一般都对发电机温度进行监测并设有报警信号。（　　）

411．风力发电机遭雷击后可立即接近风电机。（　　）

412．在风力发电机塔上进行作业时必须停机。（　　）

413．检查机舱外风速仪、风向标等，不必使用安全带。（　　）

414．添加风电机组的油品时必须与原油品型号相一致。（　　）

415．在定期维护中，应检查发电机电缆端子，并按规定力矩紧固。（　　）

416．进入轮毂内工作直接按下急停就可以了。（　　）

417．风力发电机组至少应具备两种不同形式的、能独立有效控制的制动系统。（　　）

418．沿叶片径向的攻角变化与叶轮角速度无关。（　　）

419．可以利用变桨操作盒操作机组实现偏航功能。（　　）

420．风力发电机组风轮的吊装必须在规定的安全风速下进行。（　　）

421．轴承的温度增加，加速了油的劣化。（　　）

422．风力机齿轮油系统的用途：一是限定并控制齿轮箱温度；二是过滤齿轮油；三是大部分轴承以及齿轮啮合的强制润滑。（　　）

423．塔筒内应配备相应物资，如淡水、睡袋等临时留宿物资。（　　）

424．上岗员工经过岗前培训的，不用获取相应证书就可以进行现场机组维护。（　　）

425．海上风电塔架在复杂受力中会出现涡激振动，危害风机寿命，需要做相应结构设计，以减少涡激振动的产生。（　　）

426．海上风电场为了有利于维护，经常选取航线沿线海域。（　　）

427．当出现外部船舶误入风电场时，应尽快采取措施，如果没有发生意外情况，可以不用记录在日志上。（　　）

428．在维护叶轮、偏航机构或其他运动机构时，需要有可靠的制动保护。（　　）

429．风力发电场检修工作应执行工作票制度。（　　）

430．风机运维结束后要及时清理工作现场，废弃物可倒入大海。（　　）

431．风机设备检修记录、报告和设备变更等技术文件，应作为技术档案保存。（　　）

432．风机检修过程可以按照现场人员经验执行。（ ）

433．编制风机检修方案时，应制定组织措施、安全措施和技术措施。（ ）

434．风机设备解体后，可将其资料做销毁处理。（ ）

435．当检查到安装螺栓松动时，可以使用普通扳手紧固。（ ）

436．风机检修过程中，如果发现主轴运转时发生异响，只要声音不大，不用理会。（ ）

437．风机机组防雷系统应该每两年检查一次。（ ）

438．一年至少检查一次变压器开关分合闸情况及绝缘情况。（ ）

439．风机变压器接地电阻不需要每年都检查。（ ）

440．进入变桨距机组轮毂内工作，必须将变桨机构可靠锁定。（ ）

441．允许在叶轮转动的情况下插入锁定销。（ ）

442．当齿轮箱高速轴与发电机的同心度满足要求时，可以直接连接，不需要弹性联轴器。（ ）

443．风电齿轮箱应有油位指示器和油温传感器。（ ）

444．未开封的齿轮箱润滑油清洁度满足标准要求，可以不用过滤直接添加进齿轮箱。（ ）

445．齿轮箱齿面的表面粗糙度 R_a 越大越好，可以防止打滑。（ ）

446．齿轮箱的设计寿命应不低于 20 年。（ ）

447．齿轮箱行星级的行星齿轮两侧齿面都是工作面。（ ）

448．风机长时间停机应启用主轴或齿轮箱高速轴制动器，这样可以保护齿轮箱免受磨损。（ ）

449．齿轮箱的润滑油应每六个月取一次油样做检测。（ ）

450．主轴为双轴承支撑的结构中，风轮的弯矩不会传递到齿轮箱。（ ）

451．齿轮箱零件的数量越多，可靠性越高。（ ）

452．表面硬化的内齿轮比调质齿轮具有更好的承载能力。（ ）

453．喷丸不可作为齿面的最后一道加工工序。（ ）

454．RS 代表的是风轮侧。（ ）

455．如果齿轮箱计算过程中使用的啮合均载系数 K_γ 小于标准中的默认值，应通过仿真和测量予以验证。（ ）

456．齿根强度应使用齿根最终形成的几何形状进行计算。（ ）

457．为避免齿面硬化层剥落，可以选择比标准中推荐值稍大的硬化层深。（ ）

458．由于生产工艺的限制，氮化内齿轮的跳动和齿距累计总偏差可以采用 8 级精度。（ ）

459．为便于维修，齿轮箱中所有轴的端部应设计螺纹孔以便于起吊。（ ）

460．齿轮箱高速轴和低速轴通常采用 V 型密封，作用是防止漏油。（ ）

461. 齿轮箱中的太阳轮通常为浮动设计，其外花键应进行表面硬化处理。（　　　）

462. 齿轮箱润滑油的种类分为矿物油、全合成油、半合成油。（　　　）

463. 齿轮箱润滑油的滤芯堵塞后，可以通过旁通油路进入齿轮箱。（　　　）

464. 在启动前，齿轮箱的油池温度应能保证润滑油的自由循环。（　　　）

465. 齿轮箱的油池温度应在油池中部测量。（　　　）

466. 润滑油进入齿轮箱的压力随着油温的升高而增加。（　　　）

467. 永磁同步发电机转子上没有励磁绕组，不存在铜损耗，发电机效率高。（　　　）

468. 水平轴风力发电机组的发电机通常装备在地面上。（　　　）

469. 发电机用永磁体材料应有可靠的防腐蚀保护。（　　　）

470. 发电机超速试验允许在冷态下进行，超速试验可根据具体情况选用电动机法或原动机拖动法。（　　　）

471. 三相三线制电路中，三个相电流之和等于零。（　　　）

472. 在回路中，感应电动势的大小与回路中磁通对时间的变化率成正比。（　　　）

473. 双馈异步发电机一般采用编码器用于测量转子角速度，将测得的电机转速信号传输给变频器。（　　　）

474. 风力发电机吊装时，现场必须设有专人指挥。（　　　）

475. 风力发电机会对无线电和电视接收产生一定的干扰。（　　　）

476. 风力发电机将影响配电网的电压。（　　　）

477. 风力发电机会影响电网的频率。（　　　）

478. 风力发电机组一般对发电机温度进行监测并设有报警信号。（　　　）

479. 双馈风力发电机工作亚同步时，转子向电网馈电，定子从电网吸收能量，产生制动转矩，使发电机处于发电状态。（　　　）

480. 风力发电机及其部件吊装前，应做认真检查。（　　　）

481. 安装联轴器时，在齿轮箱－联轴器－发电机轴线上，联轴器无前后之分。（　　　）

482. 电气设备的额定电压就是电气设备长期正常工作时的工作电压。（　　　）

483. 测量绝缘电阻时，在指针达到稳定后再读取数据，并记录绕组的温度。（　　　）

484. 电机温升试验时，不需要考虑周围环境条件的影响。（　　　）

485. 轴承绝缘电阻用不大于 1000 V 的兆欧表测量。（　　　）

486. 采用外接冷却器及管道通风冷却的电机，应在冷却器的出口测量冷却介质的温度。（　　　）

487. 采用内冷却器冷却的电机，冷却介质的温度应在冷却器的出口测量。（　　　）

488. IEC 61400-23 标准中试验载荷不考虑环境因素。（　　　）

489. IEC 61400-23 标准中叶片装配细节有螺栓类型和接口尺寸，螺栓尺寸、型号、等级，螺栓紧固长度，螺栓施加预拉和扭矩步骤。（　　　）

490．IEC 61400-23 标准中，静力试验中试验载荷一定要考虑叶片的大变形的影响。（　　　）

491．IEC 61400-23 标准中，试验中涉及的仪器设备一定计量与校准。（　　　）

492．IEC 61400-23 标准中测试结果一定要有不确定度分析。（　　　）

493．IEC 61400-23 标准中，叶片的最大弦长位置更改一定要重新做实验。（　　　）

494．IEC 61400-23 标准中，叶片的重量和重心可以不说明子部件。（　　　）

495．IEC 61400-23 标准中，叶片的吊装和搬运要有具体的步骤。（　　　）

496．在设计中，载荷局部安全系数考虑到载荷的不确定性，因此试验叶片应能承受设计载荷含有适当的载荷局部安全系数。（　　　）

497．风力发电机组运行过程中由于重力和离心力的作用，叶片会产生径向载荷。一般来说，径向载荷所产生的应力很大。（　　　）

498．叶片上的分布载荷只能近似地模拟；通常只有一年或更短时间来进行试验；只能对一支或少数几支叶片进行试验；某些失效难以发现。（　　　）

499．应力或应变是由精确计算或保守估算确定的；所有相关材料、零件的强度和抗疲劳等级是经过准确地或保守地估算确定的；用于强度计算中的强度和疲劳公式是准确或保守的；叶片生产是按照设计进行的。（　　　）

500．由于生产中的调整、设计中的改进和整体上的优化，叶片的生产通常不会偏离用于全尺寸试验的叶片。（　　　）

501．疲劳试验中一般通过增大载荷以降低载荷循环次数，这是使试验尽可能符合实际情况与试验时间更为合理的一种折中方案。（　　　）

502．在试验过程中，由于叶片根部通过夹具与试验台连接，因此需要对试验台与叶片的装配偏差对试验的影响进行评估。（　　　）

503．试验会受到重力载荷影响。由于重力载荷不是试验载荷的一部分，或无法由测量设备测得，因此在试验和试验数据处理过程中应考虑该载荷的影响。（　　　）

504．如果叶片承受试验载荷（根据设计载荷确定）时未达到极限状态，则认为叶片通过了试验。（　　　）

505．对试验结果进行整理分析时，应注意用于试验的叶片通常是批量生产中首批叶片中的一支。后续批产叶片会进行改进，但有时很小的修改也可能影响试验的有效性。（　　　）

506．在给定方向和测试区域的所有试验均应在同一支叶片完成，挥舞方向和摆振方向的试验可在两支独立的叶片上完成。（　　　）

507．材料转换系数考虑了结构中实际的材料条件与计算强度和疲劳公式的材料条件之间的具体差异。比如，这些转换系数有尺寸影响、湿度、老化和温度等系数。在评估过程中使用适当的强度和疲劳公式即可将这些因素考虑进来。（　　　）

508．风电叶片后缘辅梁 UD 布（单向布）层铺放时允许搭接。（　　　）

509．叶片切边后，后缘棱线可以接受。（　　　）

510．风电叶片排水孔通常位于迎风面叶尖位置。（　　　）

511．避雷线折断维修时可以采用不同材质避雷线连接。（　　　）

512．叶片成型过程中，真空系统检测合格后需要开启真空系统，继续抽气。（　　　）

513．灌注过程中必须胶液浸润所有布层后方可关闭进胶口阀门。（　　　）

514．梁下连续毡铺放时可以不超出梁边。（　　　）

515．玻纤布搭接铺放时不允许出现在主梁区域。（　　　）

516．合模粘接时背风面模具不进行翻转，可以不进行真空度要求。（　　　）

517．叶根挡板一般要求可以承受 300 kg。（　　　）

518．叶片生产车间对湿度可以不要求。（　　　）

519．生产车间所用量具、衡器、仪表需经检定，并在检定合格周期内使用。（　　　）

520．设计寿命是指在设计工况下的设计使用年限。（　　　）

521．风轮包括叶片和轮毂两部分。（　　　）

522．型式试验中只要有一项指标不合格，就应采用另一片新叶片对该项目进行复验，直至合格为止。（　　　）

523．不合格叶片可以与合格叶片混放，只需做好醒目标记即可。（　　　）

524．叶片重心位置只需要写在使用维护说明书中即可，不需要在叶片表面进行标记。（　　　）

525．叶片复合材料部分表面不需要包装。（　　　）

526．DNV GL-ST-0376 标准中对于结构分析，极限工况采用 360°方向的载荷时，相对 4 个方向要求的局部安全因子更小。（　　　）

527．DNV GL-ST-0376 标准对夹层结构失效分析不做强制要求。（　　　）

528．根据 DNV GL-ST-0376 标准的要求，层合板 0°方向上的弹性性能测试值与设计值的偏差在 ±5% 之内是可以接受的。（　　　）

529．在扫掠通道雷击试验过程中，将高压发生器的输出端连接于高电压电极。该电极应为球形，半径在 25～50 mm 之间，高电压电极的表面应放置于距离试样表面 50 mm 的位置。（　　　）

530．雷电放点的基本类型为上行雷和下行雷。下行雷是雷云开始向大地放电；上行雷为大地暴露位置（比如山顶）或接触的高大建筑物顶端对雷云放电。（　　　）

531．叶片表面上作用接闪器系统或引下线系统的金属导体有横截面要求，以便能够承担直接电击，将雷电电流完全传导出去。（　　　）

532．对于初始先导雷击试验，试样的每个极性及每个方向应相对于对峙电极施加至少三次放电。（　　　）

533．由于在潮湿或受污染表面上更容易发生闪络，发生击穿的可能性较小，因此对外表面施加污染物可能并不重要。但是，潮湿或受污染的内表面可能更迅速地将闪络引导到叶片边缘等电位联结处，在这里会发生击穿。因此，如果人为环境影响可能导致叶片工作过程中存在这种情况，那么可能需要对潮湿及受污染内表面进行叶片试样的试验。（　　）

534．在非导电性表面试验中，将"喷射分流"电极放置于所评估试样区域上方50 mm 或 50 mm 以上。（　　）

535．非导电性表面试验可以使用正极性或负极性。（　　）

536．在非导电性表面试验中，可以使用直径不大于 0.1 mm 的细金属线，将电弧导入试样上的特定点。引发线束路径应从电极直接沿扫掠先导方向跨越非导电性表面。引发线束应放置于试样表面上方大约 20 mm。（　　）

537．受未衰减雷电电磁场威胁且内部系统可能遭受全部或部分雷电浪涌的区域称为 LPZ 0。（　　）

538．对于在风力发电机组内安装 SPD，建议总体连接引入线长度不应超出 0.5 m。（　　）

539．失效分析一般根据失效模式和现象，通过分析和验证，模拟重现失效的现象，找出失效的原因，挖掘出失效机理的活动。（　　）

540．风电机组在更换叶片时，可以不经过验证，用其他型号同长度的叶片替换。（　　）

541．对失效叶片的生产质量记录等文件的查看，可以追溯叶片的生产质量。（　　）

542．防雷测量和测试仪器应符合国家计量法规的规定。（　　）

543．普通的雷电记录卡可以记录通过避雷系统的实时电流。（　　）

544．叶片维修对周围温度和湿度没有要求。（　　）

545．雨雪天气应禁止叶片登高作业。（　　）

546．禁止在工作平台吸烟、使用明火。（　　）

547．叶片维修现场对废弃物和污染物集中处理，严禁随地乱扔垃圾和废弃物。（　　）

548．应急救援行动优先，先救人，保证人员安全的前提下再组织抢救财产。（　　）

549．在风电场测量叶片电阻时，宜测量多次取平均值。（　　）

550．在风电场进行叶片维修时，维修所用的材料要有合格证，在风场存储中要满足规定的要求。（　　）

551．在风电场进行叶片维修时，维修检修试验的仪器仪表要经过检定，并在检定周期内。（　　）

552．风电场叶片维修所用的芯材和玻纤布可以露天放置。（　　）

553．为防止火灾，在风机内进行叶片检查和维修工作全过程禁止吸烟。（　　）

554．叶片维修时，可以使用与原玻璃钢结构不同类型的玻璃纤维和树脂。（　　）

555．GB/T 9914.1 标准是玻璃纤维含水率测试标准。（　　）

556. GB/T 15223《塑料 液体树脂 用比重瓶法测定密度》，原理是密度等于质量除以体积。（　　　）

557. GB/T 1043.1 标准是塑料悬臂梁冲击性能测试方法。（　　　）

558. ISO 14129 标准适用于双轴向纤维布测试。（　　　）

559. GB/T 5258 标准可用于纤维增强塑料面内压缩性能测试。（　　　）

560. GB 7750 标准应用的是拉剪测试方式。（　　　）

561. 反映真实海洋特性的最佳方法是通过随机波浪模型来描述海况。（　　　）

562. 水动力载荷是由水流运动、水密度、水深、支撑结构形状及其水流相互作用所确定的。（　　　）

563. 载荷工况应由机组运行模式或其他设计工况与外部条件的组合来确定的。（　　　）

564. 偏航角度定义为风轮轴线方向偏离风向的水平夹角。（　　　）

565. 通常，水动力载荷对风轮－机舱组件的间接影响很小，根据支撑结构的动态特性，有些情况可以忽略不计。（　　　）

566. 由于在仿真周期的前期，用于动态仿真的初始条件会对载荷效应的统计有影响。因此，在任何分析区间，均应去除前 5 s 的数据。（　　　）

567. 标准中规定的陆上机组和海上机组的极端温度范围是一致的。（　　　）

568. 海港工程中，有关港址的选择、水工建筑物和航道的布置、抛泥的选择、作用于水工建筑物上的水流力和船舶系靠力以及泥沙的淤积和冲刷等问题，均应考虑当地的海流状况。（　　　）

569. 近岸海流分析应以潮流和风海流为主，必要时还应考虑由于波浪破碎产生的沿岸流和离岸流。（　　　）

570. 由于台风湍流强度大，因此在台风工况下不必考虑平均气流相对水平面成8°的影响。（　　　）

571. GB/T 31519 标准中的台风工况即为台风机组所需考虑的全部工况。（　　　）

572. 设计台风机组时，应考虑伴随台风过程的暴雨和雷电影响。（　　　）

573. 如果可以确保机组在受到台风影响前处于关机空转状态，则可以不考虑台风工况中的发电兼故障工况。（　　　）

574. 若机组在电网失电情况下，控制和偏航系统可以正常工作 6 h 以上，则可以不考虑空转状态下，风向变化 ±180° 所产生的影响。（　　　）

575. 海上风力发电机组设计时，无需考虑基础频率对机组载荷特性的影响。（　　　）

576. 在大于理论最低潮位以下 50 m 水深的海域开发建设的风电场称为深海风电场。（　　　）

577. 台风是生成于热带或副热带洋面上急速旋转并向前移动的大气涡旋。（　　　）

578. 台风按强度可分为热带低压、热带风暴、强热带风暴、台风、强台风和超强

台风。（　　　）

579．温度计应满足测量范围为 $-40 \sim +40 ℃$、精确度为 $±1 ℃$ 的要求。（　　　）

580．短期测风时，当船只航行时，观测到的合成风速、风向，要根据船只的航速、航向换算成风速和相应风向。（　　　）

581．夏、冬两季的全潮水文观测期间，应进行短期风速、风向同步测量。测站总数应不少于 1 个，且测站应具有代表性。（　　　）

582．短期风速、风向测量要素主要包括海面上 10 min 的平均风速及相应风向。在定点连续观测中，还应观测日最大风速、相应风向及出现时间，以及日极大风速、相应风向及出现时间。（　　　）

583．收集数据应对收集的数据进行初步判断，判断测量参数连续变化的趋势是否合理。（　　　）

584．台风眼清晰且呈圆形，是发展为台风及强台风的标识。（　　　）

585．综合沿海测风塔计算的年平均风速，浙江中北部沿岸为 $6.0 \sim 7.9$ m/s。（　　　）

586．测风数据的时间顺序应符合预期的开始、结束时间，中间可以不连续。（　　　）

587．在风电场安装相关仪器，通过测量直接获取的风能资源评估所需的参数为测量参数。（　　　）

588．主控制系统所采取的控制策略应避免机组的频繁启动与停机。（　　　）

589．电网断电引起的停机，再次启动机组时应采取自动启动方式。（　　　）

590．主控制系统应具备关键参数监视与报警功能，当监视参数出现异常时应具备实时报警功能。（　　　）

591．若机组在设计中考虑台风情况，短时间内的风向通常发生急剧变化，机组可能会产生非正常的偏航或平衡变化，应在控制策略中考虑这种情况。（　　　）

592．若机组在设计中考虑台风情况，对于变桨控制的机组，应使风轮处于自由空转状态，叶片顺桨，除非能够验证其他状态是安全的。（　　　）

593．海上风电机组的机舱可以不采用腐蚀防护措施。（　　　）

594．海上风电机组关键传感器，如风速传感器、风向传感器、振动传感器等所有与安全相关的传感器均需通过防腐测试的试验。（　　　）

595．电网断电引起的停机，再次启动机组时应采取手动启动方式。（　　　）

596．主控制系统应支持机组自动运行模式与手动运行模式的相互切换。手动运行模式应支持机组运行、调试、检修与维护功能。（　　　）

597．海上风力发电机组支撑结构的防护系统可以分为两类，分别是涂层保护和阴极保护。（　　　）

598．安全链系统应采用独立的安全链控制模块，设计采用失效－安全控制模式，可不用独立于主控制系统运行。（　　　）

599．紧急关机按钮使用后的解除应要求适当的操作。解除后，只有在手动清除之

后才能自动重启。（　　　）

600．海上风力发电机组若安全链系统动作，则需要手动进行故障复位。安全链故障复位可通过远程实现，该复位功能应设置权限。（　　　）

601．对腐蚀防护来说，所有涂层系统均应进行定期检查和维修，以确保在设计使用期内的完整性。（　　　）

602．振动状态监测系统的检测单元位于风电机组机舱内，实现所监测参数的采集、信号调理、模数转换和数据的预处理功能。（　　　）

603．当监测到制动系统故障时，机组应该立即停机。（　　　）

604．通常情况下，机组的设计寿命是 30 年。（　　　）

605．紧急关机按钮的激活应使中高压系统断电，在每个主要工作点都应该提供紧急关机按钮，如机舱和塔底。（　　　）

606．保护功能和控制功能发生冲突时，保护功能应具有优先权。（　　　）

607．风廓线用于确定穿过风轮扫掠面的平均垂直风切变。（　　　）

608．主控制柜可不具有耐霉性能，但应具有耐盐雾性能，因为定期监测和维护可以满足机组的性能要求。（　　　）

609．主控制系统具备扭缆监视和自动解缆功能。自动解缆时拒绝自动偏航请求，手动偏航时拒绝所有的偏航请求。（　　　）

610．风场的湍流特征很重要，因为它对风力发电机组性能有不利影响，主要是减少输出功率，还可能引起疲劳载荷，最终削弱和破坏风力发电机组。（　　　）

611．出现频率最高的风向一定是风能密度最大的方向。（　　　）

612．海上测风塔的温度计及气压计必须安装在测风塔上。（　　　）

613．逐小时湍流强度是以 1 h 内平均的 10 min 湍流强度作为该小时的代表值。（　　　）

614．风功率密度只蕴含风速、风速分布的影响，是风场风能资源的综合指标。（　　　）

615．海洋站保存有规范的测风记录，标准观测高度距离地面 30 m。（　　　）

616．湍流模型在使用时只需考虑风速和风向变化的影响。（　　　）

617．热带气旋在靠近陆地时虽然下垫面改变，风场仍是对称的。（　　　）

618．热带气旋强度分级中，风速大于或等于 51 m/s 为台风级别。（　　　）

619．海上风电场应查明海底一定深度内埋藏条件，分析评价海床的稳定性。（　　　）

620．风切变指数表示风速随离地面高度以幂定律关系变化的数学式。（　　　）

621．在设定时段与风向垂直的单位面积中风所具有的能量是风功率密度。（　　　）

622．威布尔分布函数取决于一个参数，即控制平均风速分布的尺度参数。（　　　）

623．阵风系数为 1 年一遇 10 min 平均极端风速与 50 年一遇 10 min 平均极端风速的比值。（　　　）

624．切入风速是风电机组开始发电时，轮毂高度处最小湍流稳态风速。（　　　）

625．额定风速是风力发电机组达到额定功率时轮毂高度处的最小无湍流稳态风速。（　　　）

626．风力发电机组等级分为 A、B、C 共 3 级。（　　　）

627．仿真中，轮毂高度的风速至少需要 12 次仿真。（　　　）

628．EOG 为极端湍流模型的缩写。（　　　）

629．对于极端风湍流模型，50 年和 1 年一遇的 10 min 平均风速大小的比例关系为 1.4：1。（　　　）

630．极端风切变风模型（EWS）在阵风周期内，轮毂高度风速发生了变化。（　　　）

631．极端运行阵风模型（EOG）在阵风周期内，风向未发生变化。（　　　）

632．正常电网条件下，频率变化不得超过 5%。（　　　）

633．海上风力发电机组防腐蚀系统设计使用年限应考虑到机组的设计使用年限，不宜小于 20 年。（　　　）

634．在 NB/T 31043 标准中，对主控制系统的使用条件有一定要求，一般其低温的工作环境温度范围为 $-20 \sim +40\,℃$。（　　　）

635．轮毂高度 z 在 60 m 时，纵向湍流尺度参数的值为 $0.5z$。（　　　）

636．稳态极端风速模型中，允许短时间内与平均风向有一定的偏差，偏航误差在 15° 范围。（　　　）

637．制动器的作用包括控制机舱偏航。（　　　）

638．海上风力发电机组设计中，考虑风况和海浪相关性时需要注意的参数中包括湍流强度。（　　　）

639．风资源评估中采用湍流指标，其中标准偏差为水平风速。（　　　）

640．根据风力发电机的设计，停机是指风力发电机组静止状态。（　　　）

641．在 NB/T 31043 标准中，对主控制系统的使用条件有一定要求，一般其常温的工作环境温度范围为 $-20 \sim +45\,℃$。（　　　）

642．测风数据中 1 h 平均气温变化趋势小于 $6\,℃$。（　　　）

643．GB/T 18451.1 标准中规定参考湍流强度 I_{ref} 指的是 15 m/s 风速下，湍流强度的代表值。（　　　）

644．电网失电后的至少 6 h 内，建议机组控制系统具备持续工作能力，且偏航系统具备不间断的偏航调节能力。（　　　）

645．海上测风，现场数据提取的时段最长不应该超过 3 个月。（　　　）

646．海上测风塔无需安装 2 套独立的风向标。（　　　）

647．风速参数采样时间间隔应不大于 10 min，温度参数也应每 10 min 采样一次。（　　　）

648. 风电机组正在并网发电运行的状态称为运行状态。(　　　)

649. 在理论最低潮位以下5～30 m水深的海域开发建设的风电场叫作近海风电场。(　　　)

650. 参考湍流强度 I_{ref} 规定是选取轮毂高度的风速数值。(　　　)

651. 海上风力发电机组若安全链系统动作，则需要手动进行故障复位，该复位功能无需设置权限。(　　　)

652. 半直驱风电机组的发电机体积相较于同等容量的直驱发电机体积偏大。(　　　)

第二章
单选题

第一节 标准依据

一、1～25 题

1. GB/T 33630—2017《海上风力发电机组 防腐规范》

2. GB/T 33423—2016《沿海及海上风电机组防腐技术规范》

3. NB/T 31006—2011《海上风电场钢结构防腐蚀技术标准》

4. IEC 62305-1：2010 *Protection against lightning-Part 1：General principles*

5. IEC 62305-3：2010 *Protection against lightning-Part 3：Physical damage to structures and life hazard*

6. IEC 62305-4：2010 *Protection against lightning-Part 4：Electrical and electronic systems within structure*

7. GB/T 36490—2018《风力发电机组 防雷装置检测技术规范》

二、26～51 题

1.《海上风力发电机组认证规范 2012》（中国船级社）

2. NB/T 31115—2017《风电场工程 110 kV～220 kV 海上升压变电站设计规范》

三、52～54 题

1. NB/T 31041—2019《海上双馈风力发电机变流器技术规范》

2. NB/T 31042—2019《海上永磁风力发电机变流器技术规范》

四、55～59 题

NB/T 31043—2019《海上风力发电机组主控制系统技术规范》

五、60～63题

GB/T 32077—2015《风力发电机组 变桨距系统》

六、64～83题

1. GB/T 191—2008《包装储运图示标志》
2. GB/T 50571—2010《海上风力发电工程施工规范》
3. GB/T 51121—2015《风力发电工程施工与验收规范》
4. GB/T 20319—2017《风力发电机组 验收规范》
5. DL/T 5191—2004《风力发电场项目建设工程验收规程》
6. GB 50150—2016《电气装置安装工程 电气设备交接试验标准》
7. GD 10—2017《海上风电场设施检验指南 2017》（中国船级社）
8.《海上风力发电机组认证规范 2012》（中国船级社）

七、84～92题

1. GB/T 32346.1—2015《额定电压 220 kV（U_m=252 kV）交联聚乙烯绝缘大长度交流海底电缆及附件 第 1 部分：试验方法和要求》

2. GB/T 32346.2—2015《额定电压 220 kV（U_m=252 kV）交联聚乙烯绝缘大长度交流海底电缆及附件 第 2 部分：大长度交流海底电缆》

3. GB/T 32346.3—2015《额定电压 220 kV（U_m=252 kV）交联聚乙烯绝缘大长度交流海底电缆及附件 第 3 部分：海底电缆附件》

八、93～157题

1. DL/T 796—2012《风力发电场安全规程》
2. DL/T 797—2012《风力发电场检修规程》

九、158～192题

IEC 61400-12-1：2022 *Wind energy generation systems-Part 12-1：Power performance measurements of electricity producing wind turbines*

十、193～220题

IEC 61400-13：2015 *Wind turbines-Part 13：Measurement of mechanical loads*

十一、221～226题

IEC 61400-50-3：2022 *Wind energy generation systems-Part 50-3：Use of nacelle-mounted lidars for wind measurements*

十二、227～238题

DL/T 796—2012《风力发电场安全规程》

十三、239～295题

1. GB/T 32128—2015《海上风电场运行维护规程》
2. DL/T 797—2012《风力发电场检修规程》

十四、296～298题

GB/T 25385—2019《风力发电机组 运行及维护要求》

十五、299～310题

DL/T 796—2012《风力发电场安全规程》

十六、311～312题

GB/T 33423—2016《沿海及海上风电机组防腐技术规范》

十七、313～323题

DL/T 796—2012《风力发电场安全规程》

十八、324～327题

DL/T 797—2012《风力发电场检修规程》

十九、328～342题

GB/T 25385—2019《风力发电机组 运行及维护要求》

二十、343～352题

GB/T 18451.1—2022《风力发电机组 设计要求》

二十一、353～365题

GB/T 36569—2018《海上风电场风力发电机组基础技术要求》

二十二、366～370题

NB/T 31006—2011《海上风电场钢结构防腐蚀技术标准》

二十三、371～372题

GB/T 32128—2015《海上风电场运行维护规程》

二十四、373～376题

GB/T 20319—2017《风力发电机组 验收规范》

二十五、377～379题

NB/T 31080—2016《海上风力发电机组钢制基桩及承台制作技术规范》

二十六、380～387题

1. GB/T 33423—2016《沿海及海上风电机组防腐技术规范》
2. GB/T 33630—2017《海上风力发电机组 防腐规范》

二十七、388～409题

1. GB/T 19073—2018《风力发电机组 齿轮箱设计要求》
2. VDI 3834-1 Part 1：2015 *Measurement and evaluation of the mechanical vibration of wind turbines and their components—Wind turbines with gearbox*

二十八、410～445题

1. GB/T 755—2019《旋转电机 定额和性能》
2. GB/T 1029—2021《三相同步电机试验方法》
3. GB/T 1032—2012《三相异步电动机试验方法》
4. GB/T 23479.1—2009《风力发电机组 双馈异步发电机 第1部分：技术条件》
5. GB/T 23479.2—2009《风力发电机组 双馈异步发电机 第2部分：试验方法》
6. GB/T 25389.1—2018《风力发电机组 永磁同步发电机 第1部分：技术条件》
7. GB/T 25389.2—2018《风力发电机组 永磁同步发电机 第2部分：试验方法》
8. NB/T 31063—2014《海上永磁同步风力发电机》

二十九、446～450题

IEC 61400-23：2014 *Wind turbines-Part 23：Full-scale structural testing of rotor blades*

三十、451～468题

1. DNV GL-ST-0376：2015 *Rotor blades for wind turbines*

2．GB/T 25383—2010《风力发电机组 风轮叶片》

3．IEC 61400-5：2020 *Wind energy generation systems-Part 5：Wind turbine blades*

三十一、469～476题

GB/T 25383—2010《风力发电机组 风轮叶片》

三十二、477～480题

DNV GL-ST-0376：2015 *Rotor blades for wind turbines*

三十三、481～489题

Guideline for the Certification of Wind Turbines（GL，Edition 2010）

三十四、490～494题

GB/T 33629—2017《风力发电机组 雷电防护》

三十五、495～500题

GB/T 25383—2010《风力发电机组 风轮叶片》

三十六、501～646题

1．GB/T 7690.5—2013《增强材料 纱线试验方法 第5部分：玻璃纤维纤维直径的测定》

2．GB/T 4472—2011《化工产品密度、相对密度的测定》

3．GB/T 19466.2—2004《塑料 差示扫描量热法（DSC）第2部分：玻璃化转变温度的测定》

4．GB/T 2577—2005《玻璃纤维增强塑料树脂含量试验方法》

5．GB/T 27595—2011《胶粘剂 结构胶粘剂拉伸剪切疲劳性能的试验方法》

6．ISO 12944-2：2017 *Paints and varnishes-Corrosion protection of steel structures by protective paint systems-Part 2：Classification of environments*

7．GB/T 18451.1—2022《风力发电机组 设计要求》

8．GB/T 31519—2015《台风型风力发电机组》

9．NB/T 31029—2012《海上风电场风能资源测量及海洋水文观测规范》

10．NB/T 31030—2012《陆地和海上风电场工程地质勘察规范》

11．GB/T 17501—2017《海洋工程地形测量规范》

12．NB/T 31043—2019《海上风力发电机组主控制系统技术规范》

13．NB/T 10105—2018《海上风电场工程风电机组基础设计规范》

第二节 单选题例题

1. 防腐系统的设计使用年限应考虑到机组的设计使用年限，不宜小于（　　）年。

A. 10　　　　　B. 15　　　　　C. 20　　　　　D. 25

2. 运输和吊装器件需要临时防腐蚀的部件可采用喷涂环氧富锌底漆进行保护，干膜厚度应不大于（　　）。

A. 30 μm　　　B. 40 μm　　　C. 50 μm　　　D. 60 μm

3. 采用阴极保护与涂料联合保护时，海泥面以下（　　）可不采取涂料保护。

A. 1 m　　　　B. 2 m　　　　C. 3 m　　　　D. 4 m

4. 在防雷防护措施的选择上，在选择最合适的防护措施时对风险评估的准则应参照下列哪个标准进行？（　　）

A. IEC 62305-1　　B. IEC 62305-2　　C. IEC 62305-3　　D. IEC 62305-4

5. 雷电防护系统应遵循下列哪个标准？（　　）

A. IEC 62305-1　　B. IEC 62305-2　　C. IEC 62305-3　　D. IEC 62305-4

6. 防雷系统中浪涌保护器的选择和安装应根据下列哪个标准？（　　）

A. IEC 62305-1　　B. IEC 62305-2　　C. IEC 62305-3　　D. IEC 62305-4

7. 当雷击点和携带雷电流的导体上的热效应可对建筑物或受保护体的内部设施致损时，LPS 导体和易燃材料的距离应至少为（　　）。

A. 0.1 m　　　B. 0.5 m　　　C. 1.0 m　　　D. 1.5 m

8. 当不同楼层要求大量的等电位联结至加强体，并对达到低电感的电流通路高度关注时，利用混凝土墙体中的加强杆达到势能均值和对建筑物内部空间的屏蔽。例如，根据 IEC 62305-4 标准，为实现等电位化和屏蔽，环形导体应安装于单独楼层的混凝土中。这些环形导体应通过垂直杆以不大于（　　）的间隔互连。

A. 1 m　　　　B. 3 m　　　　C. 5 m　　　　D. 10 m

9. 高于（　　）的建筑物，其 80% 以上高度的侧面装设垂直接闪器。

A. 30 m　　　　B. 50 m　　　　C. 60 m　　　　D. 80 m

10. 高于 120 m 的建筑物，在（　　）以上高度的侧面装设垂直接闪器。

A. 76 m　　　　B. 86 m　　　　C. 96 m　　　　D. 106 m

11. 不在接闪器杆保护体内，且突出接闪器形成的表面不超过（　　）的非导电性的屋顶固定物，不需接闪器导体提供附加防护。

A. 0.1 m　　　B. 0.2 m　　　C. 0.3 m　　　D. 0.4 m

12. 叶片接闪器至叶根引下线末端的过渡电阻宜不大于（　　）Ω。

A. 0.24　　　　B. 0.25　　　　C. 0.30　　　　D. 1.00

13. 机舱防雷装置中接闪器的固定支架应能承受（   ）N 的垂直拉力。

A. 29　　　　　　B. 39　　　　　　C. 49　　　　　　D. 59

14. 单台风力发电机组工频接地电阻不应大于（   ）Ω。

A. 10　　　　　　B. 20　　　　　　C. 30　　　　　　D. 40

15. 在防雷接地装置中，塔筒底部末端与接地扁钢的连接应不少于（   ）处的要求，导体表面应做防腐处理并做接地标识。

A. 1　　　　　　B. 3　　　　　　C. 5　　　　　　D. 8

16. 在防雷接地装置中，连接导体与接地体的搭接，扁钢使用焊条焊接时，搭接长度应不小于其宽度的（   ）倍。

A. 1　　　　　　B. 2　　　　　　C. 3　　　　　　D. 4

17. 在接地装置中，外表面镀铜的钢的接地体最小截面积的要求是，单根圆钢最小截面积为（   ）mm²，单根扁钢（厚 25 mm）最小截面积为（   ）mm²。

A. 30，30　　　　B. 40，40　　　　C. 50，50　　　　D. 60，60

18. 对接地装置中的接地电阻进行测量时，应在雨后（   ）天晴天后进行测量。

A. 1　　　　　　B. 2　　　　　　C. 3　　　　　　D. 4

19. 接地电阻测试仪应采用异频测试，测试电流不应小于（   ）。

A. 1　　　　　　B. 2　　　　　　C. 3　　　　　　D. 4

20. 接地装置接地电阻的测量应采用（   ）极法。

A. 一　　　　　　B. 二　　　　　　C. 三　　　　　　D. 四

21. 变、配电站接地装置每（   ）年检查一次。

A. 1　　　　　　B. 2　　　　　　C. 3　　　　　　D. 4

22. 各种防雷接地装置每（   ）年在雷雨季前检查一次。

A. 1　　　　　　B. 2　　　　　　C. 3　　　　　　D. 4

23. 有腐蚀的土壤内的接地装置每（   ）年局部挖开检查一次。

A. 1　　　　　　B. 3　　　　　　C. 4　　　　　　D. 5

24. 每次雷击有三四个冲击至数十个冲击。一个直击雷的全部放电时间一般不会超过（   ）。

A. 100 ms　　　　B. 200 ms　　　　C. 400 ms　　　　D. 500 ms

25. 雷电流幅值指主放电时冲击的最大值，雷电流幅值可达（   ）。

A. 数十至百千毫安　　　　　　　　B. 数十至百千安

C. 数十至百千兆安　　　　　　　　D. 数十至百千千安

26. 过电流保护器件的分断能力应（   ）其安装处预定的短路电流。

A. 小于　　　　　　　　　　　　　B. 不小于

C. 大于　　　　　　　　　　　　　D. 不大于

27. 为满足防盐雾、防尘的要求，电机应有良好的外壳防护，应设计成表面冷却的（　　）形式。

A. 半封闭　　　　B. 全开式　　　　C. 全封闭　　　　D. 半开式

28. 在不接地的直流和两相交流电路中，应至少为（　　）提供过载保护。

A. 一相　　　　B. 两相　　　　C. 三相　　　　D. 以上都可以

29. 在具有平衡负载的不接地三相系统中，应至少为（　　）提供过载保护。

A. 一相　　　　B. 两相　　　　C. 三相　　　　D. 以上都可以

30. 应为额定功率大于（　　）的辅助驱动电机提供合适的过电流保护器件。

A. 1 kW　　　　B. 3 kW　　　　C. 5 kW　　　　D. 以上都不对

31. 变压器的输入、输出端（　　）断开装置。

A. 均需设置　　　　　　　　　B. 输入端需设置，输出端无需设置

C. 输入端无需设置，输出端需设置　　　D. 均无需设置

32. 海上升压变电站的潮位、波浪、海流、海冰和风速的设计重现期应为（　　）年。

A. 25　　　　B. 50　　　　C. 75　　　　D. 100

33. 生活平台应单独设置，生活平台距海上升压变电站平台的距离不应小于（　　），生活平台应符合国家现行有关安全和环保的规定。

A. 10 m　　　　B. 15 m　　　　C. 20 m　　　　D. 25 m

34. 应急照明，供电持续时间不应小于（　　）。

A. 10 h　　　　B. 15 h　　　　C. 18 h　　　　D. 20 h

35. 火灾报警系统、消防广播系统及其他紧急状态下所需要的通信设备，供电持续时间不应小于（　　）。

A. 10 h　　　　B. 15 h　　　　C. 18 h　　　　D. 20 h

36. 断续使用的手动失火报警按钮和所有在紧急状态下使用的内部信号设备，供电持续时间不应小于（　　）。

A. 10 h　　　　B. 15 h　　　　C. 18 h　　　　D. 20 h

37. 海上升压变电站内应设置（　　）系统。

A. 正常工作照明　　　　　　　B. 应急照明

C. 正常工作照明和应急照明　　　D. 以上都不对

38. 110 kV 及以上的继电保护装置宜（　　）。

A. 单套设置　　　　B. 双套设置　　　　C. 三套设置　　　　D. 多套设置

39. 35 kV 系统应配置（　　）。

A. 单相接地保护　　B. 两相接地保护　　C. 三相接地保护　　D. 以上都可以

40. 直流电源系统的额定电压应采用（　　）。

A. 110 V　　　　　　　　　　B. 220 V

C. 110 V 或 220 V　　　　　　D. 以上都不对

41. 直流系统接线宜采用（　　）方式。

A. 变压器线路组接线　　　　　　B. 单母线接线

C. 桥形接线　　　　　　　　　　D. 单母线分段接线

42. 通信电源应采用高频开关式稳压稳流电源系统，配置 2 组蓄电池，蓄电池容量应按照事故停电时间（　　）设计。

A. 1 h　　　　B. 2 h　　　　C. 4 h　　　　D. 8 h

43. 海上升压变电站主要结构的防腐设计年限不宜小于（　　）年。

A. 20　　　　B. 25　　　　C. 30　　　　D. 35

44. 海上升压变电站的耐火分隔可分为（　　）。

A. A 级和 B 级　　　　　　　　B. A 级、B 级和 C 级

C. A 级、B 级、C 级和 D 级　　D. 以上都不对

45. 海上升压变电站所有的电缆应采取（　　）等防火技术措施。

A. 封　　　　B. 堵　　　　C. 隔　　　　D. 以上都对

46. 蓄电池室平时的通风换气次数不应少于每小时（　　）次。

A. 1　　　　B. 3　　　　C. 5　　　　D. 不需要

47. 蓄电池事故时的通风换气次数不应少于每小时（　　）次。

A. 3　　　　B. 5　　　　C. 6　　　　D. 不需要

48. 升降机（　　）作为脱险通道。

A. 应该　　　　B. 不应　　　　C. 推荐　　　　D. 影响不大

49. 海上升压变电站应配备至少（　　）人的气胀式救生筏。

A. 6　　　　B. 10　　　　C. 12　　　　D. 20

50. 对主变室、通信继保室、控制室、SVG 室和开关柜室及其他发热量较大的舱室，其空气调节器的数量宜考虑（　　）备用。

A. 50%　　　　B. 90%　　　　C. 100%　　　　D. 200%

51. 变流器安全接地保护应符合 GB/T 3797 标准中 4106 的要求。系统可能触及的金属部分与外壳接地点的电阻应不大于（　　），接地点应有明显的接地标识。

A. 0.1 Ω　　　　B. 1 Ω　　　　C. 4 Ω　　　　D. 10 Ω

52. 在额定运行条件下，变流器效率不应低于（　　）。

A. 90%　　　　B. 92%　　　　C. 95%　　　　D. 96%

53. 变流器机侧过载能力应与风电机组的过载能力相匹配，变流器网侧在 110% 的标称电流下持续运行时间应不少于（　　）。

A. 625 ms　　　　B. 1 min　　　　C. 6 min　　　　D. 10 min

54. 海上风力发电机组主控制系统技术规范的标号为：（　　）。

A. NB/T 31040—2019　　　　B. NB/T 31041—2019

C. NB/T 31042—2019　　　　D. NB/T 31043—2019

55. 机组停机（　　　）以内为正常使用情况，此期间允许控制系统自动启动机组。

　　A. 6 h　　　　　　B. 7 h　　　　　　C. 24 h　　　　　D. 72 h

56. 主控制系统应设有硬件时钟电路，在失去电源的情况下，硬件时钟电路应能正常工作，精度应满足（　　　），误差不大于 ±5 s，并支持校时功能。

　　A. 1 s　　　　　　B. 1 min　　　　　C. 1 h　　　　　D. 24 h

57. 主控制系统应能自动在本地存储器记录不少于（　　　）条指定的最近发生的故障信息，保留时间不少于 6 个月，分辨精度不大于 20 ms。

　　A. 56　　　　　　B. 128　　　　　　C. 256　　　　　D. 1024

58. 主控系统的雷电防护水平，按（　　　）考虑。

　　A. LPZ 0A　　　　B. LPZ 0B　　　　C. LPL Ⅰ　　　　D. LPL Ⅱ

59. 对于海上风力发电机组，变桨距系统的防腐应满足 GB/T 192921 标准（　　　）及以上的规定和要求。

　　A. C 1　　　　　　B. C 2　　　　　　C. C 3　　　　　D. C 4

60. 变桨系统角度采样周期不应大于（　　　）。

　　A. 10 ms　　　　　B. 25 ms　　　　　C. 200 ms　　　　D. 100 ms

61. 变桨系统三个叶片角度反馈给控制系统周期不应大于（　　　）。

　　A. 10 ms　　　　　B. 25 ms　　　　　C. 200 ms　　　　D. 100 ms

62. 变桨距系统接收调桨距指令到变桨距轴承开始动作时间不应大于（　　　）。

　　A. 10 ms　　　　　B. 25 ms　　　　　C. 200 ms　　　　D. 100 ms

63. GB 50150 标准适用于（　　　）kV 及以下电压等级新安装的、按照国家相关出厂试验标准检验合格的电气设备交接试验。

　　A. 130　　　　　　B. 460　　　　　　C. 500　　　　　D. 380

64. 对于 110 kV 及以上电压等级的电气设备，进行交流耐压试验时，加至标准试验电压后的持续试验，无特殊说明时，应为（　　　）min。

　　A. 1　　　　　　　B. 3　　　　　　　C. 2　　　　　D. 0.5

65. 油浸式变压器及电抗器的绝缘试验应在充满合格油、静止一定时间后进行，规定电压等级为 500 kV 的，须静置（　　　）h 以上，220 kV～330 kV 的，须静置（　　　）h 以上。

　　A. 60，48　　　　B. 72，24　　　　C. 72，50　　　　D. 72，48

66. 在多绕组设备进行绝缘试验时，（　　　）绕组应予以短路接地。

　　A. 非被试　　　　B. 被测　　　　　C. 所有　　　　D. 相邻

67. 测量绝缘电阻时，兆欧表的电压等级选择，应按以下要求执行，100 V 以下的电气设备或回路，采用（　　　）V、（　　　）MΩ 及以上的兆欧表。

　　A. 200，50　　　　B. 200，25　　　　C. 250，50　　　　D. 250，100

68．绝缘电阻的测量，应使用（　　）s 的测量的绝缘电阻值，吸收比的测量应使用（　　）s 和（　　）s 的绝缘电阻的比值，极化指数应为（　　）min 和（　　）min 的绝缘电阻值的比值。

　　A．60，60，10，10，3　　　　　　B．60，60，15，5，1

　　C．60，60，30，5，0.5　　　　　　D．60，60，15，10，1

69．用于极化指数测量时，兆欧表的短路电流不应低于（　　）mA。

　　A．1　　　　　B．2　　　　　C．10　　　　　D．20

70．对于 3000 V 以下至 500 V 的电气设备或回路，兆欧表应采用（　　）V、（　　）MΩ 级别。

　　A．1500，2000　B．1600，1800　C．1500，1500　D．1000，2000

71．测量发电机定子绕组的绝缘电阻和吸收比或极化指数时，各项绝缘电阻的不平衡系数不应大于（　　）。

　　A．3　　　　　B．2　　　　　C．1　　　　　D．12

72．测量发电机定子绕组绝缘电阻和吸收比或极化指数时，对于沥青浸胶及烘卷云母绝缘类的吸收比不应小于（　　）。

　　A．13　　　　　B．12　　　　　C．11　　　　　D．15

73．测量发电机定子绕组绝缘电阻和吸收比或极化指数时，对于环氧粉云母绝缘类的吸收比不应小于（　　）。

　　A．13　　　　　B．15　　　　　C．2　　　　　D．16

74．测量发电机定子绕组绝缘电阻和吸收比或极化指数时，对于容量 200 MW 以上的机组应测量极化指数，极化指数不应小于（　　）。

　　A．20　　　　　B．15　　　　　C．50　　　　　D．12

75．测量定子绕组直流电阻时，当校正了各相或各分支绕组的直流电阻由于引线长度不同而引起的误差后，相间差别不应超过其最小值的（　　）%。

　　A．3　　　　　B．15　　　　　C．2　　　　　D．25

76．发电机定子绕组直流耐压试验和泄漏电流测量时，试验电压为发电机额定电压的（　　）倍。

　　A．16　　　　　B．3　　　　　C．25　　　　　D．5

77．发电机定子绕组直流耐压试验和泄漏电流测量时，试验电压按每级（　　）倍额定电压分阶段升高，每阶段停留（　　）min，并记录泄漏电流。

　　A．0.5，1　　　　B．0.5，3　　　　C．0.5，2.5　　　　D．0.5，2

78．发电机定子绕组泄漏电流测量时，各项泄漏电流的差别不应大于最小值的（　　）%，当最大泄漏电流在（　　）μA 以下，根据绝缘电阻值和交流耐压试验结果综合评判为良好时，各相间差值可不考虑。

　　A．100，10　　　B．95，10　　　C．100，20　　　D．95，20

79. 对于 35 kV 及以下电压等级的变压器，其绕组变形试验采用的方法为（　　　）。

　　A. 低电压短路阻抗法　　　　　　B. 频率响应测量法

　　C. 进线端交流耐压试验法　　　　D. 中心点交流耐压实验法

80. 变压器电压等级为 3 kV 及以上且容量在 4000 kVA 及以上，在常温条件下，测量吸收比应不小于（　　　）。

　　A. 15　　　　　　B. 16　　　　　　C. 13　　　　　　D. 10

81. 当变压器电压等级为 35 kV 及以上且容量为 8000 kVA 及以上，测量绕组连同套管的介质损耗角正切值应不大于产品出厂检测值的（　　　）。

　　A. 100%　　　　B. 120%　　　　C. 85%　　　　D. 130%

82. 发电机转子绕组交流耐压试验中，当励磁电压为 500 V 及以下电压等级时，施加的耐压等级应为额定电压的（　　　）倍，并不应低于（　　　）V。

　　A. 20，1500　　B. 10，1500　　C. 10，1000　　D. 15，1500

83. "过渡接头" 的通常意义为（　　　）。

　　A. 连接不同芯数电缆的接头　　　B. 连接不同截面电缆的接头

　　C. 连接不同屏蔽类型电缆的接头　D. 连接不同绝缘类型电缆的接头

84. 对于额定电压 220 kV（U_m=252 kV）交联聚乙烯绝缘大长度交流海底电缆来说，工频试验电压的频率一般为（　　　）。

　　A. 49～61 Hz　　B. 47～61 Hz　　C. 48～62 Hz　　D. 50～60 Hz

85. 在进行额定电压 220 kV（U_m=252 kV）交联聚乙烯绝缘大长度交流海底电缆制造长度电缆的电压试验时，在规定的工频试验电压和频率下，将试验电压逐步升高至（　　　），保持（　　　），制造长度电缆绝缘应不发生击穿。

　　A. 254 kV，40 min　　　　　　　B. 318 kV，30 min

　　C. 318 kV，40 min　　　　　　　D. 254 kV，30 min

86. 在额定电压 220 kV（U_m=252 kV）交联聚乙烯绝缘大长度交流海底电缆每个工厂接头的局部放电试验时，局部放电灵敏度应为（　　　）。

　　A. 5 pC，或者优于 5 pC　　　　　B. 10 pC，或者优于 10 pC

　　C. 15 pC，或者优于 15 pC　　　　D. 没有关于此项的要求

87. 额定电压 220 kV（U_m=252 kV）交联聚乙烯绝缘大长度交流海底电缆绝缘和电缆外护套测量时，最小测量厚度不应小于标称厚度的（　　　）。

　　A. 90%　　　　　B. 80%　　　　　C. 95%　　　　　D. 85%

88. 额定电压 220 kV（U_m=252 kV）交联聚乙烯绝缘大长度交流海底电缆绝缘和电缆外护套测量时，外护套的最小测量值加上（　　　）后，不应小于标称厚度的（　　　）。

　　A. 0.1 mm，85%　　　　　　　　B. 0.1 mm，80%

　　C. 0.2 mm，85%　　　　　　　　D. 0.2 mm，90%

89. 在 GB/T 32346.2 标准中，额定电压 U_0 表示的是（　　）。

A. 电缆设计用的导体间的额定电压有效值，单位为 kV

B. 电缆设计用的导体对地或金属屏蔽或金属套之间的额定电压有效值，单位为 kV

C. 电缆设计用的导体对地或金属屏蔽或金属套之间的电压最大值，单位为 kV

D. 设备最高工作电压有效值，单位为 kV

90. HYJQ 71 代表的是以下哪一种电缆？（　　）

A. 交联聚乙烯绝缘，铅套，双粗圆钢丝铠装，聚丙乙烯纤维外被层，海底电缆

B. 交联聚乙烯绝缘，铅套，扁铜丝铠装或圆铜丝铠装，聚丙乙烯纤维外被层，海底电缆

C. 交联聚乙烯绝缘，铅套，双扁铜丝铠装或双圆铜丝铠装，聚丙乙烯纤维外被层，海底电缆

D. 交联聚乙烯绝缘，铅套，扁钢丝铠装，聚丙乙烯纤维外被层，海底电缆

91. 按照 GB/T 32346.2 标准中规定，制造长度上的海缆导体中的单线同一层相邻两个接头允许焊接的最小距离是（　　）。

A. 400 mm　　　B. 500 mm　　　C. 300 mm　　　D. 200 mm

92. 常见工伤事故不包括（　　）。

A. 高处坠落　　　B. 触电　　　C. 晕车　　　D. 物体打击

93. 风电场工作人员应没有妨碍工作的病症，患有（　　）、恐高症、癫痫、晕厥、心脏病、美尼尔病、四肢骨关节及运动功能障碍等病症的人员，不应从事风电场的高空作业。

A. 高血压　　　B. 灰指甲　　　C. 肠胃炎　　　D. 咽喉痛

94. 外单位工作人员应持有相应的职业资格证书，了解和掌握工作范围内的危险因素和防范措施，并经过（　　）后方可开展工作。

A. 考试合格　　　B. 值长允许　　　C. 场长同意　　　D. 简单交代

95. 机组内作业需接引工作电源时，应装设满足要求的（　　），工作前应检查电缆绝缘良好，剩余电流动作保护器动作可靠。

A. 熔断器　　　　　　　B. 跌落保险

C. 剩余电流动作保护器　　D. 开关

96. 当遇有（　　）、雷雨天，或者照明不足、指挥人员看不清各工作地点、起重驾驶人员等情况时，不应进行起重工作。

A. 大雾　　　B. 降霜　　　C. 微风　　　D. 低温

97. 对于停运叶片结冰的机组，应采用（　　）方式。

A. 远程停机　　　B. 就地停机　　　C. 紧急停机　　　D. 拉箱变停机

98. 检修和维护时使用的吊篮，应符合 GB/T 19155 标准的技术要求。工作温度低于（　　）时禁止使用吊篮。

A. -15℃　　　　 B. -20℃　　　　 C. 0℃　　　　 D. -10 m/s

99. 机组机舱发生火灾，如尚未危及人身安全，应立即停机并（　　），迅速采取灭火措施，防止火势蔓延。

A. 灭火　　　　 B. 停机　　　　 C. 逃生　　　　 D. 切断电源

100. 电气工作人员对电业安全工作规程应（　　）考试一次，合格后方能参加工作。

A. 每 3 个月　　 B. 每 6 个月　　 C. 每年　　　　 D. 每 2 年

101. 因故间断电气工作连续（　　）以上者，必须重新学习电业安全工作规程，并经考试合格后，方能恢复工作。

A. 3 个月　　　 B. 6 个月　　　 C. 1 年　　　　 D. 2 年

102. 严禁将电流互感器二次侧（　　）。

A. 短路　　　　 B. 开路　　　　 C. 接地　　　　 D. 屏蔽

103. 严禁将电压互感器二次侧（　　）。

A. 短路　　　　 B. 开路　　　　 C. 接地　　　　 D. 屏蔽

104. 新参加电气工作的人员、实习人员和临时参加劳动的人员（管理人员、临时工等），应经过（　　）后，方可下现场参加指定的工作，并且不得单独工作。

A. 安全知识教育　 B. 值长允许　　 C. 场长同意　　 D. 简单交代

105. 进入工作现场必须戴安全帽，登塔作业必须系（　　）、穿防护鞋、戴防滑手套、使用防坠落保护装置。

A. 短袖　　　　 B. 防护鞋　　　 C. 长袖　　　　 D. 安全带

106. 工作人员进入生产现场禁止穿（　　）。

A. 绝缘鞋　　　 B. 拖鞋　　　　 C. 劳保鞋　　　 D. 绝缘靴

107. （　　）天气不应安装、检修、维护和巡检机组。

A. 阴天　　　　 B. 晴朗　　　　 C. 雷雨　　　　 D. 微风

108. 雷雨天气后（　　）内禁止靠近风力发电机组。

A. 0.5 h　　　　 B. 2 h　　　　 C. 12 h　　　　 D. 1 h

109. 攀爬机组前，应将机组置于（　　）状态。

A. 停机　　　　 B. 远程控制　　 C. 无通信　　　 D. 测试

110. 工作时必须穿着（　　），衣服和袖口必须扣好，禁止戴围巾和穿长衣服。

A. 一人　　　　 B. 羽绒服　　　 C. 工作服　　　 D. 短袖

111. 携带工具人员应（　　）到达塔架顶部平台或工作位置，应先挂好安全绳，后解防坠器。

A. 后上塔、先下塔　　　　　　　 B. 先上塔、后下塔

C. 同时下塔　　　　　　　　　　 D. 同时上塔

112. 出舱工作必须使用安全带，系两根安全绳，安全绳应挂在安全绳定位点或牢固构件上，使用机舱顶部栏杆作为安全绳挂钩定位点时，每个栏杆最多悬挂（　　）个。

A. 1　　　　　　B. 2　　　　　　C. 3　　　　　　D. 4

113. 在塔架爬梯上作业，应系好安全绳和定位绳，安全绳严禁（　　）。

A. 高挂低用　　B. 低挂高用　　C. 低挂低用　　D. 没有限制

114. 高处作业时，使用的工器具和其他物品应放入（　　）中，不应随手携带工作中所需零部件，工器具必须传递，不应空中抛接。

A. 衣裤口袋　　B. 电脑包　　C. 专用工具袋　　D. 塑料袋

115. 工器具使用完后应及时放回专用工具袋或箱中，工作结束后应（　　）。

A. 不用管　　　B. 清点　　　C. 可以就地存放　　D. 清洗

116. 现场作业时，必须保持可靠通信，随时保持各作业点、监控中心之间的联络，禁止人员在机组内单独作业，作业前应切断机组的（　　）或换到就地控制。

A. 就地控制　　B. 远程控制　　C. 通信　　　　　D. 电源

117. 严禁在机组内（　　）和燃烧废弃物品，工作中产生的废弃物品应统一收集和处理。

A. 喝水　　　　B. 吸烟　　　　C. 暂时休息　　　D. 吃饭

118. 有电击危险的环境中，安全电压规定为（　　）。

A. 12 V　　　　B. 24 V　　　　C. 36 V　　　　　D. 48 V

119. 机舱和塔架对接时应（　　），避免机舱与塔架之间发生碰撞。

A. 快速而准确　　B. 尽量快　　C. 缓慢而平稳　　D. 尽量缓慢

120. 叶轮和叶片起吊时，应使用（　　）的吊具。

A. 普通　　　　B. 崭新　　　　C. 成本低　　　　D. 经检验合格

121. 叶片吊装前，应检查叶片（　　）连接良好，叶片各接闪器至根部引雷线阻值不大于该机组规定值。

A. 引雷线　　　B. 前后缘　　　C. 螺栓　　　　　D. 蒙皮

122. 机组安装完成后，应将刹车系统松闸，使机组处于（　　）状态。

A. 刹车　　　　B. 自由旋转　　C. 机械锁定　　　D. 紧急停机

123. 风力发电机组调试、检修和维护工作均应参照 GB 26860 标准的规定执行（　　）制度、工作监护制度和工作许可制度、工作间断转移和终结制度。

A. 工作票　　　B. 口头协议　　C. 负责人允许　　D. 各方协商

124. 陆上机组风速超过（　　）m/s 时，不应在机舱内工作。

A. 12　　　　　B. 14　　　　　C. 18　　　　　　D. 20

125. 测量机组网侧电压和相序时，必须佩戴（　　），并站在干燥的绝缘台或绝缘垫上。

A. 护目镜　　　B. 线手套　　　C. 绝缘手套　　　D. 防毒面具

126. 检修液压系统时，应先将液压系统（　　），拆卸液压站部件时，应戴防护手套和护目眼镜。

A．保压　　　　　B．加压　　　　　C．泄压　　　　　D．停止

127. 拆除制动装置时应（　　）液压、机械与电气连接，安装制动装置应最后连接液压、机械与电气装置。

A．最后切断　　　B．先切断　　　　C．同时切断　　　D．保证

128. 机组测试工作结束后，应核对机组各项保护参数，（　　）正常设置。

A．忽略　　　　　　　　　　　　B．修改

C．恢复　　　　　　　　　　　　D．能用就可以，无需考虑

129. 超速试验时，试验人员应在（　　）控制柜进行操作，人员不应滞留在机舱和塔架爬梯上，并应设专人监护。

A．塔架底部　　　B．塔顶　　　　　C．轮毂　　　　　D．任意

130. 进入轮毂或叶轮上工作，首先必须将叶轮可靠锁定，锁定叶轮时，风速（　　）机组规定的最高允许风速进入变桨距机组轮毂内工作，必须将变桨机构可靠锁定。

A．可以高于　　　B．不应低于　　　C．不应高于　　　D．不用考虑

131. 严禁在叶轮（　　）的情况下插入锁定销，禁止锁定销未完全退出插孔就松开制动器。

A．静止　　　　　B．转动　　　　　C．晃动　　　　　D．故障

132. 需要停电的作业，在一经合闸即送电到作业点的开关操作把手上应挂"（　　）"警示牌。

A．禁止合闸，有人工作　　　　　B．禁止操作

C．线路有人工作　　　　　　　　D．危险

133. 机组调试期间，应在控制盘、远程控制系统操作盘处悬挂"（　　）"警示牌。

A．禁止操作　　　B．禁止合闸　　　C．线路有人工作　　D．危险

134. 对于独立变桨的机组调试变桨系统时，严禁同时调试（　　）只叶片。

A．1　　　　　　　B．2　　　　　　　C．3　　　　　　　D．多

135. 每（　　）至少对变桨系统、液压系统、刹车机构、安全链等重要安全保护装置进行检测试验一次。

A．三个月　　　　B．半年　　　　　C．一年　　　　　D．两年

136. 机组添加油品时，必须与原油品型号（　　）；更换替代油品时，应通过试验满足技术要求。

A．相一致　　　　B．可以有差别　　C．差别不大　　　D．不同

137. 维护和检修发电机前必须停电并验明三相（　　）。

A．电压不大　　　　　　　　　　B．无电流，可以有电压

C．确无电压　　　　　　　　　　D．电压平衡

138. 拆除能够造成叶轮失去制动的部件前，应首先（　　　）。

A. 锁定叶轮　　　B. 拆除刹车　　　C. 卡死叶轮　　　D. 退出叶轮机械销

139. 每（　　　）对塔架内安全钢丝绳、爬梯、工作平台、门防风挂钩检查一次。

A. 三个月　　　　B. 半年　　　　C. 一年　　　　D. 两年

140. 清理润滑油脂必须佩戴（　　　），避免接触到皮肤或者衣服；打开齿轮箱盖及液压站油箱时，应防止吸入热蒸汽。

A. 防护手套　　　B. 线手套　　　C. 护目镜　　　D. 防毒防尘面罩

141. 使用弹簧阻尼偏航系统卡钳固定螺栓扭矩和功率消耗应每（　　　）检查一次。

A. 三个月　　　　B. 半年　　　　C. 一年　　　　D. 两年

142. 机组投入运行时，未经授权，（　　　）修改机组设备参数及保护定值。

A. 可根据现场情况　　　　　　　B. 可以

C. 在监护人监护下可以　　　　　D. 严禁

143. 手动启动机组前叶轮上应无（　　　）现象。

A. 结冰、积雪　　B. 结冰　　　　C. 积雪　　　　D. 灰尘

144. 在寒冷、潮湿和盐雾腐蚀严重地区，停止运行一个星期以上的机组再投运前应检查（　　　），合格后才允许启动。

A. 外观　　　　　B. 电阻　　　　C. 绝缘　　　　D. 锁具

145. 动脉出血时应压迫（　　　）。

A. 出血点两侧　　B. 血管近心端　　C. 血管远心端　　D. 出血点

146. 对开放性骨折且伴有大出血者，应（　　　）。

A. 先固定，再止血　　　　　　　B. 先止血，再固定

C. 止血后无需固定　　　　　　　D. 打电话等待救援

147. 腰椎骨折时应将伤员平卧在平硬木板上，并将腰椎躯干及两侧下肢（　　　），预防瘫痪。

A. 一同进行固定　　　　　　　　B. 分别进行固定

C. 保持自由状态　　　　　　　　D. 几个人同时托着

148. 发生事故时，事故的应急处理应坚持（　　　）的原则。

A. 先抢救设备　　　　　　　　　B. 以人为本

C. 先保证发电　　　　　　　　　D. 保密

149. 机组机舱发生火灾时，禁止通过（　　　）撤离，应首先考虑从塔架内爬梯撤离。

A. 爬梯　　　　　B. 逃生孔　　　C. 电梯　　　　D. 升降装置

150. 有人触电时，应立即（　　　），使触电人脱离电源，并立即启动触电急救现场处置方案。

A. 切断电源　　　B. 上前救人　　　C. 紧急呼救　　　D. 离开现场

151．如在高空作业时，发生触电，施救时还应采取防止（　　　）措施。

A．中暑　　　　　　B．中毒　　　　　　C．高空坠落　　　　D．触电

152．发现塔架螺栓断裂或塔架本体出现裂纹时，应（　　　），并采取加固措施。

A．择机维修　　　　　　　　　　B．临时焊接

C．保持机组继续运行　　　　　　D．立即将机组停运

153．接地线应由有透明护套的多股裸铜软绞线和专用线夹组成，接地线截面积不得小于（　　　）mm^2。

A．9　　　　　　　B．16　　　　　　C．25　　　　　　D．36

154．装设接地线必须（　　　），且必须接触良好，连接可靠。拆接地线的顺序与此相反。

A．先接导体端，后接接地端　　　B．先接接地端，后接导体端

C．都可以　　　　　　　　　　　D．看现场情况定

155．检修（　　　）时，停电后需要先对地放电。

A．电容器　　　　　B．叶片　　　　　C．齿轮箱　　　　　D．开关

156．任何人进入生产现场必须戴（　　　）。

A．袖标　　　　　　B．帽子　　　　　C．参观证　　　　　D．安全帽

157．在功率测试中，表示年发电量的英文缩写为（　　　）。

A．REWS　　　　　B．AEP　　　　　C．T　　　　　　　D．CP

158．相对湿度的范围为（　　　）。

A．0～1　　　　　　B．0～2　　　　　C．−1～1　　　　　D．−1～0

159．功率测试装置的满刻度量程应设置为风力发电机组额定功率的（　　　）。

A．−25%～125%　　　　　　　　B．−10%～110%

C．−50%～200%　　　　　　　　D．−20%～100%

160．根据 IEC 61400-12-1 标准，对于平坦地形，用于功率特性测试的风速计级别至少应为（　　　）。

A．1.7 S　　　　　　B．1.7 A　　　　　C．2.5 B　　　　　D．1.5 A

161．风杯式风速计应正确安装在测风塔顶部，安装高度与轮毂对地高度的差在（　　　）范围内。

A．±25%　　　　　　B．±15%　　　　　C．±3%　　　　　D．±2%

162．功率特性测试中，数据采集系统每个通道的采样频率至少是（　　　）Hz。

A．1　　　　　　　　B．2　　　　　　C．50　　　　　　D．60

163．对给定的年平均风速，当计算表明 AEP 测量值小于 AEP 外推值 95% 时，应把 AEP 测量值标记为（　　　）。

A．完整　　　　　　B．不完整　　　　　C．不确定

164. 在进行场地标定时，在测量扇区内引起风力发电机组和测风塔之间，轮毂高度处的气流畸变大于或等于（　　）%的障碍物应视为大型障碍物。

A. 1　　　　　B. 2　　　　　C. 3　　　　　D. 4

165. 在进行单顶式测风塔设计安装时，应确保测风塔塔体任何部分不超出以主风速为顶点的（　　）锥形面。

A. 1∶3　　　　B. 1∶4　　　　C. 1∶5　　　　D. 1∶6

166. 在进行单顶式测风塔设计安装时，主风速计应安装在一竖直圆管上，竖直向上的偏角应小于（　　）%。

A. 1　　　　　B. 2　　　　　C. 3　　　　　D. 4

167. 进行场地标定时，风力发电机组位置处的测风塔，距塔筒中心线不得超过（　　）H，其中 H 为风力发电机组轮毂高度。

A. 0.1　　　　B. 0.2　　　　C. 0.3　　　　D. 0.4

168. 进行场地标定时，风力发电机组位置处的测风塔的风速计，安装高度与轮毂对地高度的差在（　　）范围内。

A. 25%　　　　B. 15%　　　　C. 3%　　　　D. 2%

169. 根据 IEC 61400-12-1 标准所述，场地标定所用的风速范围是（　　）。

A. 4～12 m/s　　　　　　　　B. 4～16 m/s
C. 6～12 m/s　　　　　　　　D. 6～16 m/s

170. 根据 IEC 61400-12-1 标准所述，推荐功率测试装置的量程范围应设置为风力发电机组额定功率的（　　）。

A. −15%～125%　　　　　　　B. −20%～120%
C. −25%～125%　　　　　　　D. −25%～130%

171. 根据 IEC 61400-12-1 标准所述，轮毂高度风速计的安装高度与轮毂对地高度的差在（　　）范围内。

A. ±1%　　　　B. ±1.5%　　　C. ±2%　　　　D. ±2.5%

172. 根据 IEC 61400-12-1 标准所述，如果障碍物距离风力发电机组和测风设备（　　）以外，则该障碍物不被当作障碍物。

A. 10D　　　　B. 15D　　　C. 20D　　　　D. 25D

173. 根据 IEC 61400-12-1 标准所述，场地标定中每一个风向区间为（　　）。

A. 10°　　　　B. 15°　　　　C. 20°　　　　D. 25°

174. 根据 IEC 61400-12-1 标准所述，单顶式测风塔的参考风速计位于顶部安装的主风速计下方（　　）。

A. 至少 3 m 且不超过 6 m　　　　B. 至少 4 m 且不超过 6 m
C. 至少 3 m 且不超过 8 m　　　　D. 至少 4 m 且不超过 8 m

175. 根据 IEC 61400-12-1 标准所述，风向标应安装在主风速计下方（　　　）。

A. 3 m 至 8 m 范围内　　　　　　　　B. 3 m 至 10 m 范围内

C. 4 m 至 8 m 范围内　　　　　　　　D. 4 m 至 10 m 范围内

176. 根据 IEC 61400-12-1 标准所述，风速计的支架应使风速计风杯至少高出测风塔和任何其他气流干扰源（　　　）。

A. 1.0 m　　　　B. 1.5 m　　　　C. 2.0 m　　　　D. 2.5 m

177. 电流互感器要求的最低准确度等级为（　　　）。

A. 0.1　　　　B. 0.2　　　　C. 0.5　　　　D. 1.0

178. 功率变送器互感器要求的最低准确度等级为（　　　）。

A. 0.1　　　　B. 0.2　　　　C. 0.5　　　　D. 1.0

179. 功率测试中数据采集系统每个通道采样速率最低是（　　　）。

A. 1 Hz　　　　B. 20 Hz　　　　C. 30 Hz　　　　D. 50 Hz

180. 温度、湿度、气压传感器应安装在轮毂高度 1.5 m 以下，（　　　）以内。

A. 1 m　　　　B. 3 m　　　　C. 5 m　　　　D. 10 m

181. 两侧安装的风速计距离为（　　　）。

A. 2.5～4 m　　　B. 3.5～5 m　　　C. 4.5～6 m　　　D. 5.5～7 m

182. 风速计现场比对测试时的风速范围为（　　　）。

A. 4～8 m/s　　　B. 4～10 m/s　　　C. 4～12 m/s　　　D. 4～16 m/s

183. 大型风电机组测试数据应基于（　　　）的连续测量数据进行分析。

A. 1 min　　　　B. 3 min　　　　C. 5 min　　　　D. 10 min

184. 小型风电机组测试数据应基于（　　　）的连续测量数据进行分析。

A. 1 min　　　　B. 3 min　　　　C. 5 min　　　　D. 10 min

185. 等效风轮风速测量推荐至少在（　　　）以上高度。

A. 2 m　　　　B. 3 m　　　　C. 4 m　　　　D. 5 m

186. 一个完整的数据库至少为（　　　）采样数据。

A. 120 h　　　　B. 150 h　　　　C. 180 h　　　　D. 200 h

187. 作为湿度测量的替代方法，如果未测量湿度，则可以使用（　　　）相对湿度的假定值。

A. 30%　　　　B. 40%　　　　C. 50%　　　　D. 60%

188. 地形评估所用的地形文件应为网格分辨率最低为（　　　）的文件。

A. 5 m　　　　B. 10 m　　　　C. 20 m　　　　D. 30 m

189. 小风机计算 AEP 使用海平面密度校正功率曲线，在年平均风速为（　　　）的瑞利分布下测量。

A. 5 m/s　　　　B. 6 m/s　　　　C. 7 m/s　　　　D. 8 m/s

190. 风洞里风速计校准的范围是（   ）。

A. 4～16 m/s　　　B. 4～10 m/s　　　C. 4～8 m/s　　　D. 4～20 m/s

191. 如果可用于功率曲线测试的测风塔没有达到轮毂高度，则根据标准，测风塔仪器测得的大气压力应调整到轮毂高度。此外，根据 ISO 2533 标准，大气温度将根据轮毂高度进行调整。另一种方法是在风机机舱上安装温度传感器，传感器应安装在机舱上方至少（   ）m 的位置，并安装在任何现有通风系统的逆风上风向。

A. 0.5　　　　　B. 1　　　　　C. 2　　　　　D. 4

192. MLC 在载荷测量中代表什么意义？（   ）

A. 载荷设计工况　　　　　　　　B. 载荷测量工况

C. NAND 闪存的一种架构　　　　D. 国际海事劳工公约

193. 有一变桨距控制的风力发电机组，额定风速为 9 m/s，在 11～13 m/s 每个风速区间应至少收集（   ）个 10 min 序列数据。

A. 10　　　　　B. 20　　　　　C. 30　　　　　D. 40

194. 使用应变计全桥测量塔底弯矩时，安装位置应在（   ）% 塔架高度以下，并尽可能靠近塔底法兰。

A. 10　　　　　B. 20　　　　　C. 30　　　　　D. 40

195. 应使用应变计全桥测量塔顶弯矩，安装位置处于塔架上部（   ）% 塔架高度以内，并尽可能靠近塔顶法兰。

A. 10　　　　　B. 20　　　　　C. 30　　　　　D. 40

196. 为避免塔底法兰、门等构件对载荷测试的干扰，根据经验，塔底应变计须安装在距离任何法兰至少（   ）倍塔架直径的位置。

A. 1　　　　　B. 2　　　　　C. 3　　　　　D. 4

197. 在测量主轴扭矩时，由于各种因素，发现不能在主轴上测量扭矩，可使用（   ）代替。

A. 塔底弯矩和偏航　　　　　　　B. 功率和风轮转速

C. 塔顶弯矩和偏航位置　　　　　D. 塔顶弯矩和风轮方位角

198. 叶片展向为指向（   ）的方向。

A. 叶根　　　　　B. 前缘　　　　　C. 后缘　　　　　D. 叶尖

199. 与（   ）相连的叶片部分为叶根。

A. 塔架　　　　　B. 轮毂　　　　　C. 机舱　　　　　D. 叶尖

200. 平行于叶素弦线的方向，为（   ）方向。

A. 摆振　　　　　B. 挥舞　　　　　C. 叶根　　　　　D. 叶尖

201. 载荷标定应在（   ）下进行，使得风力发电机组气动载荷最小化。

A. 大风速　　　　　B. 低风速　　　　　C. 没有风速要求

202．塔架弯矩的偏移量应由极低风速条件下的 360°偏航得出。偏航期间载荷传感器输出的（　　　）为偏移量。

A．最小值　　　　B．平均值　　　　C．最大值　　　　D．标准差

203．等效载荷是雨流幅值的（　　　），采用相关材料 S - N 曲线的斜率 m 作为加权指数。

A．平均值　　　　B．最大值　　　　C．最小值　　　　D．加权平均值

204．最小值集合中的极小值通过提取 10 min 分区中所有数据的（　　　）进行计算。

A．平均值　　　　B．极大值　　　　C．极小值　　　　D．最小值

205．最大值集合中的极大值通过提取 10 min 分区中所有数据的（　　　）进行计算。

A．平均值　　　　B．极大值　　　　C．极小值　　　　D．最小值

206．轮毂坐标系 X 轴平行于主轴，沿（　　　）方向为正。

A．上风向　　　　　　　　　　B．下风向

C．方向正负自定义　　　　　　D．X 轴由 Y 轴和 Z 轴确定

207．载荷测试中所有坐标系均为笛卡尔（　　　）坐标系。

A．左手　　　　　　　　　　　B．斜角

C．右手　　　　　　　　　　　D．坐标系无固定判断标准

208．风轮方位角的变化范围为 0°至 360°，其 0°定义为参考叶片（　　　）的位置。

A．向左　　　　B．向右　　　　C．向上　　　　D．向下

209．B 类不确定度是否依赖统计方法？（　　　）

A．依赖　　　　B．不依赖　　　　C．不确定

210．对于 B 类不确定度，如果资料给出了一个最大不确定度 a，则可以假定一个宽度为（　　　）的矩形概率分布。

A．a　　　　B．$2a$　　　　C．$3a$　　　　D．$4a$

211．进行海上机组载荷测量时，是否要检测水面结冰？（　　　）

A．不检测　　　　　　　　　　B．检测

212．叶片弯矩重力载荷标定过程中，平均风速应低于（　　　），但应能使风轮转动。

A．3 m/s　　　　B．4 m/s　　　　C．5 m/s　　　　D．6 m/s

213．叶片坐标系的 Z 轴平行于叶片桨距角轴，指向（　　　）。

A．叶根　　　　B．前缘　　　　C．后缘　　　　D．叶尖

214．S - N 曲线中的斜率 m 值与（　　　）有关。

A．循环次数　　　　　　　　　B．材料

C．载荷测量值　　　　　　　　D．m 值想定义多少就定义多少

215．在载荷测试中，DEL 代表什么意义？（　　　）

A．等效疲劳载荷　　　　　　　B．累计雨流谱

C．删除　　　　　　　　　　　D．单位符号

216. 变桨速率应直接测量或由数据后处理期间的（ ）推导得出。

A. 变桨力矩　　　　　　　　B. 制动力矩

C. 桨距角　　　　　　　　　D. 风轮方位角

217. C_p 在风力发电机组测试中代表什么意义？（ ）

A. 推力系数　　B. 阻力系数　　C. 功率系数　　D. 组合配对

218. 对于俘获矩阵，矩阵里的风速范围如为 4～5 m/s，代表的风速范围是（ ）。

A. 4 m/s$<v\leqslant$5 m/s　　　　B. 4 m/s$\leqslant v<$5 m/s

C. 4 m/s$\leqslant v\leqslant$5 m/s　　　　D. 4 m/s$<v<$5 m/s

219. 描述风力发电机组载荷的特性时，需确定风轮转速属于（ ）。

A. 载荷参数　　B. 气象参数　　C. 运行参数

220. 对于额定功率输出大于 1500 kW、风轮直径大于 75 m 的风力发电机组，叶根挥舞弯矩，必须测量（ ）叶片。

A. 不需用测量　　B. 1 个　　　　C. 2 个　　　　D. 3 个

221. 根据 IEC 61400-50-3 标准所述，以下哪个场景的雷达不应被视为其中定义的机舱雷达？（ ）

A. 一台雷达被固定在机舱上，当机组偏航时，主动或被动地跟随着一起转动

B. 一台安装在机舱上的后视的激光雷达

C. 一台机舱安装的激光雷达，具有倾斜和滚动的运动补偿

D. 一台安装在机舱上的前视的激光雷达

222. 根据 IEC 61400-50-3 标准所述，对于机舱雷达的分级测试，其输出的结果是（ ）。

A. 基于不同参数的对比偏差值

B. 基于不同参数的线性拟合关系

C. 一个类别编号

D. 不确定度

223. 根据 IEC 61400-50-3 标准所述，机舱雷达的分级测试，下列哪些参数是不需要包括在内的？（ ）

A. PM 2.5　　　　B. 湍流强度　　　　C. 入流角　　　　D. 温度梯度

224. 根据 IEC 61400-50-3 标准所述，对机舱雷达进行标定时的验证距离选择应（ ）。

A. 都可以　　　　　　　　B. 越小越好

C. 越大越好　　　　　　　D. 尽量接近后续使用场景

225. IEC 61400-50-3 标准编写工作组不包括来自以下哪个组织的成员？（ ）

A. 雷达厂家和业主　　　　B. 丹麦科技大学

C. 实验室　　　　　　　　D. 各国代表

226．根据 IEC 61400-50-3 标准所述，为什么机舱雷达的安装精准度非常重要？
（　　　）

A．安装不精确会使其不确定度增大

B．安装不精确会对机组功率产生影响

C．机舱雷达特点和安装位置导致安装时的偏差会降低雷达的可利用率

D．机舱雷达特点和安装位置导致安装时小的偏差会对几百米外的测点位置产生很大偏差

227．运维成本已经占到海上风电全生命周期成本的（　　　）。

A．5%～10%　　　B．15%～20%　　　C．25%～30%　　　D．35%～40%

228．当高处坠落人员被救到地面后，以下说法错误的是（　　　）。

A．安全带两腿带同时松开

B．如天热中暑了可以摘除安全帽

C．安全带腿带不能同时松开

D．对受伤人员进行固定防止倒地

229．每次高处作业之前要进行（　　　），并核查相应的防护措施。

A．应急演练　　　　　　　　B．系统安全培训

C．技能知识考试　　　　　　D．工作安全分析

230．使用速降器紧急逃生时，以下说法错误的是（　　　）。

A．使用前应快速进行检查

B．绳子打结了也要逃生

C．确保可靠连接后才能打开逃生孔盖板

D．下降时绳子应甩在大腿外侧

231．以下（　　　）选项不是高处坠物危险源。

A．提升机操作不当、绑扎不牢，导致物品起吊后坠落

B．测风支架断裂从风机上掉落

C．现场作业人员在机舱平台内部头部与提升机发生碰撞磕伤

D．叶片结冰启停机组时，造成叶片甩冰砸到现场作业人员

232．根据逃生路径的安全程度，应优先选择的逃生路径是（　　　）。

A．机舱外逃生　　B．轮毂外逃生　　C．塔筒内逃生　　D．吊物孔处逃生

233．救援攀爬塔架过程中，应确保双手双脚 4 个点至少有（　　　）个身体点与爬梯接触。

A．1　　　　　　　B．2　　　　　　　C．3　　　　　　　D．4

234．在寒冷和潮湿地区，停止运行一个月以上的风力发电机组在投入运行前应检查（　　　），合格后才允许启动。

A．冰冻　　　　　B．螺栓　　　　　C．绝缘　　　　　D．卫生

235．在冰雪、霜冻、雨雾天气进行露天高处作业，应采取（　　）措施。

A．防护　　　　B．防滑　　　　C．防坠

236．高处作业应使用工具袋，（　　）应用绳栓在牢固的构件上，不准随便乱放。

A．专用的工具　　B．较大的工具　　C．工具袋

237．当风力发电机发生飞车或火灾无法控制时，应首先（　　）。

A．汇报上级　　B．组织抢险　　C．撤离现场　　D．汇报场长

238．风电场设备、消防器材等设施应在（　　）时进行检查。

A．维护　　　　B．使用　　　　C．交接班　　　　D．巡视

239．在变桨距风力发电机组中，液压系统主要作用之一是（　　），实现其转速控制、功率控制。

A．控制变桨距机构　　　　　　B．控制机械刹车机构

C．控制风轮转速　　　　　　　D．控制发电机转速

240．风力发电机组的年度例行维护工作应坚持（　　）的原则。

A．节约为主　　　　　　　　　B．预防为主，计划检修

C．故障后检修　　　　　　　　D．巡视

241．在风力发电机组登塔工作前（　　），并把维护开关置于维护状态，将远程控制屏蔽。

A．应巡视风电机组　　　　　　B．应断开电源

C．必须手动停机　　　　　　　D．不可停机

242．运行人员登塔检查维护时应不少于（　　）。

A．2 人　　　　B．3 人　　　　C．4 人　　　　D．5 人

243．我国建设风电场时，一般要求在当地连续测风（　　）以上。

A．3 个月　　　B．6 个月　　　C．3 年　　　　D．1 年

244．关机全过程都是在控制系统下进行的关机是（　　）。

A．正常关机　　B．紧急关机　　C．特殊关机　　D．故障关机

245．风力发电机组现场进行维修时（　　）。

A．必须切断远程监控　　　　　B．必须停止风机

C．风速不许超出 10 m/s　　　　D．必须按下紧急按钮

246．风速风向仪带标记探头的方向（　　）。

A．面向叶轮　　　　　　　　　B．背对叶轮

C．与机舱轴线垂直　　　　　　D．任意方向

247．严格按照制造厂家提供的维护日期表对风力发电机组进行的预防性维护是（　　）。

A．长期维护　　B．定期维护　　C．不定期维护　　D．临时性维护

248．风力发电机组新投入运行后，一般在（　　　）后进行首次维护。

A．1 个月　　　　　B．3 个月　　　　　C．6 个月　　　　　D．1 年

249．在风力发电机组登塔工作前（　　　），并把维护开关置于维护状态，将远程控制屏蔽。

A．必须手动停机　　　　　　　　　　B．应断开电源

C．可不停机　　　　　　　　　　　　D．应巡视风电机组

250．若机舱内某些工作确需短时开机时，工作人员应远离转动部分并放好工具包，同时应保证（　　　）在维护人员的控制范围内。

A．工具包　　　　　B．偏航开关　　　　　C．紧急停机按钮　　D．启动按钮

251．关机全过程都是在控制系统下进行的关机是（　　　）。

A．非正常关机　　　B．正常关机　　　　　C．人为关机　　　　　D．突然停机

252．我国建设风电场时，一般要求在当地连续测风（　　　）以上。

A．2 年　　　　　　B．半年　　　　　　C．1 年　　　　　　　D．1 个月

253．整个风电场所有部件，在 5 年内至少检查几次？（　　　）

A．2 次　　　　　　B．1 次　　　　　　C．5 次　　　　　　　D．3 次

254．风电机组和其他关键部件的定期维护时间间隔不超过（　　　）。

A．半年　　　　　　B．1 年　　　　　　C．2 年　　　　　　　D．5 年

255．风电场防腐系统的定期维护项目包括（　　　）。

A．钢结构涂层　　　B．混凝土结构　　　　C．阴极保护系统　　D．以上都对

256．当风力发电机火灾无法控制时，应首先（　　　）。

A．汇报上级　　　　B．组织抢救　　　　　C．撤离现场　　　　　D．汇报场长

257．在风力发电机组中通常在低速轴端选用（　　　）联轴器。

A．刚性　　　　　　B．弹性　　　　　　C．轮胎　　　　　　　D．十字节

258．禁止一人爬梯或在塔内工作，为安全起见应至少有（　　　）人工作。

A．1　　　　　　　B．2　　　　　　　　C．3　　　　　　　　D．4

259．在风力发电机组中通常在高速轴端选用（　　　）。

A．弹性联轴器　　　B．刚性联轴器　　　　C．十字节　　　　　　D．焊接

260．吊装时螺栓喷涂二硫化钼的作用是（　　　）。

A．润滑　　　　　　B．增大摩擦　　　　　C．防止磨损　　　　　D．增加美感

261．下列属于风力发电机组成结构的是（　　　）。

A．风轮　　　　　　B．机舱　　　　　　C．塔架　　　　　　　D．以上都是

262．在爬塔前，要对安全装备进行（　　　）检测。

A．长度　　　　　　B．连接处　　　　　　C．悬吊　　　　　　　D．以上都是

263．凡在离地面（　　　）以上的地点进行的工作，都应视作高处作业。

A．3 m　　　　　　B．4 m　　　　　　C．5 m　　　　　　　D．6 m

264．填写检修记录的目的是（　　　）。

A．记录工作过程 　　　　　　　　B．记录检修时间

C．表明工作已结束 　　　　　　　D．与检修前的设备作比较，并为下次检修提供依据

265．倒闸操作时，如隔离开关没有合到位，可以用（　　　）进行调整，但应加强监护。

A．木棒 　　　B．验电器 　　　C．绝缘杆 　　　D．绝缘手套

266．运维过程中需要对焊缝进行无损检测，通常所说的无损检测技术不包括以下哪项？（　　　）

A．射线照相 　　B．超声波检测 　　C．振动检测 　　D．磁粉探伤

267．风电液压系统中液压油泵通常采用（　　　）。

A．柱塞泵 　　B．离心泵 　　C．齿轮泵 　　D．螺杆泵

268．检查维护风电机组液压系统回路前，必须开启卸压手阀，保证回路内（　　　）。

A．无空气 　　B．无油 　　C．压力平衡 　　D．无压力

269．风力发电场在运维过程中，应遵循相关环境保护措施，如下做法正确的是（　　　）。

A．合理处理废弃物 　　　　　　　B．文明施工

C．清洁生产 　　　　　　　　　　D．以上都正确

270．下列属于风机定期维护项目内容的是（　　　）。

A．检查和清扫 　　B．试验和测量 　　C．检验和修理 　　D．以上都正确

271．风机运维要针对风机状态进行检测，下列属于风机状态检测的是（　　　）。

A．振动状态 　　　　　　　　　　B．数据采集系统状态

C．监控系统数据 　　　　　　　　D．以上都正确

272．风机上的增速齿轮润滑油（　　　）至少出具一次油液检测报告。

A．每年 　　　B．每两年 　　　C．每三年 　　　D．每个月

273．下列属于风机检修计划内容的是（　　　）。

A．项目名称、机号和机组类型 　　B．维护级别、时间和类别

C．施工方式 　　　　　　　　　　D．以上都是

274．风机委托第三方进行检修时，受托方要具有如下条件：（　　　）。

A．相应资质和业绩 　　　　　　　B．完善的质量保证体系

C．职业健康安全体系 　　　　　　D．以上都是

275．风力发电机检修过程中，预算项目主要包括（　　　）。

A．日常检修和定期维护项目 　　　B．大型部件检修项目

C．实验项目 　　　　　　　　　　D．以上都是

276．风机运维应编制检修方案，应该制定（　　　　）。

A．安全措施　　　　B．组织措施　　　　C．技术措施　　　　D．以上都是

277．轴承注油的时候应该检查（　　　　）。

A．油质　　　　B．油量　　　　C．注油型号　　　　D．以上都是

278．风机检修时，如果发现螺栓有松动，应该使用（　　　）紧固。

A．力矩表　　　　B．扳手　　　　C．钳子　　　　D．以上都是

279．风机机组接地电阻应该（　　　）检查一次。

A．每年　　　　B．每两年　　　　C．每三年　　　　D．每个月

280．风机机组防雷系统应该（　　　）检查一次。

A．每年　　　　B．每两年　　　　C．每三年　　　　D．每个月

281．（　　　）至少检查一次变压器开关分合闸情况及绝缘情况。

A．每年　　　　B．每两年　　　　C．每三年　　　　D．每个月

282．（　　　）至少测量一次变压器接地电阻。

A．每年　　　　B．每两年　　　　C．每三年　　　　D．每个月

283．风力发电机组制动系统失效，风轮转速超过允许或额定转速，且机组处于失控状态，这种状态叫作（　　　　）。

A．超速　　　　B．飞车　　　　C．失速　　　　D．加速

284．风电场工作人员应掌握个人防护设备的正确使用方法，下列属于个人防护设备的是（　　　　）。

A．安全帽　　　　B．防护服　　　　C．工作鞋　　　　D．以上都是

285．风电场工作人员应没有妨碍工作的病症，具有下列（　　　　）病症的人员，不应从事风电场的高处作业。

A．高血压　　　　B．心脏病　　　　C．运动功能障碍　　　　D．以上都是

286．风电场工作人员应具备必要的（　　　）知识。

A．机械　　　　B．电气　　　　C．安装知识　　　　D．以上都是

287．下列属于风电场工作人员应熟练掌握急救常识的是（　　　　）。

A．触电、窒息急救法　　　　　　　　B．烧伤

C．气体中毒　　　　　　　　　　　　D．以上都是

288．风电场工作人员应该学会正确使用如下哪种工具？（　　　　）

A．消防器材　　　　B．安全工器具　　　　C．检修工器具　　　　D．以上都是

289．（　　　）V 及以上带电设备应在醒目位置设置"当心触电"标识。

A．54　　　　B．36　　　　C．48　　　　D．220

290．机组内所有可能被触碰的 220 V 及以上低压配电回路电源，应装设满足要求的剩余电流动作保护器（　　　　）。

A．剩余电流动作保护器　　　　　　　B．继电器

C．变压器　　　　　　　　　　　　　D．升压器

291. 风电场作业应进行安全风险分析，下列需要进行安全风险分析的有（　　　）。

A. 雷电　　　　B. 冰冻　　　　C. 大风　　　　D. 以上都是

292. 登塔人员体重及负重之和不宜超过（　　　）kg。

A. 54　　　　B. 100　　　　C. 80　　　　D. 200

293. 风速超过（　　　）m/s 及以上时，禁止人员户外作业。

A. 10　　　　B. 20　　　　C. 25　　　　D. 35

294. 风速超过（　　　）m/s 及以上时，禁止任何人员攀爬风电机组。

A. 8　　　　B. 18　　　　C. 25　　　　D. 30

295. 发生雷雨天气后（　　　）h 内禁止靠近风力发电机组。

A. 0.5　　　　B. 1　　　　C. 2　　　　D. 3

296. 攀爬机组前，应将机组置于（　　　）状态。

A. 停机　　　　B. 减速　　　　C. 加速　　　　D. 任意

297. 风电维护期间，禁止（　　　）人在同一段塔架内同时攀爬。

A. 5　　　　B. 1　　　　C. 2　　　　D. 3

298. 风力发电场维护，随身携带工具人员上下塔顺序应是（　　　）。

A. 后上塔、先下塔　　　　　　　　B. 先上塔、后下塔

C. 先上塔、先下塔　　　　　　　　D. 都可以

299. 在风机塔架爬梯上作业，应系好安全绳和定位绳，安全绳严禁（　　　）。

A. 低挂高用　　B. 低用高挂　　C. 低挂低用　　D. 都可以

300. 风电场出舱工作必须使用安全带，要系（　　　）根安全绳。

A. 4　　　　B. 1　　　　C. 2　　　　D. 3

301. 使用机舱顶部栏杆作为安全绳挂钩定位点时，每个栏杆最多悬挂（　　　）个安全绳。

A. 4　　　　B. 1　　　　C. 2　　　　D. 3

302. 车辆应停泊在机组（　　　），并与塔架保持相应的安全距离。

A. 上风向　　B. 下风向　　C. 轮毂正下方　D. 以上都可以

303. 车辆应停泊在机组上风向，并与塔架保持（　　　）m 及以上的安全距离。

A. 40　　　　B. 10　　　　C. 20　　　　D. 30

304. 机组内作业需接引工作电源时，应装设满足要求的（　　　）。

A. 剩余电流动作保护器　　　　　　B. 继电器

C. 变压器　　　　　　　　　　　　D. 升压器

305. 风速超过（　　　）m/s 时，不应在机舱外和轮载内工作；主风速超过（　　　）m/s 时，不应在机舱内工作。

A. 12，18　　B. 14，18　　C. 16，18　　D. 12，14

306．以下说法不正确的是（　　）。

A．机组调试期间，应在控制盘、远程控制系统处挂禁止操作标识牌

B．独立变桨的机组调试变桨系统时，严禁同时调试多支叶片

C．机组其他测试项目未完成前，禁止进行超速试验

D．工作人员可以在机舱内启动风机，观察调试效果

307．采用滑动轴承的偏航系统固定螺栓力矩值应每（　　）年检查一次。

A．半　　　　　　B．1　　　　　　C．2　　　　　　D．3

308．下列对于风机运行安全说法正确的是（　　）。

A．经调试、检修和维护后的风力发电机组，启动前应办理工作票终结手续

B．手动启动机组前，叶轮上应无结冰、积雪现象

C．受台风影响停运的机组，投入运行前必须检查机组绝缘，合格后方可恢复运行

D．以上说法都正确

309．每年对轮毂至塔架底部的引雷通道进行检查和测试一次，电阻值不应大于（　　）Ω。

A．0.5　　　　　　B．1　　　　　　C．2　　　　　　D．3

310．凡在离地面（　　）以上的地点进行的工作，都应视作高处作业。

A．2 m　　　　　　B．3 m　　　　　　C．4 m　　　　　　D．5 m

311．风机防腐的表面处理，在预处理阶段，结构的锐边要用砂轮打磨成曲率半径大于（　　）mm 的圆角。

A．0.5　　　　　　B．1　　　　　　C．2　　　　　　D．3

312．对于海上风机钢结构处于全浸区的防腐措施，说法错误的是（　　）。

A．全浸区应采取阴极保护或阴极保护与涂料联合保护

B．采用阴极保护与涂料联合保护时，海泥面以下 1 m 可不采取涂料保护

C．没有氧或氧含量低的密封的桩的内壁可不采取防腐蚀措施

D．因结构复杂而无法保证阴极保护电连续性要求的钢结构应采取增加腐蚀裕量或其他措施

313．进入变桨距机组轮毂内工作，必须将（　　）锁定。

A．变桨机构　　B．叶轮　　　　C．主轴　　　　D．高速轴

314．运维期间工作温度低于（　　）时禁止使用吊篮。

A．−20℃　　　　B．−30℃　　　　C．−15℃　　　　D．−10℃

315．当工作处阵风风速大于（　　）m/s 时，不应在吊篮上工作。

A．8.3　　　　　　B．9　　　　　　C．10.3　　　　　　D．11.3

316．每（　　）至少对机组的变桨系统、液压系统、刹车机构、安全链等重要安全保护装置进行检测试验一次。

A．一年　　　　　B．两年　　　　C．三年　　　　D．半年

317．每（　　）对塔架内安全钢丝绳、爬梯、工作平台、门防风挂钩检查一次。

A．一年　　　　　B．两年　　　　　C．三年　　　　　D．半年

318．每（　　）对机组加热装置、冷却装置检测一次。

A．一年　　　　　B．两年　　　　　C．三年　　　　　D．半年

319．每年在雷雨季节前对避雷系统检测（　　）次。

A．1　　　　　　　B．2　　　　　　　C．3　　　　　　　D．4

320．至少每（　　）个月对变桨系统的后备电源、充电电池组进行充放电试验一次。

A．一　　　　　　B．两　　　　　　C．三　　　　　　D．四

321．采用滑动轴承的偏航系统固定螺栓力矩值应每（　　）检查一次。

A．一年　　　　　B．两年　　　　　C．三年　　　　　D．半年

322．使用弹簧阻尼偏航系统卡钳固定螺栓扭矩和功率消耗应每（　　）检查一次。

A．一年　　　　　B．两年　　　　　C．三年　　　　　D．半年

323．停运叶片结冰的机组，应采用哪种停机方式？（　　）

A．远程　　　　　B．手动现场　　　C．紧急停机　　　D．以上都可以

324．机组调试期间，应在（　　）处挂禁止操作标识牌。

A．控制盘　　　　B．远程控制系统　C．机舱控制柜　　D．以上都是

325．运维人员撤离现场时，应（　　）顶部盖板井，（　　）机舱所有窗口。

A．恢复，关闭　　B．恢复，打开　　C．移除，关闭　　D．移除，打开

326．检修液压系统时，应先将液压系统（　　）。

A．加压　　　　　B．泄压　　　　　C．关闭　　　　　D．禁止操作

327．维护和检修发电机前必须停电并验明三相（　　）。

A．无电压　　　　B．有电压　　　　C．电压较小　　　D．电压较大

328．发现塔架螺栓断裂或塔架本体出现裂纹时，首先应立即（　　）。

A．停运　　　　　B．减速　　　　　C．关闭发电机　　D．锁定叶轮

329．风力发电机组制动系统失效，风轮转速超过允许或额定转速，且机组处于失控状态，这样的状态称为（　　）。

A．超速　　　　　B．飞车　　　　　C．失速　　　　　D．故障

330．患有哪些病症的人员，不能从事风电场的高处作业？（　　）

A．恐高症　　　　B．心脏病　　　　C．高血压　　　　D．以上都是

331．风电场工作人员应具备必要的（　　）等方面的知识，才能进行风电场的运维。

A．机械　　　　　B．电气　　　　　C．风电原理　　　D．以上都是

332．风电场运维人员应该配备如下哪些装备？（　　）

A．安全带　　　　B．防坠器　　　　C．安全帽　　　　D．以上都是

333．增速齿轮箱润滑油每年至少出具（　　）次油液检测报告。

A．2　　　　　　　B．1　　　　　　　C．3　　　　　　　D．4

334．风机大部件维修是指（　　）的修理或更换。

A．叶片　　　　　B．主轴　　　　　C．齿轮箱　　　　　D．以上都是

335．下列对海上风机维护现场针对废弃物的处理正确的是（　　）。

A．可以倒入海中，利用大海自净能力进行处理

B．部分可以带回，部分可倒入海中

C．全部带回陆地处理

D．可以暂时留在风机内

336．下列属于轴承注油需要检查的内容是（　　）。

A．油质　　　　　B．型号　　　　　C．用量　　　　　D．以上都是

337．当螺栓松动时，应该优先按照下列哪个指标进行紧固？（　　）

A．力矩表　　　　　　　　　B．工作人员的经验

C．紧固至阻力最大　　　　　D．以上都是

338．下列可能会增加风力发电机组损伤程度的是（　　）。

A．紧固件松动　　B．过速　　　　　C．润滑失效　　　　D．以上都是

339．对于轴承，例如主轴和齿轮箱轴承，其寿命至少是（　　）年。

A．20　　　　　　B．10　　　　　　C．30　　　　　　D．40

340．当执行指定的维护时，应保证下列哪些系统或设备正常运作？（　　）

A．冷却系统　　　B．过滤系统　　　C．通信系统　　　D．以上都可以

341．下列属于偏航系统中改变方向的装置是（　　）。

A．电动机　　　　B．齿轮箱　　　　C．小齿轮　　　　D．以上都是

342．由交变载荷引起的损伤累积所致的结构失效称为（　　）。

A．疲劳失效　　　B．结构失稳　　　C．结构破坏　　　D．以上都不是

343．在计算风机极限强度和疲劳强度时，下列哪些是应该考虑的风况？（　　）

A．一年一遇的极端风况　　　B．50年一遇的极端风况

C．正常风况　　　　　　　　D．以上都是

344．风力发电机安装过程，为了后续安装方便，应该对特定零部件进行预埋，下列属于这样的零部件是（　　）。

A．螺栓　　　　　B．地锚　　　　　C．加强筋　　　　D．以上都是

345．在塔架竖立而没有安装机舱时，要采取适当措施，以避开由于旋涡产生横向振动的临界风速，这是为了避免（　　）。

A．涡激振动　　　B．空泡现象　　　C．安装不便　　　D．以上都不是

346．能降低风轮转速或使其停机旋转的装置是（　　）。

A．紧急停机按钮　B．制动系统　　　C．变桨系统　　　D．以上都不是

347. 海上风力发电机的轮毂高度是指风轮扫掠面中到（　　）的距离。

A. 平均海平面　　　B. 海床　　　　　C. 塔底　　　　　D. 以上都不是

348. （　　）是在水平轴风力发电机组塔架顶部，包括传动系统和其他装置的整个箱体。

A. 机舱　　　　　　B. 齿轮箱　　　　C. 轮毂　　　　　D. 以上都不是

349. 下列对系统保护的功能等级最高的是（　　）。

A. 控制功能　　　　B. 保护功能　　　C. 紧急关机功能　D. 以上都不是

350. 风机保护功能在哪些情况下会被激活？（　　）

A. 超速　　　　　　　　　　　　　B. 振动过大

C. 发电机出现故障　　　　　　　　D. 以上都是

351. 紧急关机按钮的激活应该使用哪种电压类型的系统断电？（　　）

A. 中高压　　　　　B. 中低压　　　　C. 高压　　　　　D. 低压

352. 紧急关机的程序，只能使用（　　）后才能自动重启。

A. 手动清除　　　　B. 自动清除　　　C. 远程控制清除　D. 以上都可以

353. 海上风机单桩基础适宜应用于水深在（　　）m 以下的海域。

A. 20　　　　　　　B. 10　　　　　　C. 30　　　　　　D. 50

354. 海上风机群桩承台基础适宜应用于水深在（　　）m 以下的海域。

A. 20　　　　　　　B. 10　　　　　　C. 30　　　　　　D. 50

355. 海上风力发电机基础设计主要考虑的载荷有（　　）。

A. 永久载荷　　　　B. 可变载荷　　　C. 偶然性载荷　　D. 以上都是

356. 海上风机导管架群桩基础适宜应用于水深在（　　）m 以下的海域。

A. 20　　　　　　　B. 10　　　　　　C. 30　　　　　　D. 50

357. 海上风机重力式基础适宜应用于水深在（　　）m 以下的海域。

A. 20　　　　　　　B. 10　　　　　　C. 30　　　　　　D. 50

358. 海上风机负压筒型基础适宜应用于水深在（　　）m 以下的海域。

A. 20　　　　　　　B. 10　　　　　　C. 30　　　　　　D. 50

359. 海上风机浮式基础适宜应用于水深在（　　）m 以上的海域。

A. 20　　　　　　　B. 10　　　　　　C. 30　　　　　　D. 50

360. 对于多桩承台基础，当桩中心距小于（　　）倍桩径时，应该考虑群桩效应。

A. 2　　　　　　　　B. 4　　　　　　　C. 6　　　　　　　D. 8

361. 顶部封闭，底部开口的筒型结构形式，以筒壁嵌入地基中来抵抗风力发电机组荷载的基础形式称为（　　）。

A. 重力式基础　　　B. 负压筒型基础　C. 群桩承台基础　D. 导管架式基础

362. （　　）是由上部浮体结构和系泊系统组成的基础形式。

A. 重力式基础　　　B. 腐蚀基础　　　C. 群桩承台基础　D. 导管架式基础

363．依靠基础自重和地基抗力来抵抗风力发电机组荷载的基础形式称为（   ）。

A．重力式基础   B．腐蚀基础   C．群桩承台基础   D．导管架式基础

364．（   ）是由三个或三个以上桩及钢管或钢架组成的基础形式。

A．重力式基础   B．腐蚀基础   C．群桩承台基础   D．导管架式基础

365．在 GB/T 36569 标准中，单桩基础宜采用哪种钢管桩？（   ）

A．钢管桩   B．钢筋混凝土管桩

C．素混凝土管桩   D．预应力混凝土管桩

366．海上风机处于全浸区的结构，采用阴极保护与涂料联合保护时，海泥面以下（   ）m 可不采取涂料保护。

A．2   B．1   C．3   D．4

367．海上风电场钢结构的腐蚀状况，巡视周期宜为（   ）个月。

A．2   B．1   C．3   D．4

368．海上风电场钢结构的腐蚀状况，定期检测周期宜为（   ）年。

A．2   B．5   C．3   D．4

369．防腐蚀系统的设计使用年限应考虑到风力发电机组的设计使用年限，一般不宜小于（   ）年。

A．20   B．5   C．15   D．25

370．风机机组防腐措施采取之前要进行表面除锈，下列哪个方法是被国家标准推荐的？（   ）

A．化学除锈   B．磨料除锈   C．切割除锈   D．以上都是

371．风电场工作人员应该具备如下哪些相关技能？（   ）

A．海上救援   B．触电现场救援

C．直升机救援方法   D．以上都是

372．维护人员海上作业应不少于（   ）人。

A．2   B．3   C．4   D．5

373．下列属于风电场环境巡视内容的是（   ）。

A．环境污染情况   B．噪声情况

C．生活垃圾及污水处理情况   D．以上都是

374．整个风电场所有部件（包括海缆）在（   ）年内至少检查一次。

A．2   B．3   C．4   D．5

375．海上风力发电机组的设计寿命至少应为（   ）年。

A．20   B．10   C．15   D．25

376．为了保证运维人员安全，应提供能在海上风力发电机组中生存至少（   ）所需的物资（食物、水、取暖物品、衣服或者毛毯）。

A．一天   B．三天   C．一周   D．一月

377. （　　）是海上风力发电机组处于潮汐和波浪作用下间歇被漫没的区域。

A. 大气区　　　　B. 全浸区　　　　C. 海泥区　　　　D. 浪溅区

378. 海上风力发电机组处于飞溅区以上的完全暴露和半遮蔽的区域称为（　　）。

A. 大气区　　　　B. 全浸区　　　　C. 海泥区　　　　D. 浪溅区

379. （　　）是海上风力发电机组处于被海床沉积物或土壤掩埋的区域。

A. 大气区　　　　B. 全浸区　　　　C. 海泥区　　　　D. 浪溅区

380. 海上风机钢制基桩表面防腐涂层与钢板表面，以及涂层之间的附着力，检测结果不应低于（　　）MPa。

A. 2　　　　　　B. 1　　　　　　C. 4　　　　　　D. 8

381. 涂装完后应按规定方法进行干膜厚度测量，干膜厚度大于或等于设计厚度值者应占检测点总数的（　　）%以上。

A. 20　　　　　B. 10　　　　　C. 40　　　　　D. 90

382. 筒节间环缝的拼接、组对装配后，筒体错边量不得大于筒节板厚的（　　）%，且不得大于（　　）mm。

A. 10，2　　　　B. 15，1　　　　C. 15，2　　　　D. 10，1

383. 海上风机防腐施工时的表面处理之后，如果相对湿度低于80%，应该在（　　）h内涂覆第一道底漆。

A. 2　　　　　　B. 1　　　　　　C. 3　　　　　　D. 4

384. 海上风机防腐施工时的表面处理之后，如果相对湿度低于65%，应该在（　　）h内涂覆第一道底漆。

A. 2～12　　　　B. 2～15　　　　C. 4～12　　　　D. 4～15

385. 海上风机防腐涂层针对干膜的厚度要求之一是：各点的干膜厚度不得低于额定干膜厚度的（　　）%，且不超过（　　）%。

A. 80，10　　　　B. 50，10　　　　C. 80，5　　　　D. 50，5

386. 对于风机防腐中的阴极保护法，钢板、铸铁构件等组成的设备或系统，保护电位应在（　　）V之间（相对于银/氧化银参比电极）。

A. −0.5～−0.8　　B. −0.6～−0.9　　C. −0.8～−1　　D. −0.6～−0.8

387. 对于风机防腐中的阴极保护法，高强钢（屈服强度不小于700 MPa）保护电位应在（　　）V之间（相对于银/氧化银参比电极）。

A. −0.55～−0.85　　B. −0.56～−0.95　　C. −0.8～−0.95　　D. −0.65～−0.85

388. 根据GB/T 19073标准，齿轮箱持续运行允许的轴承外环最高温度为（　　）℃。

A. 75　　　　　B. 85　　　　　C. 95　　　　　D. 105

389. 根据GB/T 19073标准，齿轮箱车间试验结束后，润滑油的清洁度应达到（　　）。

A. −/14/11　　　B. −/15/12　　　C. −/16/12　　　D. −/16/13

390．根据 VDI 3834-1 标准的要求，应在（　　　）额定功率以上测量传动链的振动。

A．20%　　　　　B．50%　　　　　C．70%　　　　　D．80%

391．根据 VD 3834-1 标准的要求，齿轮箱的振动速率应不超过（　　　）。

A．1.8 mm/s　　B．2.8 mm/s　　C．3.5 mm/s　　D．5.6 mm/s

392．根据 VD 3834-1：2015 标准的要求，齿轮箱输入轴轴承的振动加速度应不超过（　　　）m/s^2。

A．0.3　　　　　B．0.4　　　　　C．0.5　　　　　D．0.6

393．根据 VD 3834-1：2015 标准的要求，齿轮箱输出轴轴承的振动加速度应不超过（　　　）m/s^2。

A．3.5　　　　　B．5.5　　　　　C．6.5　　　　　D．7.5

394．某齿轮箱高速轴有 23 个齿，与其啮合的齿轮有 109 个齿，那么当齿轮箱在额定转速 1200 r/min 运转时，高速轴齿轮的啮合频率为（　　　）。

A．460 Hz　　　B．1200 Hz　　C．2180 Hz　　D．2507 Hz

395．齿轮箱压差传感器报警时，应（　　　）。

A．更换滤芯　　　　　　　　　B．更换压差传感器

C．更换润滑油　　　　　　　　D．疏通润滑油路

396．低载荷和瞬时载荷工况在风力发电机组中很普遍，在这些工况下，随着齿轮箱和轴承的大型化趋势会增加轴承（　　　）损伤的可能性。

A．冲击　　　　　B．超温　　　　　C．摩擦　　　　　D．打滑

397．齿轮齿面（　　　）是影响微点蚀的最重要因素之一。

A．修型　　　　　B．热处理工艺　　C．表面粗糙度　　D．压力角

398．齿轮箱紧固件的最低要求为公制（　　　）级。

A．8　　　　　　B．8.8　　　　　C．10.9　　　　　D．12.9

399．轮箱上的 PT 100 是（　　　）传感器。

A．振动　　　　　B．压力　　　　　C．温度　　　　　D．压差

400．根据 VDI 3834-1 标准，评价的是振动的（　　　）。

A．有效值　　　　B．峰峰值　　　　C．峰值　　　　　D．平均值

401．材料及制造偏差一般会随着尺寸增大而（　　　）。

A．变小　　　　　B．不变　　　　　C．增加　　　　　D．无法确定

402．齿轮箱齿面接触强度 SH 应不小于（　　　）。

A．1.0　　　　　B．1.15　　　　　C．1.25　　　　　D．1.35

403．齿轮箱齿轮弯曲强度 SF 应不小于（　　　）。

A．1.53　　　　　B．1.54　　　　　C．1.55　　　　　D．1.56

404. 齿轮箱行星轮内孔的表面硬度应不小于（　　　）HRC，以抵御因无法避免的外圈蠕动带来的严重磨损。

A. 55　　　　　　B. 60　　　　　　C. 65　　　　　　D. 70

405. 机组运行中润滑剂温度和清洁度很大程度上决定了轴承的（　　　）。

A. 温度　　　　　B. 额定寿命　　　C. 可靠性　　　　D. 寿命

406. 齿轮箱中外齿轮的精度应不小于（　　　）级。

A. 4　　　　　　 B. 5　　　　　　 C. 6　　　　　　 D. 7

407. 齿轮箱中内齿轮的精度应不小于（　　　）级。

A. 4　　　　　　 B. 5　　　　　　 C. 6　　　　　　 D. 7

408. S/N 曲线从（　　　）和相对应的应力循环次数两方面表述了材料的疲劳强度特性。

A. 应力幅值　　　B. 平均应力　　　C. 最大应力　　　D. 最小应力

409. 传动链的时域动态仿真模型有利于分析齿轮箱内部出现的（　　　）载荷。

A. 瞬态　　　　　B. 极限　　　　　C. 当量　　　　　D. 疲劳

410. 发电机侧的英文缩写为（　　　）。

A. FDJC　　　　 B. RS　　　　　　C. GS　　　　　　D. OB

411. 三个行星轮的啮合均载系数 K_γ 默认值为（　　　）。

A. 1.10　　　　　B. 1.25　　　　　C. 1.35　　　　　D. 1.44

412. 风力发电机组发电机轴承用润滑油脂应具有较好的（　　　）。

A. 流动性　　　　B. 低温性能　　　C. 黏度　　　　　D. 高温性能

413. 发电机失磁后，机组转速（　　　）。

A. 升高　　　　　B. 降低　　　　　C. 不变　　　　　D. 以上都不对

414. 风力发电机组中发电机的绝缘等级一般选用（　　　）级。

A. C　　　　　　 B. D　　　　　　 C. E　　　　　　 D. F

415. 发电机外壳防护等级应满足风力发电机组的要求，一般不低于（　　　）。

A. P 54　　　　　B. P 23　　　　　C. P 64　　　　　D. P 32

416. 温度低于电机某部件的气体或液体介质，与电机的该部件相接触，并将其放出的热量带走的是（　　　）。

A. 冷却介质　　　B. 初级冷却介质　C. 次级冷却介质

417. 工作制指电机所承受的的一系列负载状况的说明，包括（　　　）等。

A. 启动、电制动、满载、停机和断能及其持续时间和先后顺序

B. 启动、空载、停机和断能及其持续时间和先后顺序

C. 启动、制动、空载、停机和断能及其持续时间和先后顺序

D. 启动、电制动、空载、停机和断能及其持续时间和先后顺序

418．工作制类型可分为（　　　）。

A．连续　　　　　　B．短时　　　　　　C．周期性　　　　　　D．以上都是

419．发电机做电动机空载运行时按标准测定的振动幅值应不大于（　　　）或振动速度应不大于（　　　）。

A．0.05 mm，1.8 mm/s　　　　　　　　B．0.05 mm，2.3 mm/s

C．0.03 mm，2.3 mm/s

420．定子绕组在冷态下，各相或各分支直流电阻之差在排除由于引线长度不同而引起的误差后不应超过其最小值的（　　　）。

A．5%　　　　　　B．1.5%　　　　　　C．10%　　　　　　D．2%

421．双馈异步发电机的运行状态有（　　　）。

A．亚同步运行　　B．超同步运行　　C．同步运行　　D．以上都是

422．同步电机发出有功，吸收无功，为（　　　）运行方式。

A．进相发电　　　　B．调相　　　　　　C．电动机

423．测量发电机轴电压时，应使用万用表的（　　　）档。

A．直流电压　　　B．交流电压　　　C．电流

424．双馈式风电机组的发电机一般采用（　　　）发电机。

A．笼型转子　　B．绕线转子　　　C．同步　　　　　D．无刷

425．我国规定发电机的额定入口风温是（　　　）。

A．40 ℃　　　　　　B．35 ℃　　　　　　C．30 ℃

426．双馈式风力发电机组的转子带有集电环和电刷，转子侧可以（　　　）电能。

A．输入　　　　　　B．输出　　　　　　C．输入、输出

427．直驱式风力发电机组是应用永磁同步发电机构成的，其变速恒频是在（　　　）电路实现的。

A．转子　　　　　　B．定子　　　　　　C．二者都有

428．风力发电机集电环绝缘应大于（　　　）。

A．50 MΩ　　　　B．500 MΩ　　　C．50 kΩ　　　　D．500 kΩ

429．发电机电刷一般更换周期为（　　　）。

A．1 个月　　　　B．3 个月　　　　C．6 个月　　　　D．1 年

430．风电机组发电机主要采用的冷却方式是风冷和（　　　）。

A．风冷　　　　　　B．油冷　　　　　　C．水冷　　　　　　D．以上都不对

431．风力发电机 690 V 出口电压波动应在范围（　　　）。

A．±2%　　　　　　B．±5%　　　　　　C．±10%　　　　　D．±15%

432．常见的风电机组发电机形式有（　　　）等。

A．异步发电机　　　　　　　　　　B．双馈异步发电机

C．永磁同步发电机　　　　　　　　D．以上都是

433．发电机效率的计算应包括以下损耗：（　　　）。

A．铜耗　　　　　　B．铁耗　　　　　C．机械损耗　　　　D．以上都是

434．发电机在额定转速时，空载线电压波形畸变率应不超过（　　　）。

A．5%　　　　　　B．2%　　　　　C．1%　　　　　D．6%

435．永磁同步发电机永磁体的耐温应与相应的热分级相适应，在发电机突然短路状态和温度限值下应不发生大于（　　　）的不可逆失磁。

A．5%　　　　　　B．2%　　　　　C．1%　　　　　D．1.5%

436．热试验中，冷却介质温度采用几个温度计来测量，温度计应分布在冷却介质进入发电机途径。温度计放置在距离发电机（　　　）处，其球部处于发电机高度的（　　　）位置，并应防止一切热辐射和气流的影响。

A．1～3 m，1/2　　　　　　　　　B．1～2 m，1/2

C．1～3 m，1/2　　　　　　　　　D．1～2 m，1/3

437．制造发电机所依据的主要物理知识是（　　　）。

A．磁场对电流的作用　　　　　　B．磁极间的相互作用

C．电磁感应现象　　　　　　　　D．电流周围存在着磁场

438．交流电正弦量的三要素指的是（　　　）。

A．电压、电流、电阻　　　　　　B．电压、频率、相序

C．幅值、频率、初相位　　　　　D．幅值、频率、相序

439．对发电机的正常运行可能造成影响的环境因素是（　　　）。

A．环境温度　　　　B．湿度　　　　　C．盐雾　　　　　D．以上都是

440．永磁同步发电机失磁后，机组转速（　　　）。

A．升高　　　　　　B．降低　　　　　C．不变　　　　　D．以上都不对

441．三相对称负载星形联结时，线电压是相电压的（　　　）倍。

A．1　　　　　　　B．2　　　　　　C．$\sqrt{3}$　　　　　D．4

442．交流电压的有效值 U 与最大值 U_m 的关系是（　　　）。

A．$U=U_m$　　　　B．$U>U_m$　　　C．$U=0.707\,U_m$　　D．$U=2\,U_m$

443．某 220/380 V 三相四线制电网，低压三相电动机应接入的电压为（　　　）。

A．220 V　　　　　B．380 V　　　　C．220/380 V　　　D．600 V

444．绝缘材料的机械强度，一般随温度和湿度的升高而（　　　）。

A．升高　　　　　　B．不变　　　　　C．下降

445．下面对发电机描述不正确的是（　　　）。

A．发电机是通过电磁感应原理制作而成的

B．发电机发出的是交流电

C．发电机是一种能量转换的机器，将机械能转换为电能

D．发电机发电时电流大小取决于发电机的转速

446．IEC 61400-23 标准中，风轮叶片全尺寸结构试验主要包括哪些试验？（　　）

A．静力试验　　　　　　　　B．疲劳试验

C．疲劳后静力试验　　　　　D．以上三个都有

447．IEC 61400-23 标准中，风轮叶片全尺寸结构试验中的静力试验包括哪些测试内容？（　　）

A．重心和质量测试　　　　　B．固有频率测试

C．静力测试　　　　　　　　D．以上三个都有

448．IEC 61400-23 标准中，风轮叶片全尺寸结构试验中的固有频率至少包括哪些测试内容？（　　）

A．挥舞方向第 1 阶频率　　　B．挥舞方向第 2 阶频率

C．摆振方向第 1 阶频率　　　D．以上三个都有

449．IEC 61400-23 标准中，风轮叶片全尺寸结构试验中的叶片几何尺寸应包括哪些？（　　）

A．叶片长度　　　　　　　　B．弦长和扭角分布

C．预弯或扫掠　　　　　　　D．以上三个都有

450．IEC 61400-23 标准中，风轮叶片全尺寸结构试验中的静力试验，加载载荷停留时间应不少于（　　）。

A．5 s　　　　　B．7 s　　　　　C．9 s　　　　　D．10 s

451．当静力试验的环境温度为 5℃，环境效应引起的试验载荷安全系数为（　　）。

A．1.0　　　　　B．1.03　　　　　C．1.05　　　　　D．1.08

452．试验中，应测量叶根固定夹具和试验台的变形，并根据测量的结果对测量的叶片位移进行修正。在固有频率、阻尼和模态试验中，也应考虑试验台的影响。对于相对刚性的试验台，其对叶尖变形的影响不到（　　），试验台的影响可忽略。

A．1.0%　　　　　B．1.5%　　　　　C．2.0%　　　　　D．2.5%

453．试验过程中应选取一定数量的位置进行叶片变形测量，变形测量位置的数量应足以确定整个叶片的变形分布，所选取的位置应不少于几个？（　　）

A．1 个　　　　　B．2 个　　　　　C．3 个　　　　　D．4 个

454．在叶片成型车间，标准要求环境温度应为 16～30℃，环境湿度应小于（　　）。

A．20%　　　　　B．40%　　　　　C．60%　　　　　D．80%

455．叶片玻纤布铺放前需在模具中使用（　　），保证成品叶片脱离模具。

A．脱模剂　　　　B．多孔膜　　　　C．真空膜　　　　D．胶衣

456．主梁灌注前需要对主梁模具进行预热，主要是调整（　　）、模具、玻纤布和（　　）之间的温度符合工艺要求，以保证灌注质量。

A．车间，灌注树脂　　　　　B．车间，流道

C．加热器，灌注树脂　　　　D．加热器，流道

457. 腹板铺布过程中所用玻纤布一般为（　　），必须经入厂检验合格且使用过程中无油渍、无灰尘。

A. 单向布　　　　B. 三轴布　　　　C. 双轴布　　　　D. 四轴布

458. 上纬灌注树脂 SW 2511-1 A/1 BS 型号标准质量配比是（　　）。

A. 100∶28±2　　B. 100∶30±2　　C. 100∶32±2　　D. 100∶34±2

459. 叶片模具准备时，检查真空管打圈处的最低点位置，确认真空管无淤胶堵塞或堵塞小于真空管截面积的（　　），若不符合须对其进行更换。

A. 1/3　　　　B. 1/2　　　　C. 3/4　　　　D. 2/3

460. 主梁铺层过程中，单向布起始点容差一般为（　　），终点容差一般为（　　）。

A. ±30 mm，±30 mm　　　　　　B. −30 mm，+30 mm

C. +30 mm，−30 mm　　　　　　D. +30 mm，+30 mm

461. 腹板 PVC 板材间的拼接间隙及 PVC 与模具间的间隙通常小于或等于（　　）可以接收。

A. 3 mm　　　　B. 10 mm　　　　C. 5 mm　　　　D. 4 mm

462. 树脂比例测试胶液需要（　　）处理。

A. 回桶　　　　　　　　　　B. 人工混合后使用

C. 废弃　　　　　　　　　　D. 改做他用

463. 由于涂层局部变厚，重力原因导致垂流，一般出现在涂装后叶片表面的垂直区域或倾斜表面的缺陷是（　　）。

A. 流挂　　　　B. 砂眼　　　　C. 橘皮　　　　D. 针孔

464. 风电叶片常见铜质避雷导线电阻值标准为不大于（　　）。

A. 30 mΩ　　　B. 50 mΩ　　　C. 100 mΩ　　　D. 200 mΩ

465. 为成套叶片进行配重是使（　　）达到平衡。

A. 质量　　　　B. 力矩　　　　C. 质量和力矩　　　D. 叶片自身

466. 叶片合模粘接前需要进行橡皮泥测试，一般要求橡皮泥测试结果在（　　）范围。

A.（6±4）mm　　B.（4±3）mm　　C.（5±3）mm　　D.（10±5）mm

467. 脱模叶片检测固化质量，灌注成型玻璃化转变温度（T_g）标注要求：玻璃钢大于或等于（　　），粘接胶大于或等于（　　）。

A. 65℃，60℃　　　　　　　　B. 75℃，70℃

C. 75℃，60℃　　　　　　　　D. 60℃，60℃

468. 支架板处避雷线连接顺直，弯度大于（　　），叶尖处避雷线沿蒙皮表面放置平顺。

A. 120°　　　　B. 90°　　　　C. 150°　　　　D. 45°

469．GB/T 25383 标准适用于风轮扫掠面积不小于（　　　）的水平轴风力发电机组风轮叶片。

A．30 m^2　　　　B．35 m^2　　　　C．40 m^2　　　　D．45 m^2

470．GB/T 25383 标准的常规设计温度是（　　　）。

A．工作温度：−10～+40℃，生存温度：−20～+50℃

B．工作温度：−20～+40℃，生存温度：−30～+50℃

C．工作温度：−30～+40℃，生存温度：−40～+50℃

D．工作温度：−10～+40℃，生存温度：−30～+50℃

471．叶片设计工作环境最高相对湿度一般不大于（　　　）。

A．95%　　　　B．90%　　　　C．85%　　　　D．75%

472．当采用静态方式进行叶片变形计算时，所有设计工况下叶片变形后，叶尖与塔架的安全距离不小于未变形时叶尖与塔架间距离的（　　　）。

A．25%　　　　B．30%　　　　C．35%　　　　D．40%

473．叶片的设计寿命应不小于（　　　）。

A．15 年　　　　B．18 年　　　　C．20 年　　　　D．25 年

474．叶片制造人员、检验人员必须经过专门职业培训，培训时间不得低于（　　　）。

A．1 个月　　　　　　　　　　B．2 个月

C．3 个月　　　　　　　　　　D．合格即可，没有时间要求

475．叶片生产的记录文件，保存期限最少是（　　　）。

A．1.5 倍的叶片质保周期　　　　　B．2 倍的叶片质保周期

C．2.5 倍的叶片质保周期　　　　　D．永久保存

476．下列哪项不是叶片必须完成的试验？（　　　）

A．固有频率测试　　　　　　　　B．静力试验

C．疲劳试验　　　　　　　　　　D．极限破坏试验

477．按 DNV GL 标准的要求，当设计温度低于（　　　）或高于（　　　）时，应补充相应的材料测试及结构分析。

A．−30℃，+50℃　　　　　　　B．−30℃，+55℃

C．−40℃，+50℃　　　　　　　D．−40℃，+55℃

478．按 DNV GL 标准的要求，当叶片设计极限载荷使用 360°载荷时，最大间隔是（　　　）。

A．15°　　　　B．30°　　　　C．45°　　　　D．60°

479．按 DNV GL 标准的要求，当叶片设计疲劳载荷使用 360°载荷时，最大间隔是（　　　）。

A．15°　　　　B．30°　　　　C．45°　　　　D．60°

480. DNV GL 标准中对材料的疲劳试验，推荐 R 值为（　　　）。

A. -1 B. 1 C. 2 D. -2

481. 在《风力发电机组认证规范》（GL，$Edition\ 2010$）（以下简称 GL 2010 规范）中，对于层合板的疲劳分析，聚酯叶片和环氧树脂叶片的 $S-N$ 曲线斜率 m 的取值可以参考（　　　）。

A. $m=9$（聚酯），$m=10$（环氧树脂）

B. $m=10$（聚酯），$m=9$（环氧树脂）

C. $m=8$（聚酯），$m=10$（环氧树脂）

D. $m=9$（聚酯），$m=9$（环氧树脂）

482. 按 GL 2010 规范，使用等效疲劳载荷计算粘接胶时，剪切强度要求是（　　　）。

A. 小于 7 MPa B. 小于 3.14 MPa C. 小于 1 MPa D. 小于 2 MPa

483. 按 GL 2010 规范，使用等效疲劳载荷计算粘接胶时，m 取值范围是（　　　）。

A. $m=4 \sim 14$ B. $m=3 \sim 14$ C. $m=3 \sim 13$ D. $m=10$

484. 按 GL 2010 规范，对于所有结构分析，基础安全因子 γ_{M0} 的值是（　　　）。

A. 1.35 B. 1.25 C. 1.15 D. 1.1

485. 对于 FF 计算，缩减因子的选择是（　　　）。

A. $1.35 \times 1.15 = 1.5525$ B. $1.35 \times 1.25 = 1.6875$

C. $1.25 \times 1.25 = 1.5625$ D. $1.25 \times 1.15 = 1.4375$

486. 如使用有限元模型和线性方法计算叶片的屈曲，屈曲安全系数应不低于（　　　）。

A. 1.7335 B. 1.6875 C. 2.205225 D. 2.041875

487. 以下哪一项是层合板疲劳分析使用的判断准则？（　　　）

A. Mner 准则 B. Puck 准则 C. Hashn 准则 D. Tsa-Wu 准则

488. 对于叶根螺栓的分析，采用 EN 1993-1-9 标准中的 $S-N$ 曲线，区域和区域的 m 值取值是：（　　　）。

A. 5，3 B. 4，6 C. 9，10 D. 3，5

489. 对于规格大于 M 30 的螺栓，缩减因子 k_s 的取值是：（　　　）。

A. $(30\ \mathrm{mm}/d)^{0.15}$（$d$ 指螺栓公称直径）

B. $(30\ \mathrm{mm}/d)^{0.2}$（$d$ 指螺栓公称直径）

C. $(30\ \mathrm{mm}/d)^{0.25}$（$d$ 指螺栓公称直径）

D. $(30\ \mathrm{mm}/d)^{0.3}$（$d$ 指螺栓公称直径）

490. 对于初始先导雷击试验，在 IEC 60060-1 标准中规定，与外部结构的最小间隙为两个对置电极之间最小闪络距离的（　　　）倍。为了最小化该间隙中电场的扭曲，接地平面及其他导电结构之间的距离应至少为间隙长度的（　　　）倍。

A. 1，1 B. 1，1.5 C. 1.5，1.5 D. 1.5，2

491．对于初始先导雷击试验，试验电压波形应为双指数切换时的冲击电压，至峰值时间为（　　　），并且至半峰值衰减时间为（　　　）。

A．250 μs，±20%　　　　　　　　B．250 μs，±10%

C．2500 μs，±60%　　　　　　　D．2500 μs，±50%

492．对于初始先导雷击试验，施加的电压应为在电压波形顶点前上升到发生闪络。电压波形开始及结构闪络之间的时间应至少为（　　　）。

A．30 μs　　　　　B．40 μs　　　　　C．50 μs　　　　　D．60 μs

493．扫掠通道雷击试验可以用于评估（　　　）。

A．非导电（即介电质）表面的可能击穿位置

B．非导电表面的闪络路径

C．保护装置的性能

D．以上所有

494．在扫掠通道雷击试验过程中，完全雷电冲击电压波形至顶点 T_1 的时间为（　　　），并且达到峰值 T_2 的衰减时间为（　　　）。

A．T_1=1 μs，T_2=50 μs　　　　　　B．T_1=1.2 μs，T_2=50 μs

C．T_1=1.2 μs，T_2=40 μs　　　　　D．T_1=1 μs，T_2=40 μs

495．以下进行失效分析常用的方法是（　　　），它是将系统故障形成的原因由总体至部分按树枝状逐渐细化的分析方法。

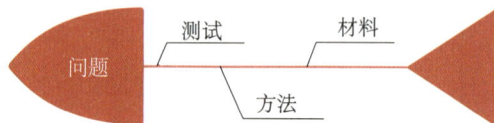

A．甘特图　　　　B．故障树　　　　C．统计图　　　　D．鱼骨图

496．以下是进行失效分析常用的方法（　　　），它是以事物发展变化的因果关系为依据，抓住事物发展的主要矛盾与次要矛盾的相互关系，建立数学模型进行预测。

A．甘特图　　　　B．故障树　　　　C．统计图　　　　D．鱼骨图

497．下图是叶片在风电场运行中常见的（　　　）问题。

A．前缘腐蚀　　　　B．褶皱　　　　C．发白　　　　D．缺胶

498．下图是叶片在风电场运行中常见的（　　　）问题。

A．前缘腐蚀　　　　B．褶皱　　　　　C．发白　　　　　D．缺胶

499．下图是叶片在风电场运行中常见的（　　　）问题。

A．前缘腐蚀　　　　B．褶皱　　　　　C．发白　　　　　D．缺胶

500．下图是叶片在风电场运行中常见的（　　　）问题。

A．前缘腐蚀　　　　B．褶皱　　　　　C．发白　　　　　D．缺胶

501．GB/T 7690.5 标准规定，玻璃纤维直径测试方法主要使用以下哪种设备？（　　）

A．红外光谱仪　　　　　　　　B．光学显微镜

C．电子扫描显微镜　　　　　　D．分光光度计

502．下列哪项标准可用来测试玻璃纤维含水率？（　　）

A．GB/T 9914.2　　B．GB/T 9914.3　　C．GB/T 9914.4　　D．GB/T 9914.1

503．GB/T 4472 标准规定了环氧树脂固体和液体密度的测试方法，下列哪项方法不能用来测试树脂体液密度？（　　）

A．静水力学称量　　B．密度瓶　　　　C．韦氏天平　　　　D．密度计

504．GB/T 19466.2 标准规定了树脂玻璃化温度的测试方法，下列哪项是该标准使用的测试方法？（　　）

A．DMA　　　　　B．TMA　　　　　C．DSC　　　　　D．HDT

505．下列哪项标准可用来测试环氧树脂的环氧当量？（　　）

A．GB/T 9282.2　　B．GB/T 4612　　C．GB/T 7193.1　　D．GB/T 15223

506．下列哪项方法是 GB/T 2577 标准规定的玻璃钢纤维含量测试方法？（　　）

A．萃取法　　　　　B．显微镜法　　　C．比重瓶法　　　D．煅烧法

507．下列哪项是 GB/T 27595 标准规定的结构胶测试方法？

A．拉－拉疲劳　　　B．拉－压疲劳　　C．拉－剪疲劳　　D．压－压疲劳

508．海洋环境对材料耐盐雾性能要求高，以下哪项标准可用于盐雾测试？（　　）

A．GB/T 2423.17　　B．GB/T 8811　　C．GB/T 9641　　D．GB/T 8813

509．ISO 12944-2 标准规定了大气环境的 6 类大气腐蚀性级别，其中海上机组叶片所处环境属于哪种腐蚀级别？（　　）

A．C 5-M　　　　　B．C 5-1　　　　　C．C 3　　　　　D．C 2

510．以下不属于台风型风力发电机组极限风速等级的是（　　）。

A．T 0　　　　　　B．T 1　　　　　　C．T 3　　　　　D．TS

511．台风型风力发电机组湍流等级中，A 类等级的参考湍流强度的数值是（　　）

A．0.18　　　　　　B．0.16　　　　　　C．0.14　　　　　D．0.12

512．参考风速 V_{ref} 指的是机组所能承受的轮毂高度处（　　）年一遇的 10 min 平均风速。

A．62.5　　　　　　B．50　　　　　　　C．20　　　　　　D．1

513．GB/T 18451.1 标准中规定参考湍流强度指的是 15 m/s 风速下，湍流强度的（　　）。

A．期望值　　　　　B．标准差　　　　　C．最大值　　　　D．最小值

514．下列哪项不属于台风的特点？（　　）

A．风速大　　　　　B．湍流强　　　　　C．风向变化大　　D．空气密度大

515. 下列哪项不属于标准 GB/T 31519 推荐的风况模型？（　　　）

A. 台风湍流模型　　　　　　　　B. 台风极端风速模型

C. 台风极端运行阵风模型　　　　D. 台风极端相干阵风模型

516. 在考虑台风型风力发电机组载荷仿真时，需考虑平均气流相对水平面成（　　　）。

A. 10°　　　　　B. 8°　　　　　C. 5°　　　　　D. 0°

517. 在考虑台风型风力发电机组载荷仿真时，不需要考虑下列哪些工况？（　　　）

A. 维护工况　　B. 正常关机　　C. 空转　　　D. 关机兼故障

518. 海上风电机组设计的温度条件范围是（　　　）。

A. −15～35℃　　B. −10～40℃　　C. −20～40℃　　D. −20～50℃

519. 陆上常温型机组所规定的正常工作温度范围是（　　　）。

A. −20～30℃　　B. −30～40℃　　C. −20～40℃　　D. −20～50℃

520. 陆上低温型机组所规定的正常工作温度范围是（　　　）。

A. −30～40℃　　B. −10～40℃　　C. −20～40℃　　D. −20～30℃

521. 流体经过非流线体时形成和脱落的涡流，对结构产生动态载荷作用，引发共振，该类现象称为（　　　）。

A. 涡流作用　　B. 涡激振动　　C. 水流共振　　D. 涡流振动

522. 相对于陆上机组，下列环境条件是海上机组补充考虑的有（　　　）。

A. 相对湿度　　B. 辐射强度　　C. 水密度　　D. 空气密度

523. 湍流一般是指矢量风速相对于（　　　）平均值的随机变化。

A. 2 min　　　B. 5 min　　　C. 20 min　　　D. 10 min

524. 通常指的平均风速是指（　　　）min 的平均值。

A. 2　　　　　B. 5　　　　　C. 20　　　　　D. 10

525. 单桩基础适用于覆盖层深厚的黏性土、粉土、砂土、碎石类土等地质条件，水深宜在（　　　）m 以内的近海海域。

A. 100　　　　B. 50　　　　C. 30　　　　D. 20

526. 多桩承台基础适用于黏性土、粉土、砂土、碎石类土、强风化岩、软岩等地质条件，水深宜在（　　　）m 以内的近海海域。

A. 100　　　　B. 50　　　　C. 30　　　　D. 20

527. 导管架群桩基础适用于黏性土、粉土、砂土、碎石类土、强风化岩、软岩等地质条件，水深宜在（　　　）m 以内的近海海域。

A. 100　　　　B. 50　　　　C. 30　　　　D. 20

528. 重力式基础适用于承载力满足上部载荷要求的天然或人工处理地基，水深宜在（　　　）m 以内的近海海域。

A. 100　　　　B. 50　　　　C. 30　　　　D. 20

529. 负压筒型基础适用于各种非岩石地基条件，适宜于水深在（　　）m 以内的近海海域。

A．100　　　　B．50　　　　C．30　　　　D．20

530. 下列哪项水深适用于浮式基础？（　　）

A．100 m　　　B．50 m　　　C．30 m　　　D．20 m

531. 多桩承台基础设计时，由于群桩的载荷和位移特性，需考虑邻桩的影响。当桩中心距小于（　　）倍桩径时，应考虑群桩效应。

A．16　　　　B．12　　　　C．8　　　　D．4

532. 海上测风塔，为避免同高度仪器间的相互影响，在安装风向标时，可在要求高度向下（　　）范围内调整。

A．2 m　　　　B．3 m　　　　C．4 m　　　　D．5 m

533. 海上风电场应查明海底一定深度内（　　），分析评价海床的稳定性。

A．岩层产状　　B．地层结构　　C．埋藏条件　　D．岩层分布

534. 海底地形可采用单波束或多波束测深仪测量，并符合 GB 17501 标准，成图比例一般为（　　）。

A．1∶100 000　B．1∶10 000　C．1∶5000　　D．1∶2000

535. 采用传感器型测量仪器时，气压计应满足测量范围为（　　），精确度为 ±2% 的要求。

A．50 kPa～108 kPa　　　　B．60 kPa～108 kPa

C．60 kPa～118 kPa　　　　D．60 kPa～128 kPa

536. 同高度 2 套传感器支架的夹角宜为（　　），具体应根据当地风能资源状况和测风塔的结构形式确定。

A．180°　　　B．270°　　　C．90°　　　D．0°

537. 海上测风，风向传感器应满足测量范围 0°～360°，精确度为（　　）的要求，工作环境温度应满足当地气温条件。

A．±2.5°　　　B．±1.5°　　　C．±1°　　　D．±0.5°

538. 综合沿海测风塔计算的年平均风速，福建中部沿岸最大为（　　）。

A．5.0～6.0 m/s　B．6.0～7.9 m/s　C．8.0～9.8 m/s　D．7.5～8.0 m/s

539. 在 GB/T 18451.1 标准中，风力发电机安全等级 50 年一遇最大风速是年平均风速的 5 倍，台风影响区 50 年一遇最大风速年平均风速的比值差别较大，福建中部 5～6 倍，浙江北部、广西 6 倍，福建北部、雷州半岛南部和海南岛北部（　　）。

A．7 倍　　　　B．8 倍　　　　C．9 倍　　　　D．10 倍

540. 在沿海多年平均大潮高潮线以下至理论最低潮位以下（　　）水深内的海域开发建设的风电场称为潮间带和潮下带滩涂风电场。

A．30 m　　　　B．20 m　　　　C．10 m　　　　D．5 m

541. 经常用于描述风速的分布的概率密度函数形式是（　　）。

A. 威布尔分布　　B. 瑞利分布　　C. 风玫瑰图　　D. 风能玫瑰图

542. 以（　　）为基数发生的变化，风速年际变化是从第 1 年到第 30 年的年平均风速变化。

A. 20 年　　　　B. 25 年　　　　C. 30 年　　　　D. 40 年

543. 通常用于描述风速剖面线形状的幂定律指数是（　　）。

A. 概率分布　　　　　　　　B. 风切变

C. 风切变幂律　　　　　　　D. 风切变指数

544. 海洋站保存有规范的测风记录，标准观测高度距离地面（　　）。

A. 2 m　　　　　B. 10 m　　　　C. 30 m　　　　D. 50 m

545. （　　）是根据风场附近长期观测站的观测数据，将验证后的风场测风数据订正为一套反映风场长期平均水平的代表性数据。

A. 数据验证　　B. 数据订正　　C. 数据处理　　D. 代表数据

546. 数据合理相关性，测风高度为 50 m 和 10 m 小时平均风速差值应（　　）。

A. ≤4.0 m/s　　B. ＜4.0 m/s　　C. ≤5.0 m/s　　D. ＜5.0 m/s

547. 湍流强度值在 0.1 或以下表示湍流相对较小，中等程度湍流的值为（　　），更高的湍流值表明湍流过大。

A. 0.10～0.12　B. 0.10～0.25　C. 0.10～0.14　D. 0.10～0.16

548. （　　）表示风速随离地面高度以幂定律关系变化的数学式。

A. 风廓线　　　B. 风切变幂律　C. 风切变　　　D. 风切变指数

549. 与风向垂直的单位面积中风所具有的功率是（　　）。

A. 风能密度　　B. 风功率密度　C. 风功率　　　D. 风功率转化系数

550. 在设定时段与风向垂直的单位面积中风所具有的能量是（　　）。

A. 风能密度　　B. 风功率密度　C. 风功率　　　D. 风功率转化系数

551. （　　）用于描述连续时限内风速概率分布的分布函数。

A. 威布尔分布　　B. 风速分布　　C. 瑞利分布　　D. 风频分布

552. 海上风力发电机振动状态监测系统应选择（　　）。

A. 固定安装系统　　　　　　B. 半固定安装系统

C. 便携式安装系统　　　　　D. 移动式安装系统

553. 机组停机（　　）以内为正常使用情况，此期间允许控制系统自动启动机组。

A. 3 h　　　　　B. 6 h　　　　　C. 8 h　　　　　D. 5 h

554. 湍流参考强度按照规定是选取（　　）高度处的风速数值。

A. 轮毂　　　　B. 塔架　　　　C. 2/3 轮毂　　　D. 1/2 轮毂

555. 湍流参考强度按照规定是选取（　　）风速下湍流强度的期望值。

A. 15 m/s　　　B. 5 m/s　　　　C. 20 m/s　　　D. 25 m/s

556. 考虑到临近风力发电机之间的尾流影响，风力发电机组之间的间距不得小于（　　）风轮直径。

A. 3 个　　　　　B. 5 个　　　　　C. 10 个　　　　　D. 7 个

557. 海上风电机组主控制器柜内宜装设加热除湿装置，柜内相对湿度宜控制在（　　）以下。

A. 60%　　　　　B. 70%　　　　　C. 80%　　　　　D. 95%

558. 电网失电后，至少（　　）内，建议机组控制系统具备持续工作能力，且偏航系统具备不间断的偏航调节能力。

A. 6 h　　　　　B. 7 h　　　　　C. 8 h　　　　　D. 9 h

559. 潮间带及潮下带滩涂风电场的测风塔控制半径应不超过（　　），其他海上风电场应不超过（　　）。

A. 5 km，10 km　B. 10 km，10 km　C. 5 km，5 km　D. 15 km，10 km

560. 极大风速为瞬时风速的（　　）。

A. 平均值　　　　B. 最大值　　　　C. 最小值

561. 海上风力发电机组主控制系统柜体采用钢制防腐设计，防护等级不小于（　　）。

A. P 54　　　　　B. P 52　　　　　C. P 50　　　　　D. P 53

562. 海上测风，现场测量数据应至少连续进行（　　）年。

A. 1　　　　　　B. 3　　　　　　C. 5　　　　　　D. 2

563. 现场测量数据保证采集的有效数据完整率达到（　　）以上。

A. 70%　　　　　B. 60%　　　　　C. 80%　　　　　D. 90%

564. 贝茨极限是（　　）。

A. 0.583　　　　B. 0.585　　　　C. 0.593　　　　D. 0.595

565. 通常情况下，风电机组的设计寿命是（　　）年。

A. 20　　　　　　B. 30　　　　　　C. 35　　　　　　D. 40

566. 为减小测风塔的塔影效应对传感器的影响，传感器与塔身的距离为桁架式结构测风塔直径的（　　）倍以上、圆管型结构测风塔直径的（　　）倍以上。

A. 3，3　　　　　B. 3，6　　　　　C. 6，3　　　　　D. 6，6

567. 若机组在电网失电情况下，控制和偏航系统可以正常工作（　　）h 以上，则可以不考虑空转状态下，风向变化 ±180° 所产生的影响。

A. 3　　　　　　B. 4　　　　　　C. 5　　　　　　D. 6

568. 以下不属于热带气旋强度等级的是（　　）。

A. 热带低压　　　B. 热带风暴　　　C. 热带高压　　　D. 台风

569. 变桨距控制是通过叶片和轮毂之间的轴承机构转动叶片来（　　）迎角，由此来减小翼型的（　　），达到减小作用在风轮叶片上的扭矩和功率的目的。

A. 减小，升力　　B. 减小，阻力　　C. 增大，升力　　D. 增大，阻力

570．全潮水文观测期间应进行短期测风，风速、风向传感器应安装于船舶大桅顶部，传感器与桅杆之间的距离至少应为桅杆直径的（　　）倍。

A．5　　　　　　　　B．10　　　　　　　C．12　　　　　　　D．15

571．台风情况下，对于变桨控制的机组而言，应使机组处于（　　）状态。

A．空转　　　　　　B．正常发电　　　　C．紧急关机　　　　D．风轮锁死

572．台风情况下，对于变桨控制的机组而言，建议应使偏航系统保持（　　）状态。

A．偏航对风　　　　B．偏航制动　　　　C．自由偏航　　　　D．偏航锁死

573．在机组设计阶段，锁定装置应能承受由（　　）中相关状态引起的载荷，尤其应考虑最大设计驱动力的应用。

A．DLC 7.1　　　　B．DLC 8.1　　　　C．DLC 2.1　　　　D．DLC 3.1

574．风速仪传感器属于（　　）。

A．温度传感器　　　　　　　　　　　B．压力传感器

C．转速传感器　　　　　　　　　　　D．振动传感器

575．（　　）分布为全年各扇区的风能密度与全方位总风能密度的百分比。

A．风功率　　　　　　　　　　　　　B．风功率密度方向

C．风能密度　　　　　　　　　　　　D．风能密度方向

576．海上风资源测量中，风速传感器应满足测量范围为（　　），分辨率为0.1 m/s的要求。

A．0～60 m/s　　　　　　　　　　　B．0～50 m/s

C．0～40 m/s　　　　　　　　　　　D．0～30 m/s

577．自动重合周期是电网故障后从断开到自动重新接入电网的周期，最少为（　　）。

A．0.01 s　　　　　　B．0.1 s　　　　　C．1 s　　　　　　　D．10 s

578．特征值指（　　）规定概率的数值。

A．小于或等于　　　B．大于或等于　　　C．小于　　　　　　D．大于

579．切入风速是风电机组开始发电时，轮毂高度处（　　）风速。

A．最小无湍流稳态　　　　　　　　　B．最小无湍流瞬态

C．最小湍流稳态　　　　　　　　　　D．最小湍流瞬态

580．切出风速是风电机组设计允许发电状态下，轮毂高度处（　　）风速。

A．最大无湍流稳态　　　　　　　　　B．最大无湍流瞬态

C．最大湍流稳态　　　　　　　　　　D．最大湍流瞬态

581．额定风速是风力发电机组达到额定功率时轮毂高度处的（　　）风速。

A．最小无湍流稳态　　　　　　　　　B．最小无湍流瞬态

C．最小湍流稳态　　　　　　　　　　D．最小湍流瞬态

582. 典型的 10 m/s 风速中，惯性副区的频率范围是（   ）。

A．0.2 Hz～1 kHz 　　　　　　　　　 B．0.1 Hz～1 kHz

C．1 Hz～1 kHz 　　　　　　　　　　 D．10 Hz～1 kHz

583. 在没有其他规定的情况下风数据应为（   ）内样本的统计数据。

A．10 min 　　　　 B．5 min 　　　　 C．20 min 　　　　 D．30 min

584. 瑞利分布是（   ）情况下威布尔分布的特殊情况。

A．$k=2$ 　　　　 B．$k=1$ 　　　　 C．$k=3$ 　　　　 D．$k=4$

585. 偏航（yawng）是指风轮轴（   ）。

A．绕垂直轴旋转 　　　　　　　　　　 B．沿垂直轴平移

C．绕水平轴旋转 　　　　　　　　　　 D．沿水平轴平移

586. 极端湍流模型的缩写是（   ）。

A．ETM 　　　　 B．EOG 　　　　 C．NTW 　　　　 D．EMW

587. 风力发电机组等级分为（   ）。

A．4 级 　　　　 B．3 级 　　　　 C．5 级 　　　　 D．6 级

588. 轮毂高度 z 在 60 m 时，纵向湍流尺度参数的值为（   ）。

A．$0.7z$ 　　　　 B．$0.5z$ 　　　　 C．$0.2z$ 　　　　 D．$0.1z$

589. 正常电网条件下，电压变化不得超过（   ）。

A．10% 　　　　 B．5% 　　　　 C．2% 　　　　 D．1%

590. 正常电网条件下，频率变化不得超过（   ）。

A．2% 　　　　 B．10% 　　　　 C．5% 　　　　 D．1%

591. 在仿真中，对于每个轮毂高度的风速，至少需要（   ）次仿真。

A．6 　　　　 B．12 　　　　 C．24 　　　　 D．48

592. 载荷局部安全系数中，评估正常发生的 N 设计状态类型系数为（   ）。

A．1.35 　　　　 B．1.1 　　　　 C．1.5 　　　　 D．1.8

593. 载荷局部安全系数中，评估非正常发生的 A 设计状态类型系数为（   ）。

A．1.1 　　　　 B．1.35 　　　　 C．1.5 　　　　 D．1.8

594. 载荷局部安全系数中，评估运输吊装的 T 设计状态类型系数为（   ）。

A．1.5 　　　　 B．1.1 　　　　 C．1.35 　　　　 D．1.8

595. 随着波高增加或水深减少，波浪轮廓线变得更加陡峭，在静水位以上的波峰高度和静水位以下的波谷相比，（   ）。

A．波峰高度深于波谷 　　　　　　　 B．波谷高度深于波峰

C．波峰波谷相对静水面对称 　　　　 D．无法确定

596. 设计状态载荷工况 1.X 代表（   ）。

A．发电 　　　　　　　　　　　　　 B．发电兼有故障

C．启动 　　　　　　　　　　　　　 D．正常关机

597．设计状态载荷工况 2.X 代表（　　）。

A．发电兼有故障　B．发电　　　　C．启动　　　　　D．正常关机

598．设计状态载荷工况 3.X 代表（　　）。

A．启动　　　　　　　　　　B．发电

C．发电兼有故障　　　　　　D．正常关机

599．设计状态载荷工况 4.X 代表（　　）。

A．正常关机　　　　　　　　B．发电

C．发电兼有故障　　　　　　D．启动

600．在稳态极端风模型中，允许短时间内与平均风向有一定的偏离，应假定恒定的偏航误差在（　　）范围内。

A．±15　　　　　B．±8　　　　　C．±20　　　　　D．±30

601．对于湍流极端风模型，50 年和 1 年一遇的 10 min 平均风速大小的比例关系为（　　）。

A．2∶1　　　　　B．1.4∶1　　　　C．1.35∶1　　　　D．1.25∶1

602．50 年一遇极大风速 V_{e50}（3 s 平均）与参考风速 V_{ref}（10 min 平均）平均风速大小的比例关系为（　　）。

A．2∶1　　　　　B．1.4∶1　　　　C．1.35∶1　　　　D．1.25∶1

603．1 年一遇极大风速 V_{e1}（3 s 平均）与一年一遇极端风速 V_1（10 min 平均）平均风速大小的比例关系为（　　）。

A．2∶1　　　　　B．1.4∶1　　　　C．1.35∶1　　　　D．1.25∶1

604．方向变化的极端相干阵风（ECD）在阵风周期内，哪项风参数未发生变化？（　　）

A．风向　　　　　　　　　　B．风轮最高点风速

C．风轮最低点风速　　　　　D．湍流度

605．极端风切变风模型（EWS）在阵风周期内，哪项风参数未发生变化？（　　）

A．轮毂高度风速　　　　　　B．风轮最高点风速

C．风轮最低点风速　　　　　D．风剪切

606．极端运行阵风模型（EOG）在阵风周期内，哪项风参数未发生变化？（　　）

A．风向　　　　　　　　　　B．风轮最高点风速

C．风轮最低点风速　　　　　D．轮毂高度风速

607．风声近表层流的流速，海表层的流速 U 只能影响到（　　）m 以下。

A．50　　　　　　B．40　　　　　C．30　　　　　D．20

608．以下哪种系统不属于振动状态监测系统的类型？（　　）

A．移动式安装系统　　　　　B．半固定安装系统

C．便携式系统　　　　　　　D．固定安装系统

609．在《海上风力发电机组主控制系统技术规范》中，对主控制系统的使用条件有一定要求，一般其低温的工作环境温度范围为（　　）。

A．−20～+45℃　　　　　　　　B．−25～+45℃

C．−30～+45℃　　　　　　　　D．−25～+40℃

610．在《海上风力发电机组主控制系统技术规范》中，对主控制系统的使用条件有一定要求，一般其常温的工作环境温度范围为（　　）。

A．−20～+40℃　　　　　　　　B．−20～+45℃

C．−25～+45℃　　　　　　　　D．−25～+40℃

611．海上风力发电机组防腐蚀系统设计使用年限应考虑到机组的设计使用年限，不宜小于（　　）年。

A．20　　　　　B．25　　　　　C．30　　　　　D．35

612．海上风电场地质勘察不包括下列哪项？（　　）

A．海水深度　　B．海水温度　　C．海底地形形态　　D．基本地层

613．测风数据的合理性检验不包括下列哪项？（　　）

A．有效性检验　　B．范围检验　　C．相关性检验　　D．趋势检验

614．对于不合理的数据和缺测的数据，下列说法错误的是（　　）。

A．检验后列出所有不合理的数据和缺测的数据及其发生的时间

B．对不合理数据再次进行判别，挑出符合实际情况的有效数据，回归原始数据组

C．检验后进行删除

D．将备用的或可供参考的传感器同期记录数据，经过分析处理，替换已确认为无效的数据或填补缺测的数据

615．计算有效数据完整率不需要用到（　　）。

A．应测数目　　B．缺测数目　　C．删除数目　　D．无效数据数目

616．风功率密度不包含（　　）的影响。

A．风速　　　　B．风切变　　　C．空气密度　　D．风速分布

617．台风的特点不包括下列哪项？（　　）

A．风速大　　　B．尾流大　　　C．湍流强　　　D．风向变化大

618．下列哪项不是测风仪的组成部分？（　　）

A．控制器　　　B．风向传感器　　C．数据采集器　　D．风速传感器

619．风向频率是计算出在代表（　　）个方位的扇区内风向出现的频率和风能密度方向分布。

A．12　　　　　B．16　　　　　C．24　　　　　D．36

620．逐小时湍流强度是以1 h内（　　）的10 min湍流强度作为该小时的代表值。

A．最大　　　　B．平均　　　　C．最小　　　　D．标准

621．下列不属于年风况描述的是（　　　）。

A．全年的风速和风功率日变化曲线图

B．风速和风功率的年变化曲线图

C．全年的风速和风能频率分布直方图

D．连续 20～30 年的风速年际变化直方图

622．如果没有不同高度的实测风速数据，风切变指数 α 取（　　　）作为近似值。

A．1/6　　　　　B．1/7　　　　　C．1/8　　　　　D．1/9

623．风能密度方向分布为（　　　）的风能密度与全方位总风能密度的百分比。

A．全年各扇区　　B．每月各扇区　　C．每日各扇区　　D．各扇区

624．以 1 m/s 为一个风速区间，每个风速区间的数字代表（　　　）。

A．中间值　　　B．平均值　　　C．最大值　　　D．最小值

625．风能资源评估中平均风速的说法不恰当的是（　　　）。

A．年平均　　　　　　　　　　B．各月同一钟点平均

C．日平均　　　　　　　　　　D．全年同一钟点平均

626．测风数据处理不包括下列哪项？（　　　）

A．数据的验证　　　　　　　　B．订正

C．计算评估风能资源所需要的参数　D．绘制图谱

627．风场短期数据订正为长期数据的条件中不包括下列哪项？（　　　）

A．距离风场比较近　　　　　　B．同期测风结果的相关性较好

C．具有 30 年以上规范的测风记录　D．与风场具有不同的地形条件

628．海上测风数据中平均气温和气压采样时长为（　　　）。

A．逐 10 min　　B．逐小时　　　C．逐 3 s　　　　D．半年

629．测风数据中 1 h 平均风速变化趋势正确的是（　　　）。

A．＜4 m/s　　　B．＜5 m/s　　　C．＜6 m/s　　　D．＜7 m/s

630．测风数据中 1 h 平均气温变化趋势正确的是（　　　）。

A．＜4℃　　　　B．＜5℃　　　　C．＜6℃　　　　D．＜7℃

631．测风数据中 3 h 平均气压变化趋势正确的是（　　　）。

A．＜1 kPa　　　B．＜2 kPa　　　C．＜3 kPa　　　D．＜4 kPa

632．以下关于风速的说法正确的是（　　　）。

A．空间特定点周围气体微团的水平速度

B．给定时间内瞬时风速的平均值

C．空间特定点周围气体微团的垂直速度

D．10 min 平均风速的最大值为极大风速

633．海上测风，现场数据提取的时段最长不宜超过（　　　）。

A．1 个月　　　B．2 个月　　　C．3 个月　　　D．6 个月

634. 风速和风向参数采样时间间隔应不大于（　　　）。

A. 5 min　　　　　B. 10 min　　　　　C. 3 s　　　　　D. 7 s

635. 下列关于同高度 2 套测风塔传感器说法错误的是（　　　）。

A. 不应固定在测风塔水平伸出的支架上

B. 夹角宜为 90°

C. 应根据当地风能资源状况确定角度

D. 应根据测风塔的结构形式确定角度

636. 以下关于海上测风塔的说法错误的是（　　　）。

A. 结构不可选择桁架型　　　　　B. 应方便海上工具停靠

C. 应方便海上人员攀登　　　　　D. 应配备明显的安全标识

637. 风电场内机组位置的排列取决于（　　　），在风能玫瑰图上最好有一个明显的主导风向，或两个方向接近相反的主风向。

A. 风能密度方向分布　　　　　B. 平均风速

C. 尾流影响　　　　　D. 湍流强度

638. 海上风电场在定点连续观测中，说法错误的是（　　　）。

A. 应观测日最大风速　　　　　B. 应观测相应风向

C. 应观测日极大风速　　　　　D. 无需观测相应风向出现时间

639. 测风数据，现场采集的测量数据完整率应在（　　　）以上。

A. 60%　　　　　B. 80%　　　　　C. 90%　　　　　D. 98%

640. 海上风电场应在工程区水域设立水位长期测站和波浪长期测站，分别进行不少于（　　　）的波浪连续观测和不少于 369 天的水位连续观测。

A. 3 个月　　　　　B. 6 个月　　　　　C. 1 年　　　　　D. 2 年

641. 测风塔顶部应有避雷装置，接地电阻不应大于（　　　）。

A. 2 Ω　　　　　B. 4 Ω　　　　　C. 6 Ω　　　　　D. 8 Ω

642. 海流测站布设范围应包围工程场区，对工程区潮流特性影响较大的各水道、海湾、河口处应布设测站，测站总数应不少于（　　　）。

A. 2 个　　　　　B. 4 个　　　　　C. 6 个　　　　　D. 8 个

643. 风电机组基础结构安全等级应为（　　　）。

A. 一级　　　　　B. 二级　　　　　C. 三级　　　　　D. 四级

644. 半直驱机组设计取消了齿轮箱的（　　　）。

A. 低速级　　　　　B. 中速级　　　　　C. 高速级　　　　　D. 轴承

645. 相对于直驱机组，半直驱机组可以减少发电机的（　　　）。

A. 磁极对数　　　　B. 润滑系统　　　　C. 散热系统　　　　D. 电流频率

646. 通常情况下，机组的设计寿命是（　　　）年。

A. 15　　　　　B. 20　　　　　C. 25　　　　　D. 30

第三章
多选题

第一节 标准依据

一、1题

GB/T 51191—2016《海底电力电缆输电工程施工及验收规范》

二、2题

NB/T 31041—2019《海上双馈风力发电机变流器技术规范》

三、3～6题

NB/T 31043—2019《海上风力发电机组主控制系统技术规范》

四、7～8题

GB/T 32077—2015《风力发电机组 变桨距系统》

五、9题

NB/T 31018—2018《风力发电机组电动变桨控制系统技术规范》

六、10～24题

1.《海上风力发电机组认证规范》（中国船级社）

2. NB/T 31115—2017《风电场工程 110 kV～220 kV 海上升压变电站设计规范》

七、25～39题

1. GB/T 33630—2017《海上风力发电机组 防腐规范》

2. GB/T 33423—2016《沿海及海上风电机组防腐技术规范》

3. NB/T 31006—2011《海上风电场钢结构防腐蚀技术标准》

4. IEC 62305-1：2010 *Protection against lightning-Part 1：General principles*

5. IEC 62305-3：2010 *Protection against lightning-Part 3：Physical damage to structures and life hazard*

6. IEC 62305-4：2010 *Protection against lightning-Part 4：Electrical and electronic systems within structure*

7. GB/T 36490—2018《风力发电机组 防雷装置检测技术规范》

八、40～70题

IEC 61400-12-1：2022 *Wind energy generation systems-Part 12-1：Power performance measurements of electricity producing wind turbines*

九、71～87题

IEC 61400-13：2015 *Wind turbines-Part 13：Measurement of mechanical loads*

十、88～91题

IEC 61400-50-3：2022 *Wind energy generation systems-Part 50-3：Use of nacelle-mounted lidars for wind measurements*

十一、92～106题

DL/T 796—2012《风力发电场安全规程》

十二、107～110题

DL/T 797—2012《风力发电场检修规程》

十三、111～112题

GB/T 25385—2019《风力发电机组 运行及维护要求》

十四、113～117题

GB/T 18451.1—2022《风力发电机组 设计要求》

十五、118～123题

GB/T 36569—2018《海上风电场风力发电机组基础技术要求》

十六、124～131题

NB/T 31006—2011《海上风电场钢结构防腐蚀技术标准》

十七、132～134题

GB/T 32128—2015《海上风电场运行维护规程》

十八、135～136题

GB/T 31517.1—2022《固定式海上风力发电机组 设计要求》

十九、137题

GB/T 20319—2017《风力发电机组 验收规范》

二十、138～141题

NB/T 31080—2016《海上风力发电机组钢制基桩及承台制作技术规范》

二十一、142～148题

1. GB/T 33423—2016《沿海及海上风电机组防腐技术规范》
2. GB/T 33630—2017《海上风力发电机组 防腐规范》

二十二、149～155题

DL/T 796—2012《风力发电场安全规程》

二十三、156～159题

1. GB/T 32128—2015《海上风电场运行维护规程》
2. DL/T 797—2012《风力发电场检修规程》

二十四、160～166题

DL/T 797—2012《风力发电场检修规程》

二十五、167～171题

GB/T 25385—2019《风力发电机组 运行及维护要求》

二十六、172～175题

GB/T 33423—2016《沿海及海上风电机组防腐技术规范》

二十七、176题

GB/T 36569—2018《海上风电场风力发电机组基础技术要求》

二十八、177～197题

1. GB/T 18451.1—2022《风力发电机组 设计要求》

2. GB/T 31517.1—2022《固定式海上风力发电机组 设计要求》

二十九、198～223题

1. GB/T 19073—2018《风力发电机组 齿轮箱设计要求》

2. VDI 3834 Part 1：2015 *Measurement and evaluation of the mechanical vibration of wind turbines and their components—Wind turbines with gearbox*

三十、224～226题

1. GB/T 755—2019《旋转电机 定额和性能》

2. GB/T 1029—2021《三相同步电机试验方法》

3. GB/T 1032—2012《三相异步电动机试验方法》

4. GB/T 23479.1—2009《风力发电机组 双馈异步发电机 第1部分：技术条件》

5. GB/T 23479.2—2009《风力发电机组 双馈异步发电机 第2部分：试验方法》

6. GB/T 25389.1—2018《风力发电机组 永磁同步发电机 第1部分：技术条件》

7. GB/T 25389.2—2018《风力发电机组 永磁同步发电机 第2部分：试验方法》

8. NB/T 31063—2014《海上永磁同步风力发电机》

三十一、227～243题

1. GB/T 25383—2010《风力发电机组 风轮叶片》

2. DNV GL-ST-0376：2015 *Rotor blades for wind turbines*

3. GB/T 33629—2017《风力发电机组 雷电防护》

4. IEC 61400-5：2020 *Wind energy generation systems-Part 5：Wind turbine blades*

5. IECRE OD-501：2018 *Type and Component Certification Scheme，Edition 2.0*

三十二、244～247题

1. GB/T 33629—2017《风力发电机组 雷电防护》

2. GB/T 25383—2010《风力发电机组 风轮叶片》

三十三、248～344题

1. GB/T 29761—2013《碳纤维 浸润剂含量的测定》

2. GB/T 2567—2021《树脂浇铸体性能试验方法》

3. GB/T 1766—2008《色漆和清漆 涂层老化的评级方法》

4. GB/T 7193—2008《不饱和聚酯树脂试验方法》

5. ISO 1183-1：2019 *Plastics-Methods for determining the density of non-cellular plastics-Part 1：Immersion method，liquid pycnometer method and titration method*

6. GB/T 18709—2002《风电场风能资源测量方法》

7. IEC 61400-22：2010 *Wind turbines-Part 22：Conformity testing and certification*

第二节　多选题例题

1. 海缆敷设施工现场文明施工管理应包括（　　　）。

A. 生活设施管理

B. 材料堆放与设备摆放管理

C. 施工场地规划管理

D. 安全事故的报告与处理规程管理

2. 所有裸露部分导体、（　　）、（　　）、（　　）及（　　）均应做防腐、防潮处理。

A. 连接头　　　　B. 端子排　　　　C. 焊接点　　　　D. 电路板

3. 下列对主控系统供电电源表述正确的是（　　　）。

A. 电压：AC 380 V

B. 频率：47.5～51.5 Hz

C. 三相不平衡：负序电压不平衡度不超过 2%，短时不超过 4%

D. 电压谐波：电压总谐波畸变率小于或等于 5%

4. 主控制系统对环境参数的采集与处理包括（　　　）。

A. 风速　　　　B. 风向　　　　C. 温度　　　　D. 湿度

5. 主控制系统具有的保护功能有（　　　）。

A. 缺相保护　　B. 相序错误保护　　C. 过电压保护　　D. 通信故障

6. 主控系统的冗余的硬件或功能模块有（　　　）。

A. 电源　　　　B. 主控制模块　　　C. 通信网络　　　D. 信号采样及处理

7. 以下可作为后备动力源的有（　　　）。

A. 铅酸蓄电池　　B. 锂离子电池　　C. 超级电容　　D. 蓄能器

8. 以下说法正确的是（　　　）。

A. 铅酸蓄电池的容量应满足变桨距电机工作在规定载荷情况下，以用户要求的变桨距速度在整个变桨距角范围内完成不少于 3 次顺桨的能力

B. 锂离子电池的容量应满足变桨距电机工作在规定载荷情况下，以用户要求的变桨距速度在整个变桨距角范围内完成不少于 2 次顺桨的能力

C. 超级电容的容量应满足变桨距电机工作在规定载荷情况下，以用户要求的变桨距速度在整个变桨距角范围内完成不少于 1 次顺桨的能力

D. 蓄能器应满足液压缸在规定的载荷情况下工作，以设计要求的最大变桨距速率在整个变桨距角范围内完成顺桨的能力

9. 变桨系统的防护等级要求为（　　　）。

A. 柜体防护等级为 IP 54

B. 外露的接插件防护等级为 IP 65

C. 所有的外部传感器和开关防护等级为 IP 65

D. 如用户有特殊要求，由制造商与用户协商确定

10. 为防止固体异物或水进入设备而造成有害影响，或防止人体接近设备的危险部件，发电机、电动机、开关装置、控制器等设备应按照 GB 4208 或 IEC 60529 标准，至少提供（　　　）的外壳防护。

A. 干燥的运行地区（IP 21）　　　　B. 潮湿的运行地区（IP 43）

C. 室外装置（IP 55）　　　　　　　D. 室外装置（IP 54）

11. 如果变压器防护等级达不到 IP 55，则应至少满足以下要求之一：（　　　）。

A. 变压器的外壳，包括内部冷却系统（如果有），防护等级应在 IP 54 或以上

B. 变压器的外壳，包括内部冷却系统（如果有），防护等级应在 IP 55 或以上

C. 定期对电绝缘系统表面的盐分和灰尘进行清除，以保证电绝缘系统表面阻抗的有效性，维持电气完整

D. 提高电绝缘系统表面绝缘等级，以耐受永久接地绝缘面低绝缘电阻值

12. 发生过载或短路时，保护器应在规定时间内可靠动作，以保护半导体元件不受损坏。保护器件可采用（　　　）进行保护。

A. 熔断器　　　　B. 接触器　　　　C. 断路器　　　　D. 控制保护系统

13. 动力电路应设有下列之一的配置，以下说法正确的是（　　　）。

A. 断路器或带有短路和过载保护功能的电动机保护开关

B. 熔断器 + 负载开关

C. 熔断器 + 开关 + 隔离开关

D. 熔断器 + 接触器

14. 导线截面积应在最大稳态电流或其等效值情况下，导线温度不超过（　　　）标准的规定值。

A. GB/T 5226.1　　B. IEC 60204-1　　C. IEC 60034-1　　D. IEC 61400-1

15. 海上升压变电站的规模和电压等级，应根据（　　）要求确定。

A. 风电场规模　　B. 海缆路由　　C. 接入系统　　D. 以上都是

16. 海上升压变电站主变压器高压侧接线宜采用（　　）方式接线。

A. 变压器线路组接线　　　　　　　B. 单母线接线

C. 单母线分段　　　　　　　　　　D. 桥形接线

17. 海上升压变电站主变压器低压侧接线宜采用（　　）方式接线。

A. 单母线接线　　　　　　　　　　B. 单母线分段接线

C. 变压器线路组接线　　　　　　　D. 桥形接线

18. 海上升压变电站的过电压保护设计应符合下列（　　）规定。

A. 海上升压变电站应设置避雷针及金属结构物作为接闪器进行直击雷保护，并通过接地引下线和平台自身钢柱，与海底基础钢管桩连接。平台屋内外应按照雷电防护区（LPZ）的相关要求采取防护措施，平台屋顶和侧面外露的通信天线、充油设备外壳应处于直击雷保护范围内

B. 配电装置的电缆进出线和母线应配置避雷器，限制雷电侵入波过电压

C. 应根据海上风电场送电海底电缆和架空线路工频过电压计算结果，在送电线路首、末端或中点装设高压并联电抗器

D. 操作过电压计算值超过国家标准规定值或存在危险的操作过电压工况时，应采取相应的操作过电压限制和保护措施

19. 海上升压变电站的接地设计应符合下列（　　）规定。

A. 应按照大电流接地系统的方式进行接地设计

B. 工作接地、保护接地、防雷接地应共用一个接地装置

C. 接地装置应充分利用平台钢管桩作为接地板，设置专用的接地环线和设备接地线将所有设备和平台钢结构连接组成均压接地网

D. 接地环线和设备接地线宜采用钢排或铜绞线，并应与设备和钢结构可靠连接；接地标记应消晰可见；二次系统设备接地应采用等电位单点接地方式

20. 海上升压变电站变电部分计算机监控系统设计应符合下列（　　）要求。

A. 应采用分层、分布、开放式网络结构，其软硬件体系结构应满足冗余性和模块化要求

B. 应设置"五防"工作站，宜与站控层操作员站合用，具有防误闭锁功能，能够进行操作预演

C. 应能实现对海上升压变电站设备可靠、完善地监控，并具备遥测、遥信、遥控、遥调等全部的远动功能和时钟同步功能，具体功能要求应符合现行行业标准 DL/T 5149《220 kV～500 kV 变电所计算机监控系统设计技术规程》的有关规定。

D．以上都不对

21．风电机组计算机监控系统设计应符合下列（　　）要求。

A．风电机组计算机监控系统应由中央监控系统、现地控制单元及通信传输网络组成

B．中央监控系统应配置风电机组监控上位机、数据采集及存储服务器，完成对各风电机组的实时监控及数据采集、数据存储、统计及生成报表功能

C．中央监控系统与现地控制单元之间的网络连接应采用光纤环网，光纤环网宜选用千兆网

D．单台或多台风电机组故障不应影响中央监控系统的运行，中央监控系统故障也不应影响各风电机组的运行

22．海上升压变电站给水可采用下列（　　）方式。

A．海水淡化　　　　B．供给船供水　　　C．雨水收集　　　D．以上都可以

23．海上升压变电站灭火器布置，应满足下列要求：（　　）。

A．灭火器应布置在受火灾损坏的可能性最小的位置

B．各层甲板应根据具体情况配置手提式灭火器，其布置应使从甲板任何一点到达灭火器的步行距离不大于 10 m，灭火器的数量至少为 2 具

C．在有潜在着火可能性的每层甲板上，距离楼梯 3 m 范围内应设置 2 具干粉灭火器

D．在电气设备集中布置的封闭区域应设置 1 具干粉灭火器

24．设置在风管上的电加热器应设（　　）。

A．无风断电保护　　B．过电流保护　　　C．接地保护　　　D．以上都需要

25．腐蚀环境控制是对腐蚀环境起关键作用的环境因素（　　）进行控制，以降低环境的腐蚀性。

A．腐蚀介质含量　　B．温度　　　　　C．相对湿度　　　D．日照及降水等

26．为了达到干洁区域腐蚀环境要求，按照下列哪些参数进行控制？（　　）

A．盐雾沉降度小于或等于 08 mg/（m² · d）　　　　B．相对湿度小于或等于 55%

C．温度小于或等于 50℃　　　　　　　　D．微正压力大于或等于 50 Pa

27．电气设备防腐要求应满足（　　）的三防要求。

A．防盐雾　　　　　B．防潮湿　　　　　C．防霉菌　　　　D．防病毒

28．钢制结构件及部件在喷涂或镀覆前，应按（　　）次序对基材表面进行处理。

A．除污　　　　　　B．除尘　　　　　　C．表面水溶性盐浓度测定

D．预处理　　　　　E．除锈

29．钢制结构件及部件在除锈时，应在空气相对湿度不高于（　　），基材表面温度至少高于露点（　　）的环境温度下进行。

A．65%　　　　　　B．85%　　　　　　C．1℃　　　　　　D．3℃

30．沿海及海上风电机组防腐保护过程中，会用到下列哪些电化学保护法？（　　）

A．牺牲阳极阴极保护　　　　　　B．牺牲阳极保护

C．外加电流阴极保护　　　　　　D．外加电流阳极保护

31．雷电对住宅的影响有哪些？（　　　）

A．击穿电气设备，发生火灾和材料损坏

B．损坏通常限于暴露目标的雷击点或电流路径上

C．电气和电子设备以及安装系统（例如电视机、计算机、调制解调器、电话等）失效

D．不可承受的公共设施损失

32．接闪器由下列哪些元件任意组成？（　　　）

A．杆　　　　B．悬线　　　　C．网格型导线　　　　D．电源线

33．在决定接闪器定位的过程中，通常使用下列哪几种方法？（　　　）

A．随机法　　　　B．防护角法　　　　C．滚球法　　　　D．网格法

34．为了降低雷电防护系统（LPS）中雷电流致损概率，引下线应从累计点到地球按照下列哪种方式布置？（　　　）

A．数条平行电流通路存在

B．电流通路长度维持在最小值

C．引下线越粗越好

D．至建筑物传导部分部件的等电位联结至接地终端装置

35．等电位化可通过雷电防护系统（LPS）与下列（　　　）连接达到。

A．建筑物的金属部件

B．金属装置

C．外部导电部件

D．受保护建筑物内的电气和电子系统

36．不受接闪器杆保护的金属屋顶固定物，如果它们的尺度不超过下列哪些规定，则不需要附加防护？（　　　）

A．屋顶水平之上的高度 0.3 m　　　　B．屋顶垂直之上的高度 0.5 m

C．上层结构的总面积 1.0 m²　　　　D．上层结构的长度 2.0 m

37．接地终端装置的任务是（　　　）。

A．把雷电流泄放入地　　　　B．引下线之间的等电位联结

C．传导性建筑物墙体附近的电位控制　　D．接中性线

38．雷电流主要的威胁包括下列哪几种雷电流形态？（　　　）

A．首次短雷击　　　　B．后续短雷击

C．长时间雷击　　　　D．持续时间雷击

39．关于接地电阻测试仪测量范围最小分度值，下列说法正确的是（　　　）。

A．0～1 Ω，0.01 Ω　　　　B．0～10 Ω，0.1 Ω

C. $0 \sim 100\,\Omega$，$1\,\Omega$　　　　　　　D. $0 \sim 1000\,\Omega$，$10\,\Omega$

40. 根据 IEC 61400-12-1 标准所述，采集的数据应包括以下统计值（　　　）。

A. 平均值　　　　　　　　　　　B. 标准偏差

C. 最大值　　　　　　　　　　　D. 最小值

41. 根据 IEC 61400-12-1 标准所述，下列情况为应排除的扇区（　　　）。

A. 测风设备在被测风力发电机组的尾流中

B. 测风设备在邻近且运行的风力发电机组的尾流中

C. 被测风力发电机组在邻近且运行的风力发电机组的尾流中

D. 被测风力发电机组在有影响的障碍物的尾流中

42. 根据 IEC 61400-12-1 标准所述，为了计算风剪切，风速的测量高度至少包括以下高度（　　　）。

A. 轮毂高度 $\pm 2\%$　　　　　　　B. 轮毂高度 $\pm 1\%$

C. $H-R$ 至 $H-2/3\,R$　　　　　　D. $H+2/3\,R$ 至 $H+R$

43. 根据 IEC 61400-12-1 标准所述，最终数据库可分为两大类（　　　）。

A. 数据库 A　　B. 数据库 B　　C. 数据库 C　　D. 数据库 D

44. 根据 IEC 61400-12-1 标准所述，不确定度分为两类（　　　）。

A. A 类　　　B. B 类　　　C. C 类　　　D. D 类

45. 阻挡风流动，产生气流畸变的固定物体称为障碍物，如（　　　）。

A. 房屋　　　B. 树木　　　C. 森林　　　D. 埃菲尔铁塔

46. 对于复杂地形，用于功率特性测试的风速计级别至少应为（　　　）。

A. 1.7 S　　　B. 1.7 A　　　C. 2.5 B　　　D. 1.5 A

47. 风速测量的不确定度主要来自（　　　）三个方面。

A. 仪器校准　　　　　　　　　　B. 风速计运行特性

C. 设备安装引起的气流畸变　　　D. 未按标准要求安装

48. 在功率特性测试中，下列哪些情况下的数据应从数据库中删除？（　　　）

A. 风力发电机组故障引起的停机　　B. 在测试或维护中的人工停机

C. 在场地标定有效扇区外　　　　　D. 测量仪器故障或降级

49. 在测试期间风力发电机组有切出动作的情况下，应提供两个数据库。包含所有数据点的是（　　　），剔除由于高风速时风力发电机组切出而停止发电的数据点是（　　　）。

A. 数据库 A　　　B. 数据库 B　　　C. 数据库 S　　　D. 数据库 C

50. 功率特性测试中，B 类不确定度认为与（　　　）、（　　　）及（　　　）有关。

A. 测量仪器　　　　　　　　　　B. 数据采集系统

C. 测试场地周围地形　　　　　　D. 数据量

51. 在计算风速 B 类不确定度时，如果地形为平坦地形，则地形引起的气流畸变可确定为（　　　）%或（　　　）%，取决于测风塔到风力发电机组的距离。

　　A．1　　　　　B．2　　　　　C．3　　　　　D．4

　　52．双顶式测风塔安装，顶部两个风速计间的水平距离至少为（　　）m，最大为（　　）m。

　　A．1　　　　　B．1.5　　　　C．2　　　　　D．2.5

　　53．根据 IEC 61400-12-1 标准所述，B 类地形包括（　　　）。

　　A．山地　　　　B．山丘　　　　C．丘陵　　　　D．平原

　　54．根据 IEC 61400-12-1 标准所述，风速计的分级等级包括（　　　）。

　　A．A 级和 B 级　　B．C 级和 D 级　　C．E 级和 F 级　　D．S 级

　　55．根据 IEC 61400-12-1 标准所述，遥感设备标定过程的数据筛选条件为（　　　）。

　　A．可用扇区应排除周围障碍物的影响扇区

　　B．测风塔上的风速计排除结冰的影响

　　C．测风塔上的风速计排除测风塔拉线的影响

　　D．一般不对降雨天气的数据进行过滤

　　56．根据 IEC 61400-12-1 标准所述，功率特性测试中涉及标准化的变量有（　　　）。

　　A．风速　　　　B．风向　　　　C．空气密度　　　D．湍流强度

　　57．功率曲线测试统计数据包括（　　　）。

　　A．平均值　　　B．标准偏差　　　C．最大值　　　D．最小值

　　58．风速计分级中，已知的风杯式风速计测量的影响参数有（　　　）。

　　A．湍流　　　　B．空气温度　　　C．空气密度　　　D．入流角

　　59．风速计分级中，已知的超声波风速计测量的影响参数有（　　　）。

　　A．湍流　　　　B．空气温度　　　C．风向　　　　D．入流角

　　60．根据 ISO 指南，不确定度类型分为哪几类？（　　　）

　　A．A 类　　　　B．B 类　　　　C．C 类　　　　D．D 类

　　61．根据 IEC 61400-12-1 标准所述，在灵敏度分析时，需要考虑环境变量的影响，下面哪些属于需要考虑的环境变量？（　　　）

　　A．风切变指数　　B．空气密度　　　C．云量　　　　D．降雨

　　62．根据 IEC 61400-12-1 标准所述，在雷达验证时，对于数据量有哪些要求？（　　　）

　　A．至少 180 h

　　B．BIN 区间宽度为 0.5 m/s，且每个 BIN 区间至少 3 个数据

　　C．涵盖 4～16 m/s 的风速区间

　　D．需要持续测量 3 个月以上，覆盖季节变化

　　63．根据 IEC 61400-12-1 标准所述，在雷达验证时，风杯式参考风速计的参考不确定度包括（　　　）。

A．风洞校准不确定度（校准证书）

B．风速计分级不确定度

C．风速计安装不确定度

D．风速计修正（如果修正的话）引起的不确定度

E．数据采集系统的风速不确定度

64．以下哪项是激光雷达使用过程中风场特征变量（WFC）的参数？（ 　　 ）

A．风速 　　　　　　　B．风向 　　　　　C．湍流 　　　　　D．风切变

65．测试用激光雷达的基本要求是（ 　　 ）。

A．提供测量的风速及风向

B．提供雷达的前后倾角及左右翻滚角度

C．测量一个或多个已知距离的风速风向

D．必须提供准确的数据时间戳

66．激光雷达标定数据剔除原则为（ 　　 ）。

A．机组非正常运行数据

B．测试设备故障或降级

C．风向不在可用扇区以内

D．数据不足 10 min 数据点

E．激光雷达可用状态字显示雷达数据不可用

67．下列哪些是激光雷达水平风速不确定度的组成部分？（ 　　 ）

A．参考风速计的标定不确定度 　　　B．参考传感器的运行不确定度

C．参考传感器的安装不确定度 　　　D．数据获取的不确定度

E．激光束内风速水平气流畸变 　　　F．激光雷达倾角及测量范围的不确定度

68．在对激光雷达的每一束射线光束进行标定时，需要考虑哪些因素？（ 　　 ）

A．机舱雷达的仰角 　　　　　　　B．测试场地的风向

C．测试场地的垂直风速

69．以下哪几项内容可能影响机舱雷达风速的测量结果？（ 　　 ）

A．空气密度 　　　　　　　　　　B．空气温度

C．相对湿度 　　　　　　　　　　D．大气压力

E．降水 　　　　　　　　　　　　F．结冰

G．云高 　　　　　　　　　　　　H．空气中气溶胶密度

70．在激光雷达分级测试中，数据量必须满足哪几个要求？（ 　　 ）

A．风速 Bin 区间宽度为 0.5 m/s

B．数据均为有效数据且风速覆盖 4～16 m/s，每个 Bin 区间 3 个 10 min 样本

C．数据总量为 1080 个 10 min 数据样本

D．持续时间为 3 个月，覆盖季节变化；对于影响 RSD 精度的环境变量，数据覆

盖 25% 的变量 Bin 区间，每个 Bin 区间数据量满足要求

71．以下哪些工况为瞬态工况？（　　　）

A．发电状态　　　B．停机状态　　　C．紧急停机　　　D．电网故障

E．正常停机

72．停机状态载荷测试工况，应在偏航误差为（　　　）时，分别收集一个时序。

A．90°　　　　　B．0°　　　　　C．30°　　　　　D．−30°

E．−90°

73．对于额定功率输出大于 1500 kW、风轮直径大于 75 m 的风力发电机组，必须测量的载荷有（　　　）。

A．2 个叶片叶根挥舞弯矩　　　　　　B．2 个叶片叶根摆振弯矩

C．风轮扭矩　　　　　　　　　　　　D．塔底前后弯矩

74．如果测量塔架中部弯矩，应变计应安装在塔高（　　　）% 和（　　　）% 之间。

A．10　　　　　B．30　　　　　C．50　　　　　D．70

75．以下哪些是载荷测试外部条件所包括的气象参数？（　　　）

A．风速　　　　B．湍流强度　　　C．偏航角　　　D．空气密度

76．应在（　　　）的风速条件下进行正常停机测试。

A．低于切入风速　B．切入风速　　　C．额定风速　　　D．高于额定风速

77．为描述风力发电机组载荷的特性，被确定的相关物理量可以分为（　　　）。

A．载荷　　　　B．气象参数　　　C．运行参数　　　D．制造成本

78．主轴扭矩可通过什么方法进行标定？（　　　）

A．解析法　　　B．施加外部载荷　C．使用重力载荷　D．功率和风轮转速

79．在测量期间，以下哪些是错误的行为？（　　　）。

A．更换传感器　　　　　　　　　　　B．更改采集器设置

C．更换放大器　　　　　　　　　　　D．进行数据收集

80．载荷数据统计中，对于每一个 10 min 文件，应计算所有信号（　　　）的 10 min 统计值。

A．平均值　　　B．最大值　　　C．最小值　　　D．标准差

81．将轮毂坐标系转换为机舱坐标系时，必须考虑（　　　）。

A．风轮方位角

B．风轮仰角

C．风轮锥角

D．轮毂坐标系原点及机舱坐标系原点相对位置

82．叶片桨距角在发电过程中接近（　　　），在静止条件下接近（　　　）。

A．0°　　　　　B．45°　　　　　C．90°　　　　　D．30°

83．ISO/IEC Guide 98-3 标准中将不确定度细分为（　　　）和（　　　）。

A．A 类不确定度　　　　　　　　　B．B 类不确定度

C．C 类不确定度　　　　　　　　　D．D 类不确定度

84．海上载荷测量应当扩展测量范围，例如（　　　）（如导管架或单桩）以及（　　　）（如过渡连接件）。

A．底部结构　　　　　　　　　B．塔架与支撑结构之间的接口

C．叶片　　　　　　　　　　　D．主轴

85．塔架弯矩的解析法标定，以下哪些变量可从图纸上获得？（　　　）

A．杨氏模量　　　　　　　　　B．应变计位置截面直径

C．泊松比　　　　　　　　　　D．应变计位置壁厚

86．以下哪些载荷可以使用重力载荷进行标定？（　　　）

A．叶片　　　　　B．主轴　　　　　C．塔顶弯矩　　　　　D．塔底弯矩

87．载荷标定方法的选定应该（　　　）。

A．尽可能涵盖大部分测量范围

B．干扰最小化

C．可重复

D．可以确定斜率和偏移，必要时可确定信号的交叉影响

88．根据 IEC 61400-50-3 标准所述，在机舱雷达的白盒标定中，下列哪些变量需要进行标定？（　　　）

A．视线风速（LOS 风速）

B．WFR 模型

C．光束之间夹角

D．倾角和滚动角

E．水平风速

89．根据 IEC 61400-50-3 标准所述，在机舱雷达的标定中，参考测风设备的最小要求必须包括以下哪些选项？（　　　）

A．一个用于测量水平风速的杯式风速计或 3 D 声波风速计

B．一个用于测量风向的风向标或 3 D 声波风速计

C．用于质量控制的第二个测量风速和风向的设备

D．温湿度计和气压计

E．一个安装在不同高度的用于测量风剪切的水平风速测量设备

90．按照 IEC 61400-50-3 标准，机舱雷达用于功率的测试中，数据筛选的一般原则应包括以下哪些选项？（　　　）

A．风机不在正常运行状态

B．测试设备故障或降级

C．扇区外的数据

D．叶片通过或大气条件不允许，导致在 10 min 内未进行充分的数据采样

E．机舱雷达数据的可用率低于某值（自定义）

91．根据 IEC 61400-50-3 标准所述，机舱雷达用于功率曲线测试时，以下哪些不确定度分量是必须包括的？（　　　）

A．不同季节差异不确定度　　　　　B．采集系统不确定度

C．风速计安装不确定度　　　　　　D．风速计分级不确定度

E．风向标定不确定度

92．海上风能资源有哪些特点？（　　　）

A．风速分布均匀　　　　　　　　　B．风向稳定，但不易集中

C．湍流小　　　　　　　　　　　　D．风剪切小

93．海上环境三大挑战特点有哪些？（　　　）

A．腐蚀　　　　　B．老化　　　　　C．生物污损　　　　D．紫外线

94．整机及部件需要解决（　　　）对运行可靠性的影响。

A．高温　　　　　B．高湿　　　　　C．高盐含量　　　　D．辐射

95．海上机组桩承基础的分类有（　　　）。

A．单桩基础　　　　B．群桩基础　　　　C．三角架基础　　　　D．导管架基础

96．海上风电运维的难点有（　　　）。

A．通达困难　　　　B．作业时间长　　　　C．危险系数高　　　　D．缺少淡水

97．海上风电运维的主要风险点有（　　　）。

A．人员登乘落水　　B．高处坠落风险　　C．人员触电风险　　D．疲劳

98．检修液压系统时，下列说法正确的是（　　　）。

A．拆除制动装置应先切断液压、机械与电气连接

B．拆除制动装置应后切断液压、机械与电气连接

C．安装制动装置应最后连接液压、机械与电气装置

D．安装制动装置应最先连接液压、机械与电气装置

99．在检修过程中，下列说法正确的是（　　　）。

A．禁止锁定销未完全退出插孔前松开制动器

B．严禁在叶轮转动的情况下投锁定销

C．当工作处阵风风速大于 8.3 m/s 时，不应在吊篮上工作

D．安装制动装置应最先连接液压、机械与电气装置

100．检修轮毂或叶轮时，下列做法正确的是（　　　）。

A．必须将叶轮可靠锁定

B．必须将变桨机构可靠锁定

C．锁定叶轮时，风速不应高于机组规定的最高允许风速

D．安装制动装置应最先连接液压、机械与电气装置

101．风机检修过程中，下列说法正确的是（　　）。

A．清理润滑油脂必须戴防护手套，避免接触到皮肤或者衣服

B．打开齿轮箱盖及液压站油箱时，应防止吸入热蒸汽

C．进行清理集电环、更换电刷、维修打磨叶片等粉尘环境的作业时，应佩戴防毒防尘面具

D．风机检修机舱时，为了保证经济效益，可以不做停机处理

102．关于风机运行时的说法正确的是（　　）。

A．手动启动机组前叶轮上应无结冰、积雪现象

B．风机运行期间可以将回路的接地线拆除，以节省材料

C．未经授权，严禁修改机组设备参数及保护定值

D．停运叶片结冰的机组，应采用远程停机方式

103．关于风机运行时的说法正确的是（　　）。

A．在寒冷、潮湿和盐雾腐蚀严重地区，停止运行一个星期以上的机组在投运前应检查机组绝缘，合格后才允许启动

B．受台风影响停运的机组，投入运行前必须检查机组绝缘，合格后方可恢复运行

C．机组投入运行后，禁止在装置进气口和排气口附近存放物品

D．应每年对机组的接地电阻进行测试一次

104．机组机舱发生火灾时，以下说法正确的是（　　）。

A．如尚未危及人身安全，应立即停机并切断电源

B．在机舱内灭火，没有使用氧气罩的情况下，不应使用二氧化碳灭火器

C．禁止通过升降装置撤离，应首先考虑从塔架内爬梯撤离

D．使用缓降装置，要正确选择定位点，同时要防止绳索打结

105．在应对现场特殊情况时，以下说法正确的是（　　）。

A．有人触电时，应立即切断电源，使触电人脱离电源，并立即启动触电急救现场处置方案

B．如在高空工作时，发生触电，施救时还应采取防止高空坠落措施

C．机组发生飞车或机组失控时，工作人员应立即从机组上风向方向撤离现场，并尽量远离机组

D．发生雷雨天气，应及时撤离机组；来不及撤离时，可双脚并拢站在塔架平台上，不得触碰任何金属物体

106．未明确相关吊装风速的，风速超过 10 m/s 时，下列哪些设备不宜进行吊装工作？（　　）

A．塔架　　　　　B．机舱　　　　　C．轮毂　　　　　D．发电机

107．关于风机检修施工的说法正确的是（　　）。

A．风电场检修应遵循"预防为主，定期维护和状态检修相结合"的原则

B. 风电场检修应在定期维护的基础上，逐步扩大状态检修的比例，最终形成一套优化的检修模式

C. 风电场应按照有关技术法规、设备的技术文件、同类型机组的检修经验以及设备状态评估结果等，合理安排设备检修

D. 风电场应在规定的期限内，完成既定的全部检修作业，达到质量目标，保证机组安全、稳定、经济运行

108. 下列关于风机检修说法正确的是（　　）。

A. 风电场应制定检修计划和具体实施细则，开展设备检修、验收、管理和修后评估工作

B. 风电场检修人员应熟悉系统和设备的构造、性能和机械原理

C. 风电场应加强对检修工器具的管理，正确使用相关工器具

D. 海上风电场检修过程中产生的废弃物可以倒入大海中，利用大海的自净能力进行废弃物处理

109. 风电场检修的预算项目主要包括（　　）。

A. 风电机组日常检修　　　　　　　B. 定期维护

C. 大部件检修　　　　　　　　　　D. 一系列实验项目

110. 对于风机状态检修过程的说法正确的是（　　）。

A. 状态检测设备应检验合格，专业检测应由具备相应资格的单位和人员完成

B. 检测结果应使用统一报告模板，确保状态信息的规范、完整和准确

C. 检测后根据设备的状态信息和评价标准，出具检测报告

D. 应持续优化检测手段和分析方法

111. 为了保证检测和维修人员的安全，下列说法正确的是（　　）。

A. 应有安全且足够的、便于检测和维护的操作空间

B. 在维护叶轮、偏航系统或其他运动机构时，要有可靠的制动保护

C. 风机应该有合格的接地及放电设备

D. 风机应有逃离机舱的备用应急措施

112. 下列属于机组试运行后的操作的是（　　）。

A. 紧固件紧固　　　　　　　　　　B. 更换润滑油

C. 检查零件的运转　　　　　　　　D. 适当调整控制参数

113. 关于风机液压系统说法正确的是（　　）。

A. 系统中应包括隔绝或释放积蓄能量的方法

B. 输送压力油的管道应能承受已知的内外压力

C. 应该采取预防措施，使得由破裂造成伤害的危险减到最小

D. 风电机组中的液压系统只要设计得当，不需要频繁维护

114. 下列属于偏航系统可能包含的结构是（　　）。

A. 偏航方向固定装置   B. 改变方向的装置

C. 旋转装置   D. 主轴

115. 下列属于变桨系统可能包含的结构是（   ）。

A. 调整叶片桨距角的装置   B. 制动装置

C. 旋转装置   D. 轮毂

116. 对于风机检查和维护的设计要求，下列说法正确的是（   ）。

A. 运行人员应能在地面上操作风力发电机组的正常运行

B. 人工操作系统的优先级高于自动或远程控制系统

C. 人员触碰运动部件引发事故的情况比较少见，可以不做防护处理

D. 防护装置应足够坚固并且不容易跨越

117. 下列哪些是风力发电机组安装完成后的调试测试项目？（   ）

A. 安全启动与安全关机   B. 安全紧急关机

C. 模拟超速情况下的安全关机   D. 保护系统功能测试

118. 关于海上风力发电机基础，说法正确的是（   ）。

A. 海上风力发电机基础设计前，应全面分析海洋水文、气象、工程地质等资料

B. 基础应该进行防冲刷设计

C. 基础的设计应考虑海上复杂工况中的防腐

D. 海上风电基础的成本较高，设计时应考虑经济效益

119. 海上风力发电机组安全性的长期监测项目应包括（   ）。

A. 地基沉降   B. 结构应力

C. 振动   D. 冲刷

120. 浮式基础系泊系统的说法正确的是（   ）。

A. 浮式基础的上部浮体结构宜采用钢结构

B. 浮式基础适宜用于水深 50 m 以下的海域

C. 浮式基础应满足密闭性要求

D. 浮式基础是目前应用最广泛的海上风机基础形式

121. 浮式基础系泊系统锚固的种类主要有（   ）。

A. 吸力锚   B. 桩锚

C. 重力锚   D. 动力式系泊系统

122. 多桩承台基础的基桩适宜采用下列哪些管桩？（   ）

A. 钢管桩   B. 高强预应力混凝土管桩

C. 普通混凝土管桩   D. 高强塑料管桩

123. 下列对于单桩基础说法正确的是（   ）。

A. 单桩基础适宜采用钢管桩

B. 单桩基础应进行桩基可贯入性分析

C．单桩基础建构简单，不需要进行防冲刷处理

D．单桩基础适用于水深大于 20 m 且小于 50 m 的海域

124．对于海上风机钢结构，下列属于浪溅区防腐措施的是（　　）。

A．增加腐蚀裕量　　　　　　　　B．热喷涂金属保护

C．包覆硫化氯丁橡胶　　　　　　D．涂层保护

125．对于海上风机钢结构处于全浸区的防腐措施，说法正确的是（　　）。

A．全浸区应采取阴极保护或阴极保护与涂料联合保护

B．采用阴极保护与涂料联合保护时，海泥面以下 1 m 可不采取涂料保护

C．没有氧或氧含量低的密封的桩的内壁可不采取防腐措施

D．因结构复杂而无法保证阴极保护电连续性要求的钢结构应采取增加腐蚀裕量或其他措施

126．对于海上风机钢结构处于内部区的防腐措施，说法正确的是（　　）。

A．内部区有海水时，与海水接触的部位宜采取阴极保护或阴极保护与涂料联合保护

B．水线附近和水线以上部位宜采取涂料保护

C．内部区没有海水时，宜采取涂料保护措施

D．内部区浇筑混凝土或填砂时，必须采取防腐蚀措施

127．对于海上风机钢结构处于大气区的防腐措施，说法正确的是（　　）。

A．大气区宜采取涂料保护或热喷涂金属保护

B．金属构件组合在一起时采用密封焊缝和环缝

C．设置涂层维修搭设脚手架用系缆环

D．大气区域腐蚀性较小，可不采取防腐蚀措施

128．大气区可以采取以下哪些措施减少需要保护的钢表面积，并易于涂层施工？（　　）

A．用管型构件代替其他形状的构件

B．金属构件组合在一起时采用密封焊缝和环缝

C．尽量避免配合面和搭接面

D．用平面型构件代替圆管等其他形状的构件

129．海上风电场钢结构的腐蚀状况要进行定期检测，检测的内容主要有（　　）。

A．查明结构腐蚀程度　　　　　　B．评价防腐蚀系统效果

C．预估防腐蚀系统使用年限　　　D．提出处理措施和意见

130．风机机组防腐涂料覆盖之前要进行表面处理，表面处理后涂装时间的限定要求有哪些？（　　）

A．涂料或锌、铝涂层宜在表面处理完成后 4 h 内施工于准备涂装的表面

B．涂料原桶内原料在涂覆之前要进行型号确认

C．当所处环境的相对湿度不大于 60% 时可以适当延时，但最长不应超过 12 h

D. 表面出现返锈现象应重新除锈

131. 对于风机机组防腐涂料的选择下列说法正确的是（　　　）。

A. 大气区采用的面漆涂料应具有良好的耐候性

B. 浪溅区采用的涂料应具有良好的耐水性和抗冲刷性能

C. 全浸区采用的涂料应具有良好的耐水性和耐阴极剥离性能

D. 涂料的选择要结合风机寿命、经济效益综合考量

132. 对于风电机场工作人员具备的条件说法正确的是（　　　）。

A. 需要经过海上风电工程安全培训并获取证书

B. 熟练掌握海上救援、船舶救生等方面的技能

C. 熟练掌握运行维护的各项规章制度，了解有关标准、规程

D. 熟练了解电网、海事及海洋部门的相关规定

133. 对于风电场异常运行与事故处理时应符合以下哪些要求？（　　　）

A. 当因海床稳定性或船舶锚损造成海缆损伤时，应及时采取控制措施并汇报

B. 运维船舶航行途中收到大风警报，应认真分析天气形势，研究、制定防范措施

C. 当发生海洋污染事故时，可以利用海洋自净能力自行消除

D. 事故处理遇到任何突发状况都不允许留宿在风电场内

134. 防腐系统的定期维护项目内容主要包括（　　　）。

A. 水下机构涂层定期维护

B. 混凝土结构涂层定期维护

C. 阴极保护系统的定期维护

D. 腐蚀较厉害的地方，需要进行钢板厚度检测

135. 下列哪些内容应显著标示在永久性的风轮—机舱组件铭牌上？（　　　）

A. 制造商和国家　　　　　　　B. 型号和产品编号

C. 运维日期记录　　　　　　　D. IEC 风力发电机组等级

136. 海上风机腐蚀过程主要受到下列哪些参数的影响？（　　　）

A. 含盐量及污染物种类及含量　　B. 含氧量

C. 温度　　　　　　　　　　　　D. 海水流动

137. 机组试运行期间，以下哪些原因造成的停机不应视为机组故障？（　　　）

A. 环境条件超出设计条件　　　　B. 电网条件超过设计条件

C. 请求停机　　　　　　　　　　D. 不可抗力停机

138. 海上风机钢制基桩的焊接材料质量证明文件应包括哪些？（　　　）

A. 钢材类型　　　　　　　　　　B. 产品合格证

C. 牌号和标准　　　　　　　　　D. 品种和规格

139. 海上风机钢制基桩的焊接检验应符合下列哪些要求？（　　　）

A. 焊接完毕后焊工应清除焊缝区的熔渣和飞溅物

B. 焊缝表面的咬边深度不得大于 0.8 mm

C. 咬边连续长度不得大于 100 mm

D. 低合金钢结构的无损检测应在焊缝外观检验合格之后进行

140. 以下属于风机涂层缺陷的是（   ）。

A. 鼓泡　　　　　B. 裂纹　　　　　C. 气孔　　　　　D. 剥落

141. 下列属于海上风机基桩及承台尺寸检查内容的是（   ）。

A. 焊后法兰的平面度、内倾度　　　B. 法兰内侧面与环焊缝之间的距离

C. 基桩平面度及同轴度　　　　　　D. 基桩及法兰的椭圆度

142. 工厂对于风机防腐方面的施工说法正确的是（   ）。

A. 气温应大于 5 ℃　　　　　　　B. 相对温度应低于 80%

C. 钢板表面温度高于露点 3 ℃　　D. 相对温度应低于 60%

143. 海上风机防腐涂层针对干膜性能方面的检查主要有什么？（   ）

A. 油漆类型　　　　　　　　　　B. 干膜厚度

C. 附着力　　　　　　　　　　　D. 漏涂点

144. 下列对于涂层构建在运输、贮存和安装过程中的说法正确的是（   ）。

A. 构件不应随便移动，且应尽可能减少搬运

B. 吊索可以使用织带型

C. 可以使用裸钢丝绳

D. 应该避免漆膜损伤

145. 在海上风机的防腐措施中，阴极保护系统需要进行日常检查，功能检查内容包括哪些？（   ）

A. 确认所有系统在运行

B. 测量直流电源的输出电压和输出电流

C. 对阴极保护系统进行全面的外观检查

D. 数据评估

146. 在海上风机的防腐措施中，阴极保护系统需要进行日常检查，性能评估内容包括哪些？（   ）

A. 测量保护电位　　　　　　　　B. 记录给定电位

C. 评估数据　　　　　　　　　　D. 调整给定电位

147. 下列对风机结构、部件涉及的防腐措施说法正确的是（   ）。

A. 同一结构中尽量选用不同种金属材料，防止发生电偶腐蚀

B. 用管型构件代替其他形状的构件

C. 减少配合面和搭接面

D. 开设排水孔和排气孔，不留死角

148. 在啮齿动物或其他动物有可能碰上电缆的地方，可以采取的保护措施是

（　　　）。

A. 铠装电缆　　　B. 护管　　　　　C. 加粗　　　　　D. 深埋海底

149. 风机运行过程中，下列哪些情况可能增加结构损坏风险？（　　　）

A. 超速　　　　　B. 雷电　　　　　C. 润滑不畅　　　D. 覆冰

150. 风电场的维护包括哪两种主要形式？（　　　）

A. 巡视维护　　　B. 定期维护　　　C. 抢修维护　　　D. 特殊天气维护

151. 风电场维护的范围包括下列哪些选项？（　　　）

A. 风电机组　　　B. 海上升压站　　C. 防撞装置　　　D. 海缆

152. 风机运维应编制检修方案，应该制定（　　　）。

A. 环境保护措施　B. 组织措施　　　C. 技术措施　　　D. 安全措施

153. 风机解体处理后，要保存的资料包括（　　　）。

A. 技术资料　　　　　　　　　　B. 施工图片或影像资料

C. 故障反馈资料　　　　　　　　D. 风机位置

154. 针对海缆的维护检修，主要的检查项目有（　　　）。

A. 是否有性能更佳的新产品　　　B. 有无破裂

C. 绝缘是否老化　　　　　　　　D. 有无损坏

155. 轴承注油时，应该检查油质，（　　　）应符合相应技术要求。

A. 注油型号　　　B. 注油速度　　　C. 油量　　　　　D. 注油间隔

156. 风电场的巡视主要包括哪两种形式？（　　　）

A. 日常巡视　　　B. 特殊巡视　　　C. 不定期巡视　　　D. 检查巡视

157. 海上升压站的巡视内容主要有（　　　）。

A. 基础完整性　　　　　　　　　B. 防腐涂层完整性

C. 沉降观测系统　　　　　　　　D. 助航标志与信号

158. 海上风机运维期间要对环境进行巡视，环境巡视的主要内容有（　　　）。

A. 环境污染情况　　　　　　　　B. 噪声情况

C. 生活垃圾及污水处理装置　　　D. 对海洋生物的影响

159. 风电场定期维护周期的调整因素包括（　　　）。

A. 上次维护结果　B. 设计寿命　　　C. 运行年限　　　D. 员工现场判断

160. 防腐系统的定期维护项目主要包括（　　　）。

A. 钢结构涂层　　B. 混凝土结构　　C. 阴极保护系统　D. 舱内防腐环境监测

161. 下列是针对风电机组基础的维护项目的是（　　　）。

A. 钢结构节点焊缝裂纹　　　　　B. 结构变形及损伤

C. 配套设备的完整性　　　　　　D. 基础冲刷防护系统

162. 运维巡视针对助航标志与信号的检查项目有哪些？（　　　）

A. 信号灯　　　　B. 障碍灯　　　　C. 雾笛　　　　　D. 其他音响信号

163. 操作和维修记录应该记录在日志上，下列可以记录的日志上的内容有（　　　）。

A. 机组编号　　　　　　　　　　　B. 人员、日期和时间

C. 故障名称　　　　　　　　　　　D. 当天日落时间

164. 岗位培训的对象包括（　　　）。

A. 运行人员　　　　B. 检修人员　　　　C. 生产管理人员

165. 风机日常维护工作包括（　　　）。

A. 检查　　　　B. 清理　　　　C. 调整　　　　D. 注油

166. 塔架基础检查项目有（　　　）。

A. 外观检查　　　　B. 水平度检查　　　　C. 接地电阻

167. 对于临时工的管理，正确的是（　　　）。

A. 临时工上岗前，必须经过安全生产知识和安全生产规程的培训，考试合格后，持证上岗

B. 临时工分散到车间、班组参加电力生产工作时，由所在车间、班组负责人领导

C. 临时工从事生产工作所需的安全防护用品的发放应与固定职工相同

D. 禁止在没有监护的条件下指派临时工单独从事有危险的工作

168. 风力发电机组齿轮箱油冷却与润滑装置组成部分为（　　　）。

A. 油泵与电机　　　B. 过滤单元　　　C. 散热单元　　　D. 散热器

169. 以下移动部件有可能对身体部分造成卷入伤害的危险的有（　　　）。

A. 风轮与齿轮箱连接处　　　　　　B. 联轴器和制动器

C. 叶片变桨驱动器　　　　　　　　D. 偏航驱动器

170. 登塔筒进行维护检修时应穿戴哪些安全用具？（　　　）

A. 安全帽　　　　B. 绝缘手套　　　　C. 安全带　　　　D. 安全鞋

171. 机舱内电气灭火可使用（　　　）。

A. 干粉灭火器　　　　　　　　　　B. 高压水枪灭火器

C. 水　　　　　　　　　　　　　　D. 四氯化碳灭火器

172. 下列会造成风机涂层被破坏的原因的是（　　　）。

A. 施工不当　　　　　　　　　　　B. 暴晒

C. 海上漂浮物撞击　　　　　　　　D. 海洋生物附着

173. 钢材防腐时，涂层一般分为（　　　）。

A. 底漆　　　　B. 中面漆　　　　C. 面漆　　　　D. 颜料

174. 海上风力发电机组腐蚀环境区域划分为（　　　）。

A. 大气区　　　　B. 海泥区　　　　C. 海水全浸区　　　　D. 浪溅区

175. 下列哪些结构内部宜采用腐蚀环境控制措施保持干洁空气环境？（　　　）

A. 塔架　　　　B. 机舱　　　　C. 轮毂　　　　D. 钢管桩

176．海上风机常见的基础类型有（　　　　）。

A．单桩基础　　　　B．群桩承台基础　　C．导管架式基础　　D．浮式基础

177．在风机机械部件中，辅助部件可以用什么方式驱动？（　　　　）

A．电动　　　　　　B．液压　　　　　　C．气动　　　　　　D．人力

178．下列属于风机传动部件的是（　　　　）。

A．齿轮箱　　　　　B．主轴　　　　　　C．主轴承　　　　　D．联轴器

179．下列属于偏航系统的是（　　　　）。

A．偏航电机　　　　B．偏航齿轮箱　　　C．偏航轴承　　　　D．主轴

180．风机制动常采用的方式有（　　　　）。

A．叶片气流制动　　　　　　　　　　　B．反向动力制动

C．液压机弹簧压力　　　　　　　　　　D．机械弹簧压力

181．可以调节风机功率的方式有哪几种？（　　　　）

A．叶片失速　　　　B．叶片变桨距　　　C．用同步电机　　　D．用异步电机

182．下列零部件中哪些属于风机关键零部件？（　　　　）

A．齿轮箱　　　　　B．发电机　　　　　C．变桨电机　　　　D．联轴器

183．塔架的强度分析包含哪几个方面？（　　　　）

A．静强度分析　　　　　　　　　　　　B．疲劳强度分析

C．屈曲稳定性分析　　　　　　　　　　D．重量分析

184．在（　　　　）天气进行高处作业，应采取防滑措施。

A．大风　　　　　　B．霜冻　　　　　　C．雨雾　　　　　　D．冰雪

185．风力发电机组的液压系统的主要功能是（　　　　）。

A．刹车　　　　　　B．变桨控制　　　　C．减小风机阻力　　D．偏航控制

186．风力发电机组因其结构的不同，需要油脂润滑的部位也不尽相同，主要有
（　　　　）。

A．主轴轴承　　　　B．发电机轴承　　　C．偏航回转轴承　　D．偏航齿盘表面

187．常见的风机上轴承故障包括（　　　　）。

A．轴承温升过高　　B．轴承异音　　　　C．轴承烧死　　　　D．杂物

188．风力发电机组最重要的两个参数是（　　　　）和（　　　　）。

A．风轮直径　　　　B．发电机型号　　　C．额定功率　　　　D．基础类型

189．风电场海缆相关的结构主要包括（　　　　）。

A．J型管　　　　　　　　　　　　　　　B．场内和送出电缆

C．防撞板　　　　　　　　　　　　　　D．U形管

190．下列系统属于风力发电机组执行系统的是（　　　　）。

A．偏航系统　　　　B．液压系统　　　　C．刹车系统　　　　D．变桨系统

191．偏航减速箱的点检项目有（　　　　）。

A．外观　　　　　　　B．油位　　　　　　　C．紧固螺栓　　　　D．声音

192．轮齿过载折断的原因有（　　　　）。

A．突然冲击超载　B．轴承损坏　　　　C．轴弯曲　　　　　　D．较大硬物挤入

193．齿轮箱上安装有（　　　　）。

A．油压传感器　　B．温度传感器　　C．轴温传感器　　　D．流量传感器

194．齿轮油润滑的作用为（　　　　）。

A．减小摩擦　　　　　　　　　　　B．防止疲劳点蚀

C．吸收冲击和振动　　　　　　　　D．冷却

195．齿轮失效的主要形式有（　　　　）。

A．断齿　　　　　　　B．磨损　　　　　　　C．点蚀　　　　　　　D．胶合

196．偏航系统的功能是（　　　　）。

A．捕捉风向控制机舱平稳　　　　　B．保证机组获取最大风能

C．可靠的对风　　　　　　　　　　D．增大发电功率

197．风力发电机上风资源信息采集系统主要有（　　　　）。

A．风向标　　　　　　B．风速仪　　　　　　C．振动传感器　　　D．风机叶片

198．齿轮箱润滑系统的冷却能力与下列哪些因素有关？（　　　　）

A．冷却风扇的功率　　　　　　　　B．环境温度

C．所处的海拔　　　　　　　　　　D．机组功率

199．根据 GB/T 19073 标准，齿轮箱润滑剂的检测应当包括润滑剂制造商的推荐项，检测项目至少包含以下几点：（　　　　）。

A．油品清洁度　　　　　　　　　　B．黏度

C．含水量　　　　　　　　　　　　D．金属磨损量

E．油品氧化的测定　　　　　　　　F．添加剂中包含的关键金属和非金属元素

200．齿轮箱齿轮常见的失效形式有（　　　　）。

A．漏油　　　　　　　B．磨损　　　　　　　C．剥落　　　　　　　D．胶合

E．点蚀

201．振动检测可以发现以下哪些齿轮箱故障？（　　　　）

A．润滑油变质　　B．断齿　　　　　　C．轴承剥落　　　　D．齿轮磨损

202．润滑系统对齿轮箱的正常运转起着哪些作用？（　　　　）

A．降低摩擦系数　B．减少磨损　　　　C．提高发电量　　　D．降低温度

E．防止腐蚀、保护金属表面

203．齿轮箱润滑剂黏度等级的选择应基于（　　　　）。

A．齿轮箱油池运行温度　　　　　　B．流体黏度指数

C．齿轮节线速度　　　　　　　　　D．机组功率

204．齿轮箱高速轴漏油的可能原因有（　　　　）。

A. 空气滤芯堵塞   B. 油位过高

C. 高速轴轴承温度高   D. 与发电机不对中

205. 齿轮箱型式试验中，通过对齿圈的齿根应力的测试可以用来分析（　　）。

A. 行星级的效率   B. 行星轮的载荷分配

C. 齿圈齿宽方向的载荷分布   D. 齿轮箱的振动特性

206. 齿轮箱的冷却方式有（　　）。

A. 风冷   B. 水冷   C. 油冷   D. 油泵冷却

207. 对齿轮箱零部件的定期维护乃至定期更换可以提高齿轮箱的（　　）。

A. 稳定性   B. 可利用率   C. 可靠性   D. 发电效率

208. 齿轮箱的设计工况应包含以下哪些工况？（　　）

A. 可产生力矩反转的工况

B. 加速及减速的工况

C. 由电网事件所引起的载荷变化工况

D. 由机械制动引起的非对称载荷工况

209. 齿轮箱齿轮的可靠性不仅取决于许用应力，还取决于下列哪些因素？（　　）

A. 运行工况   B. 制造工艺

C. 质量控制   D. 润滑系统的影响

E. 材料性能

210. 轴承钢质量重点包括（　　）。

A. 化学成分   B. 钢的纯净度

C. 炼钢工艺   D. 热处理和微观结构

211. 轴承的次表面初始疲劳可能引起哪些失效形式？（　　）

A. 剥落   B. 碎裂   C. 点蚀   D. 锈蚀

212. 影响轴承表面失效的因素有（　　）。

A. 油膜厚度   B. 材料   C. 表面粗糙度   D. 载荷分布

213. 测量齿轮箱振动时，应测量哪几个方向的振动？（　　）

A. 轴向   B. 水平方向   C. 垂直方向   D. 周向

214. 根据 VDI 3834 *Part 1* 标准的要求，应评价齿轮箱振动的（　　）。

A. 频率   B. 加速度   C. 速度   D. 位移

215. 在相同环境下的不同设计，齿轮箱的系统可靠性受以下哪些参数的影响？（　　）

A. 零件数量

B. 每个零件的设计可靠性目标

C. 常见材料偏差（如裂纹、缩孔或夹杂物存在的概率）

D. 零件生产所采用的工艺过程与设计要求的一致性

216. 对于影响齿轮箱工作的运行控制策略应予以记录，内容应包含（　　　）。

A. 启动工况

B. 风速

C. 监测、警告（停机）限值、报警限值及报警处理措施

D. 机舱内温度

217. 齿轮胶合的计算方法有（　　　）。

A. 等效载荷法　　　B. 闪点温度法　　　C. 积分温度法　　　D. 微分温度法

218. 除了基本额定寿命及静态安全性能，轴承选型还需要考虑其他哪些方面？
（　　　）

A. 低载荷工况　　　B. 离心力　　　　C. 振动　　　　　D. 抗颗粒物污染能力

219. 计算轴承修正额定寿命的工作游隙时，需考虑以下哪些因素？（　　　）

A. 轴承的初始游隙　　　　　　　B. 轴承内、外圈的温度梯度

C. 材料的热膨胀系数　　　　　　D. 工作温度

220. 轴承打滑损伤风险受以下哪些因素的影响？（　　　）

A. 速度　　　　　B. 加速度　　　　C. 游隙　　　　　D. 润滑因素

221. 在计算材料的应力幅值或者应力范围时应考虑以下哪些因素对疲劳强度和谐
减系数的影响？（　　　）

A. 应力梯度　　　B. 表面粗糙度　　　C. 表面处理　　　D. 平均应力影响

222. 齿轮箱润滑油中颗粒物的来源有（　　　）。

A. 外部污染物　　　　　　　　　B. 齿轮和轴承磨损

C. 保持架磨损　　　　　　　　　D. 失效零件

223. 齿面接触载荷分布的数值分析至少应考虑哪些方面？（　　　）

A. 相邻齿啮合的影响　　　　　　B. 轴承工作游隙的影响

C. 轴、箱体、转架的扰曲变形影响　　D. 接触区边缘局部刚度不连续的影响

224. 对发电机的正常运行可能造成影响的环境因素是（　　　）。

A. 环境温度　　　B. 环境湿度　　　C. 环境噪声　　　D. 盐雾

225. 发电机日常维护工作主要包括（　　　）。

A. 轴承的维护和润滑　　　　　　B. 集电环和电刷的维护

C. 清洁发电机和过滤器

226. 测量绕组和其他部分温度的公认方法有（　　　）。

A. 电阻法　　　　　　　　　　　B. 埋置检温计（ETD）法

C. 温度计法　　　　　　　　　　D. 测温枪

227. 叶片应考虑下列哪些环境影响？（　　　）

A. 沙尘　　　　　B. 辐射　　　　　C. 结冰　　　　　D. 盐雾

228. GB/T 25383 中下列关于公差的说法正确的是（　　　）。

A．叶片长度公差要求是叶片长度的 0.1%

B．叶片弦长公差要求是叶片截面弦长的 ±0.1%

C．叶片扭角公差是 ±0.3°

D．表面粗糙度不大于 15 μm

229．叶片使用的材料一般包含下列哪些材料？（　　　）

A．树脂　　　　　　　　　　　B．增强纤维

C．夹芯材料　　　　　　　　　D．胶粘剂

230．按 DNV GL-ST-0376（以下简称 DNV GL 2015）标准的要求，叶片设计准则至少包含（　　　）。

A．参考规范和标准　　　　　　B．设计原则和假设

C．参考环境条件　　　　　　　D．设计寿命

231．DNV GL 2015 标准要求叶片设计参数应至少指定如下固有频率（　　　）。

A．一阶挥舞和摆振　　　　　　B．二阶挥舞和摆振

C．一阶扭转　　　　　　　　　D．二阶扭转

232．GB/T 33582《机械产品结构有限元力学分析通用规则》中，对有限元模型四边形单元的质量检查要求是（　　　）。

A．长宽比小于或等于 5.0　　　B．翘曲度小于或等于 16°

C．偏斜度小于或等于 60°　　　D．内角在 40°～135°范围内

233．IEC 61400-24 标准中，雷击试验的内容有（　　　）。

A．初始先导雷击试验　　　　　B．扫掠通道雷击试验

C．电弧击入试验和传导电流试验　　D．非导电性表面试验

234．电弧击入试验的目的有电弧击中的损害、热点形成以及（　　　）。

A．接闪器系统的金属侵蚀　　　B．磁力效应

C．保护材料及装置的充分性　　D．爆炸及冲击波效应

235．非导电性表面试验的目的有（　　　）。

A．对非导电性表面及表皮的冲击波及热效应

B．接闪器系统的金属侵蚀

C．热点形成

D．表面电弧对叶片表面内或下方嵌入的导电性结构的影响

236．以下哪些选项是传导电流的目的？（　　　）

A．雷电电流传导能力和磁力效应

B．导体及连接件温度上升

C．轴承、滑动触点、电刷及一般性连接原件的电弧放电

D．碳纤维复合材料及界面的传导充分性

237．以下对 IEC 61400-5 标准中容差规定的说明正确的是（　　　）。

A. 叶片外形：±0.2%×弦长　　　B. 扭角和 0°标识容差：±0.2°

C. 单支叶片静力矩：±4.5%　　　D. 套内静力矩：±0.2%

238. 下列哪些是 IEC 61400-5 标准中对纤维增强层合板物理性能的测试项目？
（　　）

A. 纤维体积分数和孔隙率　　　B. 固化程度（如环氧树脂的 T_g）

C. 固化后的单层厚度　　　D. 以上都是

239. 下列哪些是 IEC 61400-5 标准中对纤维增强层合板静强度测试项目？（　　）

A. 纵向（0°）拉伸的强度、模量、应变、泊松比以及横向（90°）拉伸的强度、
　模量、应变

B. 纵向（0°）压缩的强度、模量、应变以及横向（90°）压缩的强度、模量、应变

C. 面内剪切的强度、模量

D. 层间剪切的强度（如短梁）

240. 叶片的 CTQ 中有哪些关于织物、纤维的要求？（　　）

A. 织物 / 铺层在展向和弦向定位，包含长度、宽度、搭接长度和错层长度

B. 织物 / 纤维的方向、纤维的面重和体积含量

C. 纤维错位（包含褶皱）——面内和面外

D. 错层距离

241. 叶片的 CTQ 中有哪些关于树脂和夹芯材料的要求？（　　）

A. 树脂处理，包含混合比例和空隙含量

B. 树脂固化水平和过程，包含温度、时间、真空度（如果适用）

C. 夹芯材料定位（间隙、错位）

D. 夹芯材料尺寸（厚度、切口 / 开槽、倒角角度）

242. 叶片的 CTQ 中有哪些关于结构胶的要求？（　　）

A. 结构胶填充（几何和空隙）

B. 结构胶混合比例

C. 结构胶固化水平和过程，包含温度、时间、真空度（如果适用）

D. 结构胶的自由边形状

243. 风力发电机组叶片部件认证有哪些模块？（　　）

A. 设计准则评估　　　B. 设计评估

C. 型式试验　　　D. 制造评估

244. 在叶片失效分析中，对叶片的缺陷描述，需要包括以下内容：（　　）。

A. 缺陷的类型　　　B. 缺陷的位置

C. 缺陷的大小　　　D. 缺陷的方向

245. 在叶片失效分析中，对失效叶片进行解剖，可以发现的腹板与壳体粘接胶的
缺陷有（　　）。

A．粘接胶宽度不足   B．粘接胶厚度超标

C．粘接胶缺胶   D．粘接胶玻璃化转变温度不满足要求

246．GB/T 33629 标准规定了风力发电机组（机组）防雷装置的（   ）。

A．检测程序和检测项目   B．检测要求和方法

C．检测周期   D．检测数据

247．风电场叶片检查可以及时发现叶片运行中的缺陷，避免造成更大的经济损失。风场叶片检查常用的方法有（   ）。

A．叶片目视及敲击检查   B．叶片内部机器人检查

C．叶片超声检查   D．无人机外观检查

248．下列哪项方法是 GB/T 29761 标准中规定的碳纤维浸润剂含量测试方法？（   ）

A．索氏萃取法   B．热解法   C．消解法   D．比重计法

249．GB/T 2567 标准中规定了树脂浇注体力学性能的测试方法，包含下列哪些测试项目？（   ）

A．拉伸   B．压缩   C．弯曲   D．冲击

250．GB/T 1766 标准中规定了涂层老化的评级方法，下列哪些属于粉化程度和等级描述？（   ）

A．2，轻微，试布上沾有少量颜料粒子

B．3，明显，试布上沾有较多颜料粒子

C．4，较多数量的开裂

D．5，密集型的泡

251．下列哪项方法是 GB/T 7193 标准中规定的树脂凝胶时间测试方法？（   ）

A．凝胶时间测定仪   B．搅拌器

C．手动法   D．流变仪

252．下列哪项是 ISO 1183-1 标准中规定的测试方法？（   ）

A．浸入法   B．液体比重法

C．滴定法   D．密度计

253．下列哪项标准可用于 PVC 泡沫芯材密度的测试？

A．DIN 52182《木材的检验 粗密度的测定》

B．ISO 845《泡沫塑料和橡胶 表观密度的测定简介》

C．ASTM D 1-622《对于硬质泡沫塑料表观密度的标准试验方法》

D．GB/T 6343《泡沫塑料表观密度的测定》

254．驱动载荷由风力发电机组运行和控制所产生，分为（   ）几类。

A．发电机 / 变流器的扭矩控制   B．偏航和变桨机构的驱动载荷

C．机械制动载荷   D．共振载荷

255. 设计海况由下列（　　）参数共同描述。

A. 波谱 S　　　B. 有义波高 H_s　　　C. 谱峰周期 T_p　　　D. 平均波向 θ_{wm}

256. 在海上风力发电机组的设计中，应考虑风况和海浪的相关性。应根据如下（　　）参数的长期联合概率分布考虑上述相关性。

A. 波谱 S　　　B. 有义波高 H_s　　　C. 谱峰周期 T_p　　　D. 平均波向 θ_{wm}

257. 海流速度应考虑下列（　　）分量。

A. 由潮汐、风暴潮和大气压力引起的次表层流

B. 风生近表层流

C. 由近岸波浪生成的与海岸平行的表层流

D. 由海洋生物运动生成的次表层流

258. 海生物影响海上风力发电机组支撑结构的（　　）。

A. 几何形状　　　B. 质量　　　C. 内部结构　　　D. 表面状态

259. 海上风力发电机组运输、安装、使用、维护和修理期间应考虑（　　）。

A. 工具和移动式设备的重量载荷　　　B. 起重机运行产生的载荷

C. 船只作业时停靠和系泊产生的载荷　　　D. 其他相关载荷

260. 以下内容应显著标示在永久性风轮机舱组件铭牌上的是（　　）。

A. 生产日期　　　B. 型号和产品型号

C. 工作环境的温度范围　　　D. 参考风速 V_{ref}

261. 在海上风力发电机组设计中应评估破碎波的影响，破碎波应分为（　　）。

A. 崩碎波　　　B. 卷碎波　　　C. 激碎波　　　D. 震荡波

262. 对于海上风电机组的设计，需定义（　　）参数。

A. 风速　　　B. 湍流强度　　　C. 海洋条件　　　D. 地质

263. 遵循标准进行载荷计算时，应考虑风电机组（　　）的设计工况。

A. 正常发电　　　B. 开机启动　　　C. 紧急停机　　　D. 运输安装

264. 海上结构的水动力载荷可以分为（　　）几类。

A. 黏性阻力载荷　　　B. 惯性载荷　　　C. 动压载荷　　　D. 衍射载荷

265. 海流观测工作可根据工程的要求主要选用以下（　　）方法。

A. 单点或单定点连续观测　　　B. 多站或多船同步定点连续观测

C. 走航断面观测　　　D. 大面流路观测

266. 海上风电场的场址类型可根据地形地貌分为（　　）。

A. 潮间带　　　B. 近海　　　C. 远海　　　D. 深海

267. 湍流模型在使用时应考虑（　　）因素的影响。

A. 风速　　　B. 风切变　　　C. 风向变化　　　D. 塔影效应

268. 海上风电场包括哪几类风电场？（　　）

A. 潮间带滩涂风电场　　　B. 潮下带滩涂风电场

C．近海风电场　　　　　　　　　D．深海风电场

269．海上风电场地质勘察应包括下列内容（　　　）。

A．海水深度　　　B．海水温度　　　C．海底地形形态　　D．基本地层

270．数据采集盒应固定在测风塔上，或者安装在现场的临时建筑物内；安装盒应
（　　　）；数据传输应保证准确、及时。

A．防波浪　　　　　B．防雨水　　　　　C．防冰冻　　　　　D．防雷暴

271．对于风场附近气象站、海洋站等长期测站的测风数据，应收集（　　　）。

A．有代表性的连续 30 年的逐年平均风速和各月平均风速

B．与风场测站同期的逐小时风速和风向数据

C．累年平均气温和气压数据

D．建站以来记录到的最大风速、极大风速及其发生的时间和风向、极端气温、每
　　年出现雷暴日数、积冰日数等

272．测风数据的合理性检验主要包括（　　　）。

A．完整性检验　　B．范围检验　　　C．相关性检验　　　D．趋势检验

273．对于不合理的数据和缺测的数据应（　　　）处理。

A．检验后列出所有不合理的数据和缺测的数据及其发生的时间

B．对不合理数据再次进行判别，挑出符合实际情况的有效数据，回归原始数据组

C．检验后进行删除

D．将备用的或可供参考的传感器同期记录数据，经过分析处理，替换已确认为无
　　效的数据或填补缺测的数据

274．计算有效数据完整率用到（　　　）。

A．应测数目　　　B．缺测数目　　　C．删除数目　　　D．无效数据数目

275．订正后的数据处理成评估风场风能资源所需要的各种参数，包括（　　　）。

A．平均风速　　　　　　　　　　　B．风速频率分布

C．风能频率分布　　　　　　　　　D．风能密度方向分布

276．风功率密度蕴含（　　　）的影响，是风场风能资源的综合指标。

A．风速　　　　　B．风速分布　　　C．空气密度　　　D．风向

277．地质勘察应提供（　　　），以作为基础设计的依据。

A．土壤分级和土层说明的数据　　　B．剪切强度参数数据

C．变形特性数据　　　　　　　　　D．渗透性数据

278．湍流模型在使用时应考虑（　　　）的影响。

A．风功率密度　　B．风速　　　　　C．风切变　　　　　D．风向变化

279．应按照 GB/T 18709 标准的规定进行测风，获取风场的（　　　）实测时间序列
数据、极大风速及其风向。

A．风速　　　　　B．风向　　　　　C．气温　　　　　D．气压

280. 台风通常具有（　　　）等特点。

A. 风速大　　　　　B. 尾流大　　　　　C. 湍流强　　　　　D. 风向变化大

281. 测风仪包括（　　　）、（　　　）和（　　　）三部分。

A. 风速传感器　　　B. 风向传感器　　　C. 数据采集器　　　D. 控制器

282. 振动状态监测系统分为以下哪几种类型？（　　　）

A. 固定安装系统　　　　　　　　　　B. 半固定安装系统

C. 便携式系统　　　　　　　　　　　D. 移动式安装系统

283. 机组启动一般按操作模式分为手动启动和自动启动两种，其中手动启动应在机舱、塔底、远程均可操作。以下哪种关于优先级的说法正确？（　　　）

A. 自动优先于手动　　　　　　　　　B. 手动优先于自动

C. 机舱优先于塔底　　　　　　　　　D. 塔底优先于远程

284. 以下哪三部分属于主控系统？（　　　）

A. 测量　　　　　　B. SCADA　　　　　C. 中心控制器　　　D. 执行机构

285. 海上风力发电机组设计中，应考虑的外部条件有（　　　）参数。

A. 环境　　　　　　B. 电网　　　　　　C. 地质　　　　　　D. 人为

286. 重力和惯性载荷分别是由于地球的（　　　）作用所产生的静态和动态载荷。

A. 引力　　　　　　B. 振动　　　　　　C. 旋转　　　　　　D. 地震

287. 海上风力发电机组基础设计中的设计水位应包括（　　　）。

A. 设计高水位　　　B. 设计低水位　　　C. 极端高水位　　　D. 极端低水位

288. 海上风力发电机组基础设计应考虑的风况条件包括轮毂高度处的（　　　）参数。

A. 年平均风速　　　　　　　　　　　B. 湍流强度

C. 风切变　　　　　　　　　　　　　D. 50 年一遇最大风速

289. 海上风力发电机组基础设计主要载荷应包括（　　　）。

A. 恒定载荷　　　　B. 可变荷载　　　　C. 偶然载荷　　　　D. 永久荷载

290. 导管架群桩基础是由三个或三个以上的（　　　）组成的基础形式。

A. 桩　　　　　　　B. 钢管　　　　　　C. 法兰　　　　　　D. 钢管架

291. 风电机组的保护功能在（　　　）情况下应该被激活。

A. 超速　　　　　　B. 发电机超载　　　C. 振动过大

D. 非正常电缆缠绕（由于机舱偏航旋转造成）

292. IEC 61400-22 标准中规定，风力发电机组的认证模式分为（　　　）。

A. 型式认证　　　B. 样机认证　　　C. 工厂审查　　　D. 项目认证

293. 不得对风电场现场采集的原始数据进行任何的（　　　），并应及时对测量数据进行复制和整理。

A. 删改　　　　　　B. 复制　　　　　　C. 增减　　　　　　D. 剪切

294. 下列参数属于风轮几何参数的是（　　　）。

A. 叶片数量　　　B. 风轮直径　　　C. 轮毂中心高度　　D. 风轮实度

295. IEC 61400-22 标准中规定，风电机组型式认证包含内容有（　　　）。

A. 设计评估　　　B. 型式试验　　　C. 制造评估　　　　D. 设计准则

296. IEC 61400-22 标准中规定，样机认证包含的内容有（　　　）。

A. 设计评估　　　　　　　　　B. 测试计划评估

C. 安全和功能测试　　　　　　D. 设计准则

297. 定销或其他机械设置可防止（　　）的运动。

A. 风轮系统　　　B. 偏航机构　　　C. 机舱系统　　　　D. 刹车系统

298. 制动器的作用包括（　　　）。

A. 降低风轮转速　　　　　　　B. 停止风轮旋转

C. 控制叶片变桨　　　　　　　D. 控制机舱偏航

299. 电网各组成部分之间的界限判别标准包括（　　　）。

A. 地理位置　　　B. 所有权归属　　C. 电压级别　　　　D. 负荷

300. 可能影响风电机组性能的环境特征包括（　　　）。

A. 风况　　　　　B. 海拔　　　　　C. 温度　　　　　　D. 湿度

301. 根据风力发电机组的设计，停机是指风力发电机组的（　　）状态。

A. 静止　　　　　B. 空转　　　　　C. 故障　　　　　　D. 失效

302. 风力发电机组等级是依据（　　）来划分的。

A. 风速　　　　　B. 湍流　　　　　C. 风能　　　　　　D. 风况

303. 驱动载荷由风力发电机组运行和控制所产生，分为（　　　）。

A. 发电机扭矩控制　　　　　　B. 变流器扭矩控制

C. 偏航和变桨的驱动载荷　　　D. 机械制动载荷

304. 结构设计计算时应考虑的载荷情况有（　　　）。

A. 重力和惯性力载荷　　　　　B. 空气动力载荷

C. 驱动载荷　　　　　　　　　D. 其他载荷

305. 在仿真中，对于每个轮毂高度的风速，（　　　）至少需要进行 12 次仿真。

A. DLC 2.1　　　B. DLC 2.2　　　C. DLC 5.1　　　　D. DLC 6.1

306. 标准中应用的载荷局部安全系数要考虑的因素有（　　　）。

A. 载荷特征值不利偏差　　　　B. 载荷特征值不确定性

C. 载荷模型不确定性　　　　　D. 载荷模型不利偏差

307. 标准中应用的材料局部安全系数要考虑的因素有（　　　）。

A. 材料强度特征值的不利偏差和不确定性

B. 结构零件截面抗力

C. 结构零件承载能力的不准确评估

D. 几何参数的不确定性

308. 对于风力发电机组的最大极限状态分析，如果适用，应进行（   ）分析。

A. 极限强度   B. 疲劳失效

C. 稳定性   D. 临界挠度

309. 对于任何工作在交流（   ）V 或直流（   ）V 以上的电气设备，都应给出维护时要对其进行接地的规定。

A. 1000   B. 1500   C. 2000   D. 3000

310. 在海上风力发电机组设计中，考虑风况和海浪相关性时需要注意的参数有（   ）。

A. 平均风速   B. 有义波高   C. 谱峰周期   D. 湍流强度

311. 若缺少海洋气象参数的长期联合概率分布，设计计算应至少基于（   ）。

A. 最高天文潮和正向风暴潮适当组合的 50 年重现期的最高静水位

B. 最高天文潮和正向风暴潮适当组合的 50 年重现期的最低静水位

C. 与最高破碎波载荷有关的水位

D. 与最低破碎波载荷有关的水位

312. 海上风力发电机组主控制系统宜具备（   ）参数的采集与处理功能。

A. 浪高   B. 烟雾   C. 洋流速度   D. 冰冻

313. 海上风力发电机组电气设备的设计应满足（   ）的要求。

A. 防盐雾   B. 防潮湿   C. 防霉菌   D. 防腐蚀

314. 海上风力发电机组振动状态监测可采用（   ）类型的传感器。

A. 加速度传感器   B. 速度传感器

C. 位移传感器   D. 压力敏传感器

315. 以下哪些内容是风能资源评估的参考判据？（   ）

A. 风功率密度   B. 风向频率及风能密度方向分布

C. 风速的日变化和年变化   D. 湍流强度

316. 风电场内机组位置的排列取决于（   ），在风能玫瑰图上最好有一个明显的主导风向，或两个方向接近相反的主风向。

A. 风能密度方向分布   B. 地形

C. 尾流影响   D. 湍流强度

317. 海上风电场项目水文观测方式依据调查任务的要求与客观条件的允许程度，可采用（   ）。

A. 连续观测   B. 同步观测   C. 大面观测   D. 断面观测

318. 海上风电场在定点连续观测中，还应观测（   ）。

A. 日最大风速   B. 相应风向   C. 日极大风速   D. 相应风向出现时间

319. 下列关于同高度 2 套测风塔传感器说法正确的是（   ）。

A．不应固定在测风塔水平伸出的支架上

B．夹角宜为 180°

C．应根据当地风能资源状况确定角度

D．应根据测风塔的结构形式确定角度

320．以下关于海上测风塔的说法正确的是（　　　）。

A．结构可选择桁架型或其他不同形式

B．应方便海上工具停靠

C．应方便海上作业人员攀登

D．应配备明显的安全标识

321．以下关于海上测风塔测量高度的说法正确的是（　　　）。

A．应高于预装风电机组轮毂高度

B．风电场范围内至少有 1 座测风塔测量高度不低于 100 m

C．在 10 m 高度设置仪器时，应避免波浪的影响

D．无需安装 2 套独立的风向标

322．关于海上风电场说法正确的是（　　　）。

A．观测位置应具有代表性　　　　　B．观测时间应不少于一年

C．需观测风速、风向　　　　　　　D．不需观测温度、气压

323．关于测风塔测量参数的说法正确的是（　　　）。

A．风速参数采样时间间隔应不大于 3 s

B．风向参数采样时间间隔应不大于 10 min

C．温度参数应每 10 min 采样一次

D．气压参数应每小时采样一次

324．下列有关测量仪器说法正确的是（　　　）。

A．应经国家法定计量机构检验合格

B．工作环境温度应满足当地气温条件

C．测风设备防护等级为 IP 65

D．测风设备应进行定期维护

325．关于收集长期数据，以下说法正确的是（　　　）。

A．应观测记录数据的测风仪型号、安装高度和周围障碍物情况

B．应对其现状和过去的变化情况进行考察

C．应观测建站以来站址、测风仪器及其安装位置变动的时间和情况

D．应关注周围环境变动的时间和情况等

326．风资源评估采用湍流指标，以下说法正确的是（　　　）。

A．标准偏差为水平风速的

B．标准偏差为垂直风速的

C．根据相同时段的平均风速计算

D．逐小时湍流强度是以 1 h 内最大的 10 min 湍流强度作为该小时的代表值

327．测风数据可采用哪些下载方法？（　　　）

A．遥控　　　　　　B．现场　　　　　　C．室内　　　　　　D．网络

328．海洋水文观测方式有哪几种？（　　　）

A．连续观测　　　　B．同步观测　　　　C．大面观测　　　　D．断面观测

329．方向变化的极端相干阵风（ECD）在阵风周期内，哪些风参数发生了变化？
（　　　）

A．风向　　　　　　　　　　　　B．风轮最高点风速

C．风轮最低点风速　　　　　　　D．湍流度

330．极端风切变风模型（EWS）在阵风周期内，哪些风参数发生了变化？（　　　）

A．轮毂高度风速　　　　　　　　B．风轮最高点风速

C．风轮最低点风速　　　　　　　D．风剪切

331．极端运行阵风模型（EOG）在阵风周期内，哪些风参数发生了变化？（　　　）

A．风向　　　　　　　　　　　　B．风轮最高点风速

C．风轮最低点风速　　　　　　　D．轮毂高度风速

332．基于海况和风速的联合概率分布主要包含以下哪些环境参数？（　　　）

A．有义波高　　　B．水深　　　　　C．谱峰周期　　　D．轮毂高度风速

333．所有风力发电机组内部电气设备系统，包括（　　　）。

A．终端设备　　　B．接地设备　　　C．连接设备　　　D．通信设备

334．质量保证应是风力发电机组及其零部件（　　　）的组成部分。

A．设计　　　　　B．采购　　　　　C．安装　　　　　D．运维

335．风力发电机组受限可能影响哪些条件？（　　　）

A．载荷　　　　　B．使用寿命　　　C．运行环境　　　D．电气条件

336．风况是影响结构完整性的主要外部条件，其他环境条件也会影响设计特性，
比如（　　　）。

A．控制系统功能　B．耐久性　　　　C．腐蚀　　　　　D．温度

337．除了风况外，其他影响风力发电机组的完整性和安全性环境条件包括
（　　　）。

A．环境温度　　　B．相对湿度　　　C．太阳辐射　　　D．空气密度

338．风力发电机组等级基本参数分为（　　　）。

A．Ⅰ级　　　　　B．Ⅱ级　　　　　C．Ⅲ级　　　　　D．S级

339．风力发电机组等级基本湍流参数分为（　　　）。

A．A级　　　　　B．B级　　　　　C．C级　　　　　D．D级

340．控制功能可控制或限制的功能或参数包括（　　　）。

A．功率　　　　B．风轮转速　　C．并网　　　　D．对风调节

341．保护功能在下列情况下应被激活：（　　　）。

A．超速　　　　　　　　　　　B．发电机超载或出现故障

C．振动过大　　　　　　　　　D．非正常电缆缠绕（由于机舱偏航旋转）

342．采用简化、保守的方法计算地震载荷时，需要（　　　）。

A．根据当地相关标准要求，评价或估计场址和土壤情况

B．利用标准化设计响应谱和地震的危险区系数来确定加速度

C．把结果加到在额定风速下发生紧急关机的特征载荷上

D．将结果与风力发电机组设计载荷或设计抗力比较

343．海上风电机组在长时间停机后的重启，以下说法正确的是（　　　）。

A．机组停机6h以内为正常使用情况，此期间允许控制系统自动启动机组

B．机组停机3个月为极限使用情况，停机6h至3个月再次启动机组宜采用手动
　　启动方式

C．机组停机超过3个月再次启动宜按照新装机组首次启动操作要求进行手动启动

D．电网断电引起的停机再次启动机组时不能采用手动启动的方式

344．风力发电机组等级分为（　　　）。

A．A级　　　　　B．B级　　　　C．C级　　　　D．S级

第四章
填空题

第一节　标准依据

一、1题

GB/T 51190—2016《海底电力电缆输电工程设计规范》

二、2～4题

GB/T 51167—2016《海底光缆工程验收规范》

三、5～9题

NB/T 31117—2017《海上风电场交流海底电缆选型敷设技术导则》

四、10～64题

1. GB/T 191—2008《包装储运图示标志》
2. GB/T 50571—2010《海上风力发电工程施工规范》
3. GB/T 51121—2015《风力发电机组施工及验收规范》
4. GB/T 20319—2017《风力发电机组 验收规范》
5. DL/T 5191—2004《风力发电场项目建设工程验收规程》
6. GB 50150—2016《电气装置安装工程 电气设备交接试验标准》
7. GD 10—2017《海上风电场设施检验指南 2017》（中国船级社）
8.《海上风力发电机组认证规范 2012》（中国船级社）

五、65～70题

1. NB/T 31041—2019《海上双馈风力发电机变流器技术规范》

2．NB/T 31042—2019《海上永磁风力发电机变流器技术规范》

六、71～74 题

NB/T 31043—2019《海上风力发电机组主控制系统技术规范》

七、75～76 题

GB/T 32077—2015《风力发电机组 变桨距系统》

八、77 题

NB/T 31018—2018《风力发电机组电动变桨控制系统技术规范》

九、78～102 题

1．《海上风力发电机组认证规范 2012》（中国船级社）
2．NB/T 31115—2017《风电场工程 110 kV～220 kV 海上升压变电站设计规范》

十、103～168 题

1．DL/T 796—2012《风力发电场安全规程》
2．DL/T 797—2012《风力发电场检修规程》

十一、169～193 题

IEC 61400-12-1：2022 *Wind energy generation systems-Part 12-1：Power performance measurements of electricity producing wind turbines*

十二、194～210 题

IEC 61400-13：2015 *Wind turbines-Part 13：Measurement of mechanical loads*

十三、211～214 题

IEC 61400-50-3 *Wind energy generation systems-Part 50-3：Use of nacelle-mounted lidars for wind measurements*

十四、215～223 题

DL/T 796—2012《风力发电场安全规程》

十五、224～226 题

DL/T 797—2012《风力发电场检修规程》

十六、227～232 题

GB/T 18451.1—2022《风力发电机组 设计要求》

十七、233～238 题

GB/T 36569—2018《海上风电场风力发电机组基础技术要求》

十八、239～240 题

NB/T 31006—2011《海上风电场钢结构防腐蚀技术标准》

十九、241～242 题

GB/T 32128—2015《海上风电场运行维护规程》

二十、243～247 题

GB/T 31517.1—2022《固定式海上风力发电机组 设计要求》

二十一、248～249 题

GB/T 20319—2017《风力发电机组 验收规范》

二十二、250～257 题

NB/T 31080—2016《海上风力发电机组钢制基桩及承台制作技术规范》

二十三、258～264 题

1．GB/T 33423—2016《沿海及海上风电机组防腐技术规范》
2．GB/T 33630—2017《海上风力发电机组 防腐规范》

二十四、265～283 题

DL/T 796—2012《风力发电场安全规程》

二十五、284～289 题

1．GB/T 32128—2015《海上风电场运行维护规程》
2．DL/T 797—2012《风力发电场检修规程》

二十六、290～295 题

DL/T 797—2012《风力发电场检修规程》

二十七、296～300题

GB/T 25385—2019《风力发电机组 运行及维护要求》

二十八、301～306题

GB/T 36569—2018《海上风电场风力发电机组基础技术要求》

二十九、307～314题

1. GB/T 18451.1—2022《风力发电机组 设计要求》
2. GB/T 31517.1—2022《固定式海上风力发电机组 设计要求》

三十、315～339题

1. GB/T 19073—2018《风力发电机组 齿轮箱设计要求》
2. VDI 3834 Part 1：2015 *Measurement and evaluation of the mechanical vibration of wind turbines and their components—Wind turbines with gearbox*

三十一、340～379题

1. GB/T 755—2019《旋转电机 定额和性能》
2. GB/T 1029—2021《三相同步电机试验方法》
3. GB/T 1032—2012《三相异步电动机试验方法》
4. GB/T 23479.1—2009《风力发电机组 双馈异步发电机 第1部分：技术条件》
5. GB/T 23479.2—2009《风力发电机组 双馈异步发电机 第2部分：试验方法》
6. GB/T 25389.1—2018《风力发电机组 永磁同步发电机 第1部分：技术条件》
7. GB/T 25389.2—2018《风力发电机组 永磁同步发电机 第2部分：试验方法》
8. NB/T 31063—2014《海上永磁同步风力发电机》

三十二、380～389题

IEC 61400-23：2014 *Wind turbines-Part 23：Full-scale structural testing of rotor blades*

三十三、390～403题

1. DNV GL-ST-0376：2015 *Rotor blades for wind turbines*
2. GB/T 25383—2010《风力发电机组 风轮叶片》
3. IEC 61400-5：2020 *Wind energy generation systems-Part 5：Wind turbine blades*

三十四、404～421 题

1. GB/T 25383—2010《风力发电机组 风轮叶片》

2. DNV GL-ST-0376：2015 *Rotor blades for wind turbines*

3. GB/T 33629—2017《风力发电机组 雷电防护》

4. IEC 61400-5：2020 *Wind energy generation systems-Part 5：Wind turbine blades*

5. IECRE OD-501：2018 *Type and Component Certification Scheme*，*Edition 2.0*

三十五、422～434 题

1. DNV GL-ST-0376：2015 *Rotor blades for wind turbines*

2. GB/T 25383—2010《风力发电机组 风轮叶片》

三十六、435～533 题

IEC 61400-22：2010 *Wind turbines-Part 22：Conformity testing and certification*

三十七、534～537 题

NB/T 10105—2018《海上风电场工程风电机组基础设计规范》

第二节　填空题例题

1. 海底电缆载流量应由 _____ 确定。

2. 光纤接续应采用 _____。

3. 当远供电源设备机柜门或光缆终端箱打开时，应 _____。

4. 海底光缆终端设备可靠性测试时，所有波长转换器菊花链连接进行 _____ 的连续测试，一般测试时间为 3～7 天，误码率应为 _____。

5. 海底电缆的集电线路可选用 _____ 海底电缆，送出线路可选用 _____ 海底电缆。

6. 110 kV 和 220 kV 海底电缆应选用 _____。

7. 海底电缆与已有管线的交越施工，宜采用 _____ 的施工工艺，交越范围为 _____，在交越范围段应采取保护措施。

8. 对于某些容量不大但离岸距离较远的海上风电场，如采用中压海底电缆送出需要 _____ 海底电缆截面。

9. 按照目前海上风电场工程在海底电缆征海方面的规定，电缆征用海域的范围为：_____。

10. 标志使用规定中，标志 1 "易碎物品" 应标在 _____ 面上的 _____ 角处。

11. 标志使用规定中，标志 3 "向上" 应标在 _____ 面上的 _____ 角处。

12. 标志 11 "由此夹起"，只能用于 _____ 类包装件，标志应在包装件的两个 _____ 面。

13. 海上风力发电工程施工准备期间应取得相应的 _____。

14. 海上风力发电工程，施工组织设计应包括 _____、_____、_____、_____ 基础施工、海底电缆敷设设备安装技术方案、施工布置、施工进度、质量、安全和环境措施及管理体系。

15. 海上风力发电工程，基础施工和设备安装宜采用 _____ 作业的方法。

16. 海上风力发电工程，大件设备运输过程中，应根据设备 _____、_____、_____ 的允许受力等方面的要求以及对公共交通、公共设施的影响，选择合理的运输方式和运输线路。

17. 风力发电机组运输装船时，应采取有效的 _____ 措施，防止设备在运输过程中发生移动、碰撞受损。

18. 风力发电机组设备及基础转运过程中，宜减少准用施工设备数量，充分利用 _____ 或 _____ 转运设备。

19. 运输设备应根据风力发电机组设备、基础构件的 _____ 和 _____ 选择。

20. 重力式沉箱基础进行浮游、托运前，应对其进行 _____、_____、_____ 的验算。

21. 海上风力发电工程，施工过程中施工区域应设立 _____ 标识，并向相关行政主管部门申请发布航行通告。

22. 海上风力发电工程，施工过程中每一道工序，均应有 _____ 和 _____，并存入海上风力发电工程施工档案。

23. 风力发电设备安装前，应完成风力发电机组基础的验收工作，确认基础 _____、_____、_____ 等符合安装要求。

24. 风力发电机组安装连接过程中各种连接和装配方式，应按风力发电机组设备安装要求进行，并应符合现行国家标准《_____》的有关规定。

25. 海上风力发电工程，电气连接应可靠，所有连接件如 _____、_____、_____ 等应能承受海洋环境条件和运行条件的影响。

26. 海上变电站电气设备的安装、试验、验收应按现行国家标准《_____》等有关规定执行。

27. 海上风力发电工程，海底电缆及附件运输与保管应按现行国家标准《_____》的规定执行。

28．海底电缆盘绕，应按照 _____ 时针方向从外圈到里圈，海底电缆端头应留出足够长度用于测试或接续。

29．海底电缆盘绕应紧密平整，不得 _____ 或 _____，层与层之间应填充木片或者塑料片隔层。

30．海底电缆盘绕时，铠装电缆 _____ 盘装在无铠装电缆上面。

31．海底电缆铺设前，应按现行国家标准《_____》的规定执行，对敷设线路、海深、地形等进行复核。

32．海底电缆敷设时，带中断器的长距离海底电缆敷设宜在 _____ 进行，不带中断器的短距离海底电缆敷设或修理中的海底电缆宜在 _____ 进行。

33．海底电缆敷设中，电缆终端和接头应按现行国家标准《_____》的规定执行。

34．海底电缆敷设完成后，应按国家海洋管理部门的规定设置 _____ 装置。

35．海底电缆敷设完成后，应测试导体 _____、_____、_____、_____ 等数据，测试结果应按现行国家标准《_____》和《_____》的规定执行。

36．海底电缆敷设完成后，检验、检测工作应委托具有 _____ 的检测资质的单位承担，检测人员应经上岗培训合格并持证上岗。

37．风力发电机工程施工与验收中，混凝土预制桩的制作应按现行国家标准《_____》和《_____》的有关规定或工程所在地相关标准执行。

38．风力发电机工程施工与验收中规定，在混凝土预制桩基础施工中，接桩在撞断顶端距地面 _____m 左右进行，上下段桩的中心线偏差应不大于 _____mm，节点弯曲矢高应不大于桩段的 _____%。

39．风力发电机工程施工与验收中规定，在混凝土预制桩基础施工中，沉桩过程中应观测桩身的垂直度，当桩身垂直度偏差超过 _____% 时，应找出原因并设法纠正。

40．风力发电机工程施工与验收中规定，在混凝土预制桩基础施工中，预应力管桩沉桩水平度偏差应小于 _____ 桩径且应不大于 _____mm，垂直度偏差应小于 _____%。

41．风力发电机工程施工与验收中规定，钻孔灌注桩基础中，水下灌注的混凝土应具有良好的和易性，配合比应通过实验确定，坍落度宜为 _____～_____mm，混凝土的充盈系数宜大于或等于 _____。

42．风力发电机工程施工与验收中规定，钻孔灌注桩基础中，钻孔灌注桩云溪偏差应符合现行行业标准《_____》的有关规定。

43．风力发电机工程施工与验收中规定，钻孔灌注桩基础中，钻孔灌注桩沉桩水平度偏差应小于 _____ 桩径或 _____ 边长，垂直度应小于 _____%。

44．风力发电机工程施工与验收中规定，升压站工程中，土石方开挖和回填应按现行国家标准《_____》和《_____》的有关规定执行。

45．风力发电机工程施工与验收中规定，设备安装过程中，风力发电机组安装前应对_____、_____、_____、基础环进行复查，且应满足要求。

46．风力发电机组安装过程中，当风速大于_____m/s 时，不宜进行风轮安装；当风速大于_____m/s 时，不宜进行机舱、塔架的安装。

47．风力发电机组安装作业应按现行行业标准《_____》的有关规定执行。

48．风力发电机工程施工与验收中规定，风力发电机组安装过程中，塔底电气设备安装应符合国家标准《_____》的有关规定。

49．风力发电机工程施工与验收中规定，母线槽安装过程中，安装完成后测试相间、相对地的绝缘电阻值应符合现行国家标准《_____》的有关规定。

50．风力发电机组组装时，应标明发电机_____和出线端的_____，按标号接线，相序正确。

51．风力发电机组组装过程中，母线、导电和带电的连接杆，不得发生_____和_____。

52．升压站内设备安装规定，站内接地系统安装应符合现行国家标准《_____》的有关规定。

53．照明系统安装应符合现行国家标准《_____》的有关规定。

54．火灾自动报警系统安装应符合现行国家标准《_____》的有关规定。

55．风力发电工程施工与验收规范中规定，调试与试运行人员应经过_____和_____培训。

56．风力发电机组调试过程中，在受电之前，塔架内部动力电缆和箱式变电站动力电缆连接的_____应保持一致且相序_____清晰。

57．风力发电机组受电后，应检查_____、_____、_____、_____和电气参数整定值等，应符合设计要求。

58．风力发电机组离网调试，应包括_____功能和_____功能调试。

59．风力发电机组安全链保护功能调试中，紧急停机调试是指，风力发电机组正常运行时，按下_____，机组应执行紧急停机。

60．风力发电机组安全链保护功能调试中，紧急停机调试是指，模拟一个振动信号并使该信号超过振动_____，检查控制器应记录并执行紧急停机指令。

61．风力发电机组安全链保护功能调试中，过速保护是指，手动操作时，风力发电机组的转速超过速度模块的速度_____，机组执行过速保护动作。

62．风力发电机组手动并网测试中，将变流器置于_____模式，按照变流器生产商提供的调试手册手动调试机组并网，并检查通信功能。

63．风力发电机组功率控制测试中，将功率分别设定为_____以下的某一定值，机组功率应能稳定在该设定值上。

64. 风力发电工程施工与验收规范中规定，施工人员应配备 _____ 器具，施工现场应配置 _____ 设施，并标明其位置。

65. 变流器应具备冗余功能，宜采用冗余的部件有 _____、_____。

66. 变流器交流系统使用多芯电缆时不应使用 _____ 材料屏蔽。

67. 变流器通信协议可采用 _____、_____ 等。

68. 变流器母线 _____ 铜的极限温升为 _____K，铝的极限温升为 _____K。

69. 变流器柜体柜门应能在不小于 _____ 的角度内灵活启闭，柜体顶部需加装吊环。

70. 变流器柜体内部控制单元的供电宜采用带屏蔽的 _____ 的电源供电。

71. 机组启动按照操作模式分为手动启动和 _____ 启动两种。

72. 电网断电引起的停机再次启动机组时应采取 _____ 启动的方式。

73. 机组停机 _____ 个月为极限使用情况，停机 _____ 至 _____ 个月再次启动机组宜采用手动启动方式。

74. 控制系统应对各种故障的相关参数进行短时段的记录，记录分故障前和故障后两个时段，两个时段的长短和采样间隔应可调整。追忆记录采样速率不大于1次/s，记录时间长度不少于 _____（故障前 _____，故障后 _____）。

75. 风力发电机组在额定载荷下，变桨距系统定位误差不应大于 _____。若采用统一变桨距控制的系统，三个叶片的不同步不应大于 _____。

76. 变桨距系统在最大负载转矩下持续运行时间不应低于 _____。

77. 变桨系统使用场所的接地电阻应小于或等于 _____。

78. 为防止由于雷电或开关浪涌引起的过电压，应提供过电压保护器件，过电压保护应按照 IEC_____ 的要求设计。

79. 接地装置的设备选择和安装 _____ 应符合 IEC_____ 的规定。

80. 海上风力发电机组电气系统的电磁兼容性应符合 _____ 标准。

81. 电机绝缘材料应具有足够的 _____，并应耐 _____、耐 _____。

82. 输出功率超过 50 kW 的电机应设 _____，以防冷凝液积水。

83. 如引入的空气没有水分、油蒸气和灰尘，可采用 _____ 电机。

84. 电机连同的保护器件应能承受发生短路时会产生的 _____ 和 _____。

85. 整个电机运行期间，其绕组温升应不超过绝缘等级所允许的极限值。极限值可按 _____ 或 _____ 的有关规定设定。

86. 海上风力发电机组中的发电机应按 _____ 工作制设计。

87. 变压器应满足 _____ 的要求；干式变压器，还应满足 _____ 的相关要求；变流变压器尚应满足 _____ 的要求。

88. 变流器的电磁兼容性应按照 _____ 和 _____ 或 _____ 和 _____ 标准。

89. 电力电子设备应装在单独的机柜内。其外壳防护等级应符合 GB_____ 或 IEC_____ 的规定。

90. 所有电力电子设备应有 _____ 和 _____ 的保护。

91. 开关装置应符合 _____ 标准的规定；母线的选择及电气间隙和爬电距离的设计可参照 _____ 和 _____ 的有关规定。

92. 为了防止在无法并网和风轮无法遥控锁定时损坏海上风力发电机组，备用电源应考虑 _____ 和 _____ 的用电。

93. 如海上风力发电机组容量较小（_____ 以下）或电网容量远大于海上风力发电机组容量（≥_____ 倍）时，可采用直接并网方式。

94. 充电设备和蓄电池用于小型海上风力发电机组的 _____，用于大中型海上风力发电机组安全系统的 _____。

95. 海上升压变电站一般分为 _____ 和 _____。

96. 海上风电场接入系统应符合国家现行标准 _____ 和 _____ 的有关规定。

97. 海上升压变电站电气主接线设计应满足接入系统设计的要求，遵循 _____、_____、_____ 的原则。

98. 海上升压变电站中压系统的接地方式应采用 _____ 的方式。

99. 海上升压变电站户外主要电气设备的防护等级不应小于 _____，防腐等级不应小于 _____，户内主要电气设备的防护等级不应小于 _____，防腐等级不应小于 _____。

100. 海上升压变电站工作电源应满足 _____、_____ 和 _____ 的供电需求，应急电源应满足 _____ 和 _____ 的供电需求。

101. 风电机组需要海上升压变电站内的应急电源供电时，应急电源应设置 _____。

102. 风电场与电网的产权分界处应设置 _____，计量装置配置应符合电力系统关口电能计量装置技术管理规定的要求。

103. 水上作业人员必须佩戴安全帽、穿 _____、系安全带、穿防滑鞋。

104. 雨雪天气进行水上平台作业时，必须采取可靠的 _____、防寒和 _____ 措施。凡有水、冰、霜、雪均应及时清除。

105. 塔架平台、机舱的顶部和机舱的底部壳体、导流罩等作业人员工作时站立的承台等应标明最大 _____。

106. 风电场工作人员应熟练掌握触电、窒息急救法，熟悉有关烧伤、烫伤、外伤、气体中毒等急救常识，学会正确使用 _____、安全工器具和检修工器具。

107. 风力发电机组内无防护罩的旋转部位应粘贴"_____"标识。

108. 机组内易发生机械卷入、轧压、碾压、剪切等机械伤害的作业地点应设置"_____"标识。

109. 塔架内照明设施应满足 _____ 需要。

110. 机舱和塔架底部平台应配置 _____，灭火器配置应符合 GB 50140 的规定。

111. 风电场现场作业使用交通运输工具上应配备 _____、_____、_____ 等应急用品，并定期检查、_____ 或更换。

112. 风电场作业应进行 _____，对雷电、冰冻、大风、气温、野生动物、昆虫、龙卷风、台风、流沙、雪崩、泥石流等可能造成的危险进行识别，做好 _____。

113. 进入工作现场必须戴 _____，登塔作业必须系 _____、穿 _____、戴防滑手套、使用防坠落保护装置，登塔人员体重及负重之和不宜超过 100 kg。身体不适、情绪不稳定，不应登塔作业。

114. 雷雨天气不应安装、检修、_____ 和 _____ 机组。

115. 雷雨天气后 _____ 内禁止靠近风力发电机组。

116. 叶片有结冰现象且有掉落危险时，禁止 _____。

117. 攀爬机组前，应将机组置于 _____ 状态。

118. 禁止 _____ 在同一段塔架内攀爬；上下攀爬机组时，通过塔架平台盖板后，应立即 _____。

119. 携带工具人员应 _____ 上塔、_____ 下塔；到达塔架顶部平台或工作位置，应先挂好安全绳，后解防坠器；在塔架爬梯上作业，应系好安全绳和定位绳，安全绳严禁 _____。

120. 出舱工作必须使用安全带，系两根安全绳；在机舱顶部作业时，应站在防滑表面；安全绳应挂在 _____ 或牢固构件上，使用机舱顶部栏杆作为安全绳挂钩定位点时，每个栏杆最多悬挂 _____ 个。

121. 高处作业时，使用的工器具和其他物品应放入 _____ 中，不应随手携带工作中所需零部件，工器具必须传递，不应空中抛接。

122. 工器具使用完后应及时放回工具袋或箱中，工作结束后应 _____。

123. 现场作业时，必须保持可靠通信，随时保持各作业点、监控中心之间的联络，禁止人员在机组内 _____；作业前应切断机组的远程控制或换到就地控制；有人员在机舱内、塔架平台或塔架爬梯上时，禁止将机组启动并网运行。

124. 机组内作业需接引工作电源时，应装设满足要求的 _____，工作前应检查电缆绝缘良好，剩余电流动作保护器动作可靠。

125. 严禁在机组内 _____ 和燃烧废弃物品，工作中产生的废弃物品应 _____ 收集和处理。

126. 塔架、机舱就位后，应立即按照紧固技术要求进行紧固。使用的各类紧固器具，应经过检测合格并有 _____ 标识。

127. 施工现场 _____ 应采取可靠的安全措施，并应符合 JGJ 46 标准的要求。

128. 塔架就位时，工作人员不应将 _____ 伸出塔架之外。

129．机舱和塔架对接时应缓慢而平稳，避免机舱与塔架之间发生 _____。

130．起吊机舱时，禁止 _____ 随机舱一起起吊。

131．叶轮和叶片起吊时，应使用 _____ 的吊具。

132．叶片吊装前，应检查叶片 _____ 连接良好，叶片各接闪器至根部引雷线阻值不大于该机组规定值。

133．机组安装完成后，应将 _____ 系统松闸，使机组处于自由旋转状态。

134．风力发电机组调试、检修和维护工作均应参照 GB 26860 标准的规定执行 _____ 制度、_____ 制度和 _____ 制度、工作间断转移和 _____ 制度，动火作业必须开动 _____ 作业票。

135．高压设备发生接地时，室内不得接近故障点 _____m 以内，室外不得接近故障点 _____m 以内。

136．测量机组网侧电压和相序时必须佩戴 _____，并站在干燥的绝缘台或绝缘垫上。

137．检修液压系统时，应先将液压系统 _____，拆卸液压站部件时，应带防护手套和护目眼镜。

138．拆除制动装置应 _____ 切断液压、机械与电气连接，安装制动装置应 _____ 连接液压、机械与电气装置。

139．机组测试工作结束，应核对机组各项保护参数，_____ 正常设置。

140．超速试验时，实验人员应在 _____ 控制柜进行操作，人员不应滞留在机舱和塔架爬梯上，并应设专人监护。

141．机组高速轴和刹车系统防护罩未就位时，禁止 _____。

142．进入轮毂或叶轮上工作，首先必须将 _____ 可靠锁定，锁定叶轮时，风速不应高于机组规定的最高允许风速；进入变桨距机组轮毂内工作，必须将变桨机构可靠锁定。

143．严禁在叶轮 _____ 的情况下插入锁定销，禁止锁定销未完全退出插孔松开制动器。

144．需要停电的作业，在一经合闸即送电到作业点的开关操作把手上应挂 "_____" 警示牌。

145．发生颅脑外伤后应使伤员采取平卧位，保持 _____，若有呕吐，应扶好头部和身体，使头部和身体同时 _____，防止呕吐物造成窒息。

146．对电灼伤、火焰烧或高温汽、水烫伤均应 _____，伤员的衣服、鞋袜用剪刀剪开后除去，伤口全部用清洁布片覆盖，防止污染。四肢烧伤时，先用清洁冷水冲洗，然后用清洁布片或消毒纱布覆盖送医院。

147．独立变桨的机组调试变桨系统时，严禁同时调试 _____ 只叶片。

148．机组其他调试项目未完成前，禁止进行 _____ 试验。

149. 发现有高温中暑者，应立即将中暑者从高温或日晒环境中转移到 _____ 处休息。让病人 _____，解开衣扣，脱去或松开衣服，如衣服被汗水湿透，应更换干衣服。

150. 中暑但意识清醒的病人或经过降温清醒的病人可饮服绿豆汤、淡盐水等解暑，还可服用人丹和 _____。对于重症中暑病人，要立即拨打 120 电话，请求医务人员紧急救治。

151. 怀疑可能存在有害气体时，应立即将人员撤离现场，转移到通风良好处休息，抢救人员应在做好自身防护，_____ 后，才能执行施救任务，将中毒者转移到空气新鲜处。

152. 机组添加油品时必须与原油品型号 _____。更换替代油品时应通过试验，满足技术要求。

153. 拆除能够造成叶轮失去制动的部件前，应首先 _____。

154. 每 _____ 年对塔架内安全钢丝绳、爬梯、工作平台、门防风挂钩检查一次。

155. 使用弹簧阻尼偏航系统卡钳固定螺栓扭矩和功率消耗应每 _____ 年检查一次。

156. 装、拆接地线均应使用 _____ 和戴绝缘手套，并穿绝缘靴。

157. 机组投入运行时，严禁将控制回路信号短接和 _____，禁止将回路的接地线拆除；未经授权，严禁修改机组设备参数及保护定值。

158. 手动启动机组前，叶轮上应无 _____、_____ 现象。

159. 在寒冷、潮湿和盐雾腐蚀严重地区，停止运行一个星期以上的机组再投运前应检查 _____，合格后才允许启动。

160. 发生事故时，事故的应急处理应坚持 _____ 的原则。

161. _____ 可不开工作票。

162. 机组机舱发生火灾时，禁止通过 _____ 撤离，应首先考虑从塔架内爬梯撤离。

163. 在机舱内灭火，没有使用氧气罩的情况下，不应使用 _____ 灭火器。

164. 风电机组巡视分为 _____、_____、_____。

165. 任何人发现有违反电业安全规程的情况，应 _____，经纠正后才能恢复作业。

166. 各类作业人员有权拒绝 _____ 和强令冒险作业；在发现直接危及人身、电网和设备安全的紧急情况时，有权停止作业。

167. 发生雷雨天气，应及时撤离机组；来不及撤离时，可 _____ 站在塔架平台上，不得触碰 _____。

168. 发现塔架螺栓断裂或塔架本体出现裂纹时，应立即 _____，并采取

_____措施。

169. 根据 IEC 61400-12-1 标准所述，测风设备应距离风力发电机组 _____ 范围内，推荐使用 _____ 的距离。

170. 根据 IEC 61400-12-1 标准所述，双顶式测风塔两个风速计间的水平距离至少为 _____，最大为 _____。

171. 根据 IEC 61400-12-1 标准所述，场地标定数据组应至少包含 _____ 的数据。

172. 根据 IEC 61400-12-1 标准所述，场地标定中两个相邻扇区的气流校正系数变化超过 _____ 时，推荐删除这两个测量扇区。

173. 功率特性测试中，由校准、运行和安装引起的风向测量合成不确定度应低于 _____。

174. 功率特性测试中，风速区间划分应以 _____ m/s 整数倍为中心，左右各 0.25 m/s 的连续区间。

175. 对给定的年平均风速，当计算表明 AEP 测量值小于 AEP 外推值 _____ % 时，应把 AEP 测量值标记为不完整。

176. 测风塔风向标安装，至少在主风速计下 1.5 m，但应在测风塔轮毂高度 _____ % 范围内。

177. 双顶式测风塔安装时，顶部风速计安装在横杆上，与横杆的最短距离为横杆直径的 _____ 倍，推荐使用 _____ 倍横杆直径。

178. 电功率测量时使用的电流互感器准确度应为 _____ 级或更高。

179. 进行功率特性测试前后应分别对风杯式风速计进行校准。在 6～12 m/s 的风速范围内两次校准拟合曲线的差值应在 _____ m/s 以内。

180. 测风塔安装时，温湿度传感器应安装在与轮毂高度差小于 _____ m 范围内。

181. 根据 IEC 61400-12-1 标准所述，电流互感器和电压互感器的准确度应为 _____ 级或更高。

182. 根据 IEC 61400-12-1 标准所述，双顶式测风塔两个风速计间的水平距离至少为 _____，最大为 _____ m。

183. 根据 IEC 61400-12-1 标准所述，温湿度传感器、气压传感器应安装在轮毂高度 _____ m 以内。

184. 根据 IEC 61400-12-1 标准所述，最终数据库的数据总量至少为 _____ h。

185. 根据 IEC 61400-12-1 标准所述，最终数据库应至少覆盖的风速范围：从切入风速以下 _____ m/s 到风力发电机组额定功率 85% 对应风速的 _____ 倍。

186. 根据 IEC 61400-12-1 标准所述，每个风速区间的最大步长为 _____ m/s。

187. 根据 IEC 61400-12-1 标准所述，每个风速区间必须包括 3 个 _____ min 样本。

188. 根据 IEC 61400-12-1 标准所述，延展性障碍物为距被测风力发电机组或测风

设备小于 _____ L 的距离内，并且在任一水平方向上延伸超过 _____ m 的障碍物。

189. 根据 IEC 61400-12-1 标准所述，每个数据组均基于 _____ min 的连续测量数据。

190. 在 IEC 61400-12-1 标准中，功率曲线测试期间，应设立测风塔对雷达性能进行监控，对于该测风塔的高度要求是：_____。

191. 根据 IEC 61400-12-1 标准所述，在雷达分级的环境敏感性分析中，可用总数据量需要在 _____ 个以上。

192. 根据 IEC 61400-12-1 标准所述，在使用雷达做功率测试过程中，如果待测风机下叶尖高度为 30 m，监控测风塔的高度至少为 _____ m。

193. 在功率曲线测试期间，应使用至少达到最小 40 m 或正在测试的风力发电机组的较低尖端高度的测风塔，以监测遥感装置的性能。已知风轮下部尖端高度为 50 m，则至少使用 _____ m 的监测高度。

194. 风轮 _____ 的水平投影与风速矢量的水平投影之间的夹角为偏航误差。

195. 垂直于 _____ 同时包含风轮中心的平面为风轮平面。

196. 根据风力发电机组的设计，停机是指风力发电机组处于 _____ 或 _____ 状态。

197. 对于发电工况，俘获矩阵使用了步长为 _____ m/s 的风速分区和步长为 _____ % 的湍流强度分区。

198. 测量主轴扭矩时，采用安装在主轴 _____ 的应变计组成全桥，不能在同一点测量。

199. 进行叶根测量时，应变计电桥须垂直安装在近似 _____ 形的叶片根部，以便尽量降低交叉灵敏度。

200. 按照 _____ 和 _____ 测量的时序矩阵为俘获矩阵。

201. 风向在不同高度的差为 _____。

202. *TI* 为 _____ 的符号。

203. 风速高于额定风速的情况下，桨叶的攻角随着风速的增加而不断 _____ 是失速控制风力发电机组的固有特点。

204. DAS 应在 A/D 转换器中至少具有 _____ 位的分辨率。

205. 为了确定等效疲劳载荷（DEL）和累计雨流谱，载荷时间序列应进行 _____。

206. 要进行叶片弯矩分布测量，可在 _____ % 到 _____ % 风轮半径处的叶片横截面增加几组应变计进行测量。

207. 进行塔顶弯矩测量时，应使用应变计全桥测量，安装位置处于塔架上部 _____ % 塔架高度以内，并尽可能靠近塔顶法兰。

208. 数据采集系统 _____ 用于从一个或多个信号源获取模拟信号，并将这些信

号转变成 _____ 格式供终端设备（如数字电脑、记录器或通信网络）分析或传输。

209. A/D 转换器中的 _____ 决定了系统的分辨率。

210. 机舱坐标系的 X 轴平行于 _____ 的水平投影。

211. 根据 IEC 61400-50-3 标准所述，视线风速标定时，光束应尽可能靠近参考风速计：光束位置应保证参考高度的 1%，水平距离最好不要超过 _____ m。

212. 机舱激光雷达测风的原理是 _____。

213. 根据 IEC 61400-50-3 标准所述，_____ 用于功率曲线测试需要进行标定和分级。

214. 根据 IEC 61400-50-3 标准所述，机舱雷达的标定和测试中使用都应在 _____ 地形进行。

215. 进行风电场现场检修等工作，必须戴 _____、登塔作业必须系 _____、戴 _____，身体不适、情绪不稳定时不能登塔作业。

216. 未明确相关吊装风速的，风速超过 _____ m/s 时，不宜进行叶片和叶轮的吊装。

217. 未明确相关吊装风速的，风速超过 _____ m/s 时，不宜进行塔架、机舱、轮毂、发电机等设备的吊装。

218. 测量机组网侧电压和相序时必须佩戴 _____，并站在干燥的绝缘台或绝缘垫上。

219. 每 _____ 年对塔架内安全钢丝绳、爬梯、工作平台、门防风挂钩检查一次。

220. 风电场安装的测风塔每 _____ 年对拉线进行紧固和检查。

221. 位于海边等盐雾腐蚀严重地区的风电场的测风塔，拉线应至少每 _____ 年更换一次。

222. 在机舱内灭火，没有使用氧气罩的情况下，可以使用 _____ 灭火器。

223. 风电场发生事故的应急处理应坚持 _____ 的原则。

224. 设备发生故障或其他时效时进行的检查、隔离和修理的非计划检修方式称为 _____。

225. _____ 是指根据状态监测和故障诊断技术提供的设备状态信息，评估设备的状态，在故障发生前选择合适的时间进行检修的预知检修方式。

226. 增速齿轮箱润滑油每年至少出具 _____ 次油液检测报告。

227. 由保护功能或人工干预触发的风力发电机组快速关机，这种关机方式称为 _____。

228. 将叶片或叶片组连接到风轮轴上的固定部件称为 _____。

229. 风力发电机组缓慢旋转而不发电的状态称为 _____。

230. _____ 是在水平轴风力发电机组塔架顶部，包括传动系统和其他装置的整个箱体。

231．当没有足够的摩擦材料使风力发电机组再次紧急关机时，风机应处于 _____ 状态。

232．风力发电机组停机指机组处于 _____ 状态。

233．以单根桩作为基础的风机基础形式称为 _____ 。

234．海上风力发电机组为了防止偶然碰撞造成的危害，应该进行 _____ 设计。

235．海上风力发电机组基础为了防止海底水流造成的钢管桩掩埋深度降低，要进行 _____ 设计。

236． _____ 是由三根或三根以上的桩和承接上部结构的承台组成的基础形式。

237．群桩承台基础的群桩和承台应采用 _____ 连接。

238．浮式基础可采用 _____ 和 _____ 等系泊方式。

239．实施涂料保护和热喷涂金属保护前应进行表面处理，表面处理内容包括 _____ 、 _____ 、 _____ 、 _____ 和 _____ 。

240．风电机组防腐中多使用阴极保护法，阴极保护法一般分为 _____ 和 _____ 两种方法。

241．海上风电场应遵循 _____ 的原则，监控设备设施的运行，及时发现和消除缺陷。

242．在海上风机运行过程中发生异常或故障时，属于 _____ 管辖范围的，应立即报告。

243．海上风机应该根据 _____ 和 _____ 两种安全等级进行设计。

244．海上风力发电机组的设计寿命至少应为 _____ 年。

245．结构部件的 _____ 和 _____ 强度应通过计算或试验来验证，以表明海上风力发电机组的结构完整性具有适当的安全等级。

246．为了保证运维人员安全，应提供能在海上风力发电机组中生存至少 _____ 所需的物资。

247．海上风力发电机组处于飞溅区以下被海水淹没的区域称为 _____ 。

248．风电机组预验收时机组应能够正常运行，最终验收应在设备采购合同约定的机组质量保证期结束前 _____ 个月启动。

249．试运行期间，单台机组应连续稳定无故障运行达到 _____ h，并在此期间机组达到额定功率，则视为该机组试运行合格。

250．海上风机钢制基桩的焊缝表面的咬边深度不得大于 _____ mm。

251．低合金结构钢应在焊接完成后 _____ h 以后进行外观及内部质量检验。

252．海上风机钢制基桩的焊缝两侧咬边的总长不得超过该焊缝总长的 _____ 。

253．海上风机钢制基桩的焊缝的无损检验宜在消除应力处理完成 _____ h 后进行。

254. 海上风机钢制基桩在无损检验之后、涂装检验之前要进行 _____。

255. 在海上风机钢制基桩及承台的防腐施工中，常温型防腐涂层施工环境温度范围为 _____℃。

256. 在海上风机钢制基桩及承台的防腐施工中，当环境温度范围为 _____℃时，施工应使用冬用涂料。

257. 在海上风机钢制基桩及承台的防腐施工中，当环境温度低于 _____℃时，严禁进行防腐涂层的施工。

258. 海上风机防腐施工时的表面处理方式宜为 _____ 处理。

259. 热喷涂金属后应及时进行封闭或涂装，最长不宜超过 _____ h。

260. 热喷涂涂层表面宜采用 _____ 的方法对热喷涂涂层进行封闭处理。

261. 热喷涂涂层厚度应均匀，两层或两层以上涂层应采用相互垂直、交叉的方法施工覆盖，单层度不宜超过 _____ μm。

262. 热喷涂锌及锌合金可采用火焰喷涂或电弧喷涂，热喷涂铝及铝合金宜采用 _____。

263. 在海上风机的防腐措施中，阴极保护系统需要进行日常检查，检测和测试工作最长时间间隔不能大于 _____ 个月。

264. 海上风机防腐系统的设计使用年限应考虑到机组的设计使用年限，不宜小于 _____ 年。

265. 严格按照制造厂家提供的维护日期表对风力发电机组进行的预防性维护是 _____。

266. 运维期间，为安全起见应至少有 _____ 人工作。

267. 风力发电机的接地电阻应每年测试 _____ 次。

268. 风力发电机年度维护计划应 _____ 维护一次。

269. 风力发电机组的偏航系统的主要作用是与其控制系统配合，使风电机的风轮在正常情况下处于 _____。

270. 风力发电机组投运后，一般在 _____ 后进行首次维护。

271. 在打开紧急逃生孔门之前，在逃生孔附近或者机舱外的位置工作时，操作人员必须用安全系索将自己固定到至少 _____ 个可靠的固定点上。

272. 风电场运行管理工作的主要任务就是提高 _____ 和供电可靠性。

273. 风电场检修应遵循 _____ 的原则。

274. 风机机组防雷系统应该 _____ 检查一次。

275. 风机机组接地电阻应该 _____ 检查一次。

276. _____ 是高处作业或登高人员发生坠落时，将坠落人员安全悬挂的安全带。

277. 风力发电机组制动系统失效，风轮转速超过允许或额定转速，且机组处于失

控状态叫作 _____。

278．风电场应根据现场实际情况编制 _____、_____、_____ 等各类突发事件应急预案，并定期进行演练。

279．风电场工作人员应没有妨碍工作的病症，患有高血压、恐高症、四肢骨关节及运动功能障碍等病症的人员，不应从事风电场的 _____。

280．风电场工作人员应具备必要的 _____、_____、_____ 知识，熟悉风力发电机组的工作原理和基本结构。

281．风电场工作人员应掌握 _____、_____、_____ 等个人防护设备的正确使用方法。

282．风电场工作人员应熟练掌握 _____ 的急救方法，熟悉有关烧伤、烫伤、外伤、气体中毒等急救常识。

283．外单位工作人员应持有相应的 _____，了解和掌握工作范围内的危险因素和防范措施，并经过考试合格后，方可开展工作。

284．临时用工人员应进行现场 _____，应被告知其作业现场和工作岗位存在的危险因素、防范措施及事故紧急处理措施后，方可参加指定的工作。

285．风电场配置的安全设施、_____ 和 _____ 等应检验合格且符合国家或行业标准的规定。

286．_____V 及以上带电设备应在醒目位置设置"当心触电"标识。

287．塔架爬梯旁应设置"_____""_____""_____"的指令标识。

288．风力发电机组内无防护罩的旋转部件应粘贴"_____"标识。

289．机组内易发生机械卷入、轧压、碾压、剪切等机械伤害的作业地点应设置"_____"标识。

290．风电场场区各主要路口及危险路段内应设立相应的 _____。

291．机组内所有可能被触碰的 220 V 及以上低压配电回路电源，应装设满足要求的 _____。

292．海上风电场作业常见的安全风险有 _____、_____、_____ 等。

293．登塔人员体重及负重之和不宜超过 _____。

294．禁止使用破损及未经检验合格的 _____ 和个人防护用品。

295．风电场附近，风速超过 _____m/s 及以上时，禁止人员户外作业。

296．攀爬风力发电机组时，风速不应高于该机型允许登塔风速，但风速超过 _____m/s 及以上时，禁止任何人员攀爬机组。

297．雷雨天气不应安装、检修、维护和巡检机组，发生雷雨天气后 _____ 内禁止靠近风力发电机组。

298．攀爬机组前，应将机组置于 _____ 状态。

299．禁止 _____ 个人在同一段塔架内同时攀爬。

300．工作人员先后上下塔的顺序是：随身携带工具人员 _____。

301．导管架式海上风机基础承台，主要是由 _____、_____、_____、斜支撑等构成的组合式钢制承台。

302．对于多桩承台基础，当桩中心距大于 _____ 倍桩径时，应该考虑群桩效应。

303．多桩承台基础的基桩可采用 _____ 或 _____。

304．导管架基础设计时，应进行极端荷载工况下基桩的 _____ 验算。

305．多桩承台基础基桩应进行桩身 _____ 验算。

306．浮式基础上部浮体密封结构应满足 _____ 要求。

307．风力发电机组的机械结构主要包括 _____、_____、_____、_____ 等。

308．风力发电机组的液压系统的主要功能是 _____、_____ 和 _____。

309．风力发电机组因其结构的不同，需要油脂润滑的部位也不尽相同，主要有 _____、_____、_____、_____、_____。

310．齿轮箱油有两种作用：一是 _____；二是 _____。

311．风力发电机组的支撑机构包括 _____ 和 _____ 部分。

312．轴承注油时，主要需要检查 _____ 和 _____。

313．风力发电机上风资源信息采集系统主要有 _____ 和 _____。

314．在塔架爬梯上作业，应系好 _____ 和 _____，安全绳严禁低挂高用。

315．根据 GB/T 19073 标准，齿轮箱 10 min 平均油池温度超过 _____℃时，风力发电机组应停止运转。

316．齿轮箱上的 PT 100 是 _____ 传感器。

317．齿轮箱的润滑方式通常分为 _____ 润滑和 _____ 润滑。

318．互相啮合的轮齿齿面，在一定的温度或压力作用下，发生黏着，随着齿面的相对运动，使金属从齿面上撕落的现象称为 _____。

319．齿轮箱的冷却方式有风冷和 _____。

320．齿轮应进行 _____ 和螺旋线修型，以减小齿形偏差、部件弯曲和扭转变形（_____）、制造和装配误差等产生的不利影响。

321．齿轮箱在风机中的作用是 _____ 和降扭。

322．当 1 min 内齿轮箱轴承外圈的平均温度超过 _____℃时，应停止风力发电机组运转。

323．齿轮箱连续运行允许的轴承外圈温度为 _____℃。

324．测量齿轮箱振动时，采样率应至少为相关振动频率的 _____ 倍。

325．齿轮箱平行级电机侧通常为锥轴承，这样的轴承可以同时承受径向力和 _____。

326. 齿轮箱齿轮的胶合评估应该在最大的运行载荷和 _____ 下进行。

327. 齿轮箱中，表面硬化的内齿轮比调质齿轮具有更好的 _____。

328. 风力发电机组齿轮要求齿面光滑，以确保足够的 _____。

329. 齿轮箱紧固件的最低要求为公制 _____ 级。

330. 齿轮箱的强度校核应该按照极限和 _____ 两种载荷进行计算。

331. 圆锥滚子轴承的缩写为 _____。

332. 齿轮磨削后应进行 _____ 检查。

333. 齿轮箱中水汽或海水的侵入会导致 _____ 的发生。

334. 所有齿轮的齿顶和齿端面都应进行倒圆或 _____。

335. 传动链的时域动态仿真模型有利于分析齿轮箱内部出现的 _____ 载荷。

336. 雨流计数法的缩写为 _____。

337. 齿轮箱的输出轴通常称为 _____。

338. 所有外齿轮切削加工应留有足够大的 _____，以避免磨削后出现台阶。

339. 齿轮磨削后如果出现了台阶，应评估其对齿根 _____ 的影响。

340. 风力发电机轴承所用润滑，要求有良好的 _____ 性能和 _____ 性能。

341. 并网型风力发电机组常用的发电机有 _____ 发电机、_____ 发电机、永磁或电励磁同步发电机等类型。

342. 双馈异步发电机只处理 _____ 就可以控制发电机的力矩和无功功率，降低了变频器的造价。

343. GB/T 25389.1 标准中规定了经过变流器接入电网的风力发电机组用永磁同步发电机的主要形式、_____、_____、检验规则、标志与包装、使用期等要求。

344. 功率特性曲线是发电机在不同的转速下与该转速下 _____ 之间的关系。

345. 永磁同步发电机定子绕组的绝缘电阻在热状态或热试验后，应不低于 _____ MΩ。

346. 发电机的定额是以连续工作制 _____ 为基准的连续定额。

347. 防潮加热器的绝缘电阻用相应等级的兆欧表测量时，其绝缘电阻不应小于 _____ Ω。

348. 发电机定子绕组各相间及多系统绕组相互间耐压试验的试验电压为工频电压，电压的有效值规定为 _____ V，最低为 1500 V，转子试验电压有效值为 _____ V。

349. 在出线端标志的字母顺序与三相电压相序方向相同时，从驱动端视之，发电机应为 _____ 方向旋转。

350. 发电机热试验中，轴承的容许温度 _____ 应不高于：滚动轴承为 95 ℃，滑动轴承为 80 ℃。

351. 发电机及其附件在使用中不应 _____、不应 _____ 及释放有害气体，使用时不应对环境、其他设备，特别是对人身造成危害。

352．将发电机在室内放置一段时间，用温度计 _____ 测量发电机绕组、铁心和环境的温度。当所测温度与冷却介质温度之差不超过 2 K 时，则所测温度即为实际冷态下绕组或铁心的温度。

353．变频器供电时尖峰电压 _____ 及电压变化率 _____。

354．发电机在空载电动机状态下运行时，轴电压应不大于 _____ V。

355．双馈异步发电机在热态下，定、转子绕组对机座的绝缘电阻值及绕组间的热态绝缘电阻值应不低于 _____ Ω。

356．当轴承采用绝缘结构式，用 1000 V 兆欧表测量，轴承的绝缘电阻应不低于 _____ Ω。

357．使用数字式微欧计等自动检测仪器测量绕组的直流电阻时，通过被测绕组的试验电流应不超过其额定电流的 10%，通电时间不超过 _____ min。

358．电动机空载定子绕组铜耗与 _____ 相关。

359．使用环境为海上的发电机防腐等级应不低于 _____。

360．发电机在试验转速范围内空转，轴承转动应平稳、轻快、灵活，无 _____ 和 _____。

361．集电环表面应光滑，不允许 _____ 存在。

362．发电机贮存环境要求环境温度在 _____。

363．发电机发热部件的温升在 1 h 内的变化不超过 2 K，称为 _____。

364．对于异步发电机的运转，重要的是为生成和保持磁场必须向转子提供励磁电流，该无功电流需求取决于 _____，并在并入电网运行时从电网中获取。

365．对称三相交流电的三相之间的相位相差为 _____ °。

366．滚动轴承如果油脂过满，会影响轴承 _____ 和增加轴承 _____。

367．双馈异步发电机的 _____ 直接连接到三相电源上，_____ 和变频器相连。

368．双绕组双速异步发电机由两套互相独立的接成不同极数的三相定子绕组共用同一定子铁心和笼型转子，通过改变绕组的 _____ 可以运行于两种转速。

369．双馈发电机是 _____ 三相异步发电机，转子绕组接到一个频率、幅值、相位均可调节的三相逆变电源，从而调整发电机的运行。

370．永磁同步发电机主要应用于 _____ 或 _____ 风力发电机组。

371．如果用兆欧表检测绝缘，如绕组匝间或相间短路或对地短接 _____ 应考虑：电机是否出现过 _____ 的异常情况，导致 _____，有的甚至有焦糊味产生。

372．电机润滑方式包括 _____ 和 _____ 两种方式。

373．电气绝缘一般要求 3 kV，需要注意的是在维修和更换的过程中注意保护绝缘层，绝缘层一般在电机轴承 _____ 上。

374．测量水内冷绕组的绝缘电阻时，应使用专用的绝缘电阻测量仪，在绝缘引水

管 _____ 的情况下，可用普通兆欧表测量。

375．测定绕组在实际冷态下的直流电阻时，对于液体直接冷却的绕组在通液体的情况下，可在绕组进、出口处液体的温度之差不超过 _____，铁心温度与环境温度不超过 _____ 时，取绕组进出口液体温度的平均值作为绕组的实际冷态下温度。

376．超速试验后应仔细检查电机的转动部分是否 _____ 的变形，紧固件 _____ 以及其他不允许的现象。转子绕组在试验后必须满足耐电压试验的要求。

377．对采用周围空气冷却的电机，应在冷却空气进入电机的途径中进行多点测量 _____。测点安置在距电 _____ 处，处于电机高度的 _____ 的位置，并应防止外来辐射热及气流的影响。取各测点读数的 _____ 作为冷却介质温度。

378．电机热试验应采用在试验过程中最后的 _____ 时间内，按相等时间间隔测得的几个温度计读数的 _____ 作为试验中冷却介质温度。

379．如在海拔不超过 _____ 处，冷却空气温度在 _____ 之间进行试验，温升不作修正。

380．在结构试验过程中，可能使用两个不同的坐标系。第1坐标系以叶片 _____ 为参考，第2坐标系以 _____ 为参考。

381．在叶片试验流程中的所有独立试验项目，应拟定试验方案。试验方案应包括：_____、_____、_____ 和 _____。

382．在挥舞方向的试验中，应在足够大的载荷下，选取充足数量的位置进行变形的测量，以便对 _____ 进行充分地验证。

383．在疲劳试验过程中，应测量和记录 _____；试验的控制参数，如施加的 _____、_____、_____、_____。

384．试验的确能够对相应叶片型号提供有效信息，但它既不能替代精确的 _____，也不能替代叶片批量生产中的 _____。

385．试验方案应包括 _____、_____、_____、_____、可能影响试验实施的环境条件。

386．疲劳损伤等效设计载荷的确定包含了适当的 _____、_____、_____、_____ 和其他所有的相关信息。

387．静力试验主要是通过对叶片施加静态载荷，以获得叶片的两类信息。一是验证 _____ 的能力，二是在试验载荷下的 _____。

388．在载荷分析中，应通过对所有载荷时序的分析，以获得能够代表 _____。设计载荷的方向和大小的选择应覆盖所有 _____。

389．在疲劳试验中，对于所有测试区域，应确保试验载荷引起的损伤 _____ 目标载荷引起的损伤。

390．叶片玻璃钢成型主要工艺有 _____ 工艺，_____ 工艺，_____ 工艺。

391．为保证叶片后缘最大弦长位置脱模后表面平顺且无富树脂问题，该处脱模布

铺放时要 _____。

392．主梁成型真空系统中具体的辅材及流道布置指导说明，铺设 _____，包覆至少双层真空膜。

393．根据叶片结构划分，最重要区域包括 _____。

394．叶片厂针对风场叶片前缘腐蚀严重问题进行的工艺改进，一般使用材料包括 _____ 和 _____。

395．风电叶片避雷系统包括铝叶尖，接闪支座 _____，接闪器，避雷线，雷电记录卡及卡槽，叶根法兰。

396．灌注过程中需要监测灌注树脂胶液温度，当达到 _____℃时需倒入新的树脂，胶液温度达到 _____℃时需更换新胶液。

397．腹板圆弧芯材外玻璃钢宽度一般要求保留 _____，该设计结构为 C 型口。

398．叶片使用主材包括 _____ 等。

399．叶片结构中通常补强布包括 _____ 等。

400．检查芯材与主梁间高度差，当高度差大于规定值时，用相应厚度的倒角过渡，并用 _____ 固定。

401．预埋叶片后处理需要进行 _____ 端面打磨，平面度测试结果峰 - 峰值小于标准要求。

402．钻孔叶片径向孔需要检测项目包括 _____ 等。

403．叶片成型过程中使用的检测仪器需要定期进行校准，主要类型包括 _____ 和 _____。

404．在 IEC 62305-1 标准中采用了四个雷电防护等级。目前叶片采用的雷电防护等级为 _____ 级。

405．验证叶片防雷性能的方法有：_____。

406．与设计雷电防护系统以及确定其尺寸相关的四个雷电流参数包括：_____。

407．依据雷云移动的电荷极性划分，可以分为：_____。

408．初始先导雷击试验，使用相对于接地平面的 3 个 _____ 叶片角度及 4 个不同的俯仰角度。通过施加每个极性和每个方向上的 3 次放电，叶片将经受 54 次冲击。

409．材料力学性能测试的置信区间是 _____%。

410．表面防护材料（如油漆）需要测试的项目有：拉拔试验、断裂延伸率、耐腐蚀性、_____、_____、老化、盐雾。

411．叶片固有频率的测试值与理论计算值的偏差不应超过 _____%。

412．叶片轴向应变的测试值与理论计算值的偏差不应超过 _____%。

413．叶片挠度的测试值与理论计算值的偏差不应超过 _____%。

414．材料局部安全系数 _____。

415．雷电保护系统应满足 ＿＿＿＿＿＿＿ 的要求。

416．对于生产车间，如果没有规定制造过程可接受的温度和湿度值，当材料暴露在大气中时，车间室温应保持为 16～30℃ 之间，最大相对湿度（*RH*）应保持为 ＿＿＿＿＿＿＿ 之间。

417．增强材料、芯材、填充剂和添加剂应以封闭包装的方式储存，以防止污染和由于 ＿＿＿＿＿＿＿ 、 ＿＿＿＿＿＿＿ 等造成的不利影响。

418．湿气敏感材料储存时应持续记录其储存区域的 ＿＿＿＿＿＿＿ 和 ＿＿＿＿＿＿＿ ，且 ＿＿＿＿＿＿＿ 和 ＿＿＿＿＿＿＿ 不应超过此类材料的设计值。

419．叶片防护涂层总干膜厚度 ＿＿＿＿＿＿＿ 微米。

420．在风电领域，＿＿＿＿＿＿＿ 是风轮机舱组件的英文缩写。

421．在风电认证领域，＿＿＿＿＿＿＿ 是属于风力发电机组产品的认证类型。

422．在叶片失效分析中，需要对叶片的缺陷进行勘察描述记录。一般褶皱的描述，包括褶皱的位置、长度、高度、宽度和 ＿＿＿＿＿＿＿ 。

423．在叶片失效分析中，需要对叶片的缺陷进行勘察描述记录。一般发白的描述，包括发白的 ＿＿＿＿＿＿＿ 、 ＿＿＿＿＿＿＿ 。

424．风电叶片的维修工艺一般为：＿＿＿＿＿＿＿ 。

425．测量褶皱所用的工具为：＿＿＿＿＿＿＿ 。

426．GB/T 33629 标准中，叶片接闪器至叶根引下线末端的电阻不宜大于 ＿＿＿＿＿＿＿ Ω。

427．GB/T 33629 标准中，防雷装置宜 ＿＿＿＿＿＿＿ 年检测一次，对于雷电特殊地区的机组可适当调整检测周期。

428．风速大于 ＿＿＿＿＿＿＿ m/s 时禁止进行叶片外部检查和维修作业。

429．风机内工作的最高原则是不能单独进行，至少有 ＿＿＿＿＿＿＿ 名经过培训的员工共同在风机内工作。

430．叶片检查和维修所用的吊篮每日使用前要进行安全检查和记录，进吊篮前对安全绳做 ＿＿＿＿＿＿＿ 秒悬挂试验。

431．叶片失效的原因主要集中在三个方面，分别是 ＿＿＿＿＿＿＿ 原因、 ＿＿＿＿＿＿＿ 原因、 ＿＿＿＿＿＿＿ 原因。

432．叶片在风场进行吊装时，主要关注：＿＿＿＿＿＿＿ 、 ＿＿＿＿＿＿＿ 、 ＿＿＿＿＿＿＿ 。

433．GB/T 9914.1 标准中规定了玻璃纤维 ＿＿＿＿＿＿＿ 的测试方法。

434．GB/T 22314 标准中使用的设备是 ＿＿＿＿＿＿＿ 。

435．GB/T 16779 标准中，拉－拉疲劳测试的 *R*=＿＿＿＿＿＿＿ 。

436．GB/T 7124 标准，全称是《胶粘剂 ＿＿＿＿＿＿＿ 的测定 ＿＿＿＿＿＿＿ 》。

437．滚筒剥离强度可用于表征玻璃钢面板与芯材的黏接强度，其测试标准为 ＿＿＿＿＿＿＿ 。

438．涂料耐老化性能是一项很重要的指标，GB/T 23987 标准可用于耐 _____ 老化测试。

439．风力发电机开始发电时，轮毂高度处的最小无湍流稳态风速，称为 _____。

440．与风矢量主方向一致的方向，称为 _____。

441．短暂的风速突变，称为 _____。

442．风力发电机组缓慢旋转而不发电的状态，称为 _____。

443．通常由制造商为部件、装置或设备在特定运行状态下设定的功率值，称为 _____。

444．_____ 为用于确定风电机组等级的风速基本参数。

445．_____ 为风速标准差与平均风速的比值。

446．风矢量在垂直距离上的变化，称为 _____。

447．一般气象条件下，各种天文条件任意组合所能出现的最高静水位，称为 _____。

448．排除波浪、潮汐及风暴影响，在一段足够长时间内的海平面的平均水位高度，称为 _____。

449．考虑潮汐和风暴效应，并扣除波浪引起的变化而计算得到的理论水位，称为 _____。

450．风能利用率 C_p 理论上的最大值为 _____，又称贝茨极限。

451．叶轮旋转时叶尖运动所生成圆的在来流方向上的投影面积称为 _____。

452．海上发电机组的塔架、下部结构和基础统称为 _____。

453．海面以下用于建造支撑结构的部分称为 _____。

454．风能大小与 _____、_____ 和 _____ 成正比。

455．在一般运行情况下，风轮上的动力来源于气流在翼型上流过产生的升力。由于风轮转速恒定，风速增加，叶片上的攻角随之增加，直到最后气流在翼型上表面分离而产生脱落，这种现象称为 _____。

456．风电场应具备一定的 _____ 能力，即在其并网点电压跌落的时候，能够保持并网，甚至向电网提供一定的无功功率，支持电网恢复。

457．变桨距控制是通过叶片和轮毂之间的轴承结构转动叶片来 _____ 攻角，由此来减小翼型的 _____，达到减小作用在风轮叶片上的扭矩和功率的目的。

458．风轮是获取风中能量的关键部件，由 _____ 组成。叶片根部是一个法兰，与 _____ 连接，实现变桨过程。

459．为提高风机的发电量可以通过增加 _____ 来降低由地面粗糙度引起的 _____ 的影响。

460．目前主要有两种调节功率的方法，都是采用空气动力方法进行调节的。一种是 _____；另一种是 _____。

461．从载荷和安全角度考虑，风况可以分为海上风力发电机组正常运行期间出现的 _____ 和重现期为 _____ 或 _____ 的极端风况。

462．海上风力发电机组设计中，应考虑的环境条件有 _____ 和 _____，以及其他环境条件。

463．支撑结构在波浪和潮汐作用下干湿交替的区域称为 _____。

464．冰载荷可能是 _____ 产生的静载荷，或是在 _____ 作用下浮冰运动产生的动载荷。

465．海上风电机组结构设计时应考虑常规的 _____ 和 _____、_____、_____、_____ 以及其他载荷共同作用。

466．空气动力载荷是由 _____ 及 _____ 所引起的静态和动态载荷。

467．对于机械制动器，在任何制动过程中，检查响应和载荷时都应考虑易受 _____ 和 _____ 的摩擦力、弹力或压力的范围。

468．从载荷和安全角度考虑，风况可以分为海上风力发电机组运行期间频繁出现的 _____ 风况，和重现期1年或50年的 _____ 风况。

469．正常发电状态下，在设计计算时，通常应该考虑风轮制造中所存在的 _____ 和 _____ 不平衡。

470．正常发电状态下，风电机组总体布局应考虑 _____ 不平衡的影响。

471．在分析运行状态载荷时应考虑与理论最佳运行状态的偏差，如 _____ 和 _____。

472．标准中每种设计载荷工况用"F"和"U"注明了分析类型，"F"表示 _____，"U"表示 _____。

473．单个载荷或者组合载荷对某个结构部件或者整个系统产生的影响，称为 _____。

474．风电机组正在并网发电运行的状态称为 _____。

475．风电机组因故障、检修或其他原因而停运的状态叫 _____。

476．浮式基础可采用 _____ 和 _____ 等系泊方式。

477．海上风力发电机组基础宜进行风力机组 _____、_____ 与 _____ 的耦联静动力分析。

478．海上风力发电机组基础设计，应进行风力发电机组 _____ 与 _____ 的动力响应校核。

479．浮式基础由 _____ 和 _____ 组成。

480．多桩承台基础由三根或三根以上的 _____ 和承接上部结构的 _____ 组成。

481．在理论最低潮位以下5～50 m水深的海域开发建设的风电场叫作 _____。

482．海上风电机组的轮毂高度为从 _____ 到水平轴风电机组风轮扫掠面中心的高度。

483．海上测风塔布置应兼顾 _____ 与 _____ 海岸线两个方向的风能资源变化情况。

484．海上测风塔测量高度以风电场区域 _____ 为起算基面。

485．阵风系数是 N 年一遇 _____ 平均极端风速与 N 年一遇 _____ 平均极端风速的比值，N 通常取 1 或 50。

486．海上风电场可采用单波束或多波束探测仪探测海底 _____ 等，并符合 GB/T 17503 标准的要求。

487．海上 _____ 勘探点深度可参考风电机组相应的基础形式，确定勘探深度。

488．陆地风电场集电线路分为架空线路和地埋线路两种形式。海上风电场集电线路主要为 _____。

489．排除波浪、潮汐及风暴影响，在一段足够长时间内的海平面的平均水位高度叫 _____。

490．在海上风电机组设计中，风廓线－风切变定律为风速随 _____ 以上高度变化的数学表达式。

491．_____ 与 _____ 设备在现场安装前应经国家法定计量机构检验合格，在有效期内使用。

492．海上测风，风速传感器应满足测量范围为 _____，满足分辨率为 _____ 的要求。

493．为减小测风塔的 _____ 对传感器的影响，传感器与塔身的距离为桁架式结构测风塔直径的 3 倍以上、圆管型结构测风塔直径的 6 倍以上。

494．海上风速传感器，当风速不大于 30 m/s 时，准确度为 ±0.5 m/s；当风速大于 30 m/s，准确度为 _____。

495．在沿海多年平均大潮高潮线以下海域开发建设的风电场，包括在相应开发海域内无居民的海岛上开发建设的风电场叫做 _____。

496．10 min 平均风速的最大值为 _____。

497．_____ 应满足航海、航空警示要求。

498．风向标应根据当地磁北安装，按照 _____ 进行修正。

499．收集数据后应对收集的数据进行初步判断，判断数据是否在 _____ 的范围内；判断不同高度的测量记录 _____ 是否合理。

500．不得对现场采集的原始数据进行任何的 _____ 和 _____，并应及时对测量数据进行复制和整理。

501．强烈的热带气旋的环流中心是下沉气旋，将形成一个风眼叫作 _____。

502．由一批风力发电机组或风力发电机组群组成的电站叫作 _____。

503．测风塔的测量高度应高于预装风电机组轮毂高度，风电场范围内至少有 1 座测风塔测量高度不低于 _____。

504．全潮水文观测期间应进行短期测风，风速、风向传感器应安装于船舶大桅顶部，传感器与桅杆之间的距离至少应为桅杆直径的 _____。

505. _____ 或 _____ 的风速日变化是求出一个月或一年内，每日同一钟点风速的月平均值或年平均值，得到 0 点到 23 点的风速变化。

506. 风速年变化是从 1 月到 12 月的 _____ 变化。

507. _____、_____ 传感器应固定在从测风塔水平伸出的支架上。

508. 拟进行风能资源开发利用的场地、区域或范围叫作 _____。

509. 机组应能够接收台风警报信号，并具备 _____ 功能。

510. 当控制功能失效、内外部故障或危险事件发生时，_____ 应起作用。

511. 在制动系统和设备与电网断开被触发时，_____ 应比控制功能有更高的优先级，但低于 _____ 的等级。

512. 海上风电场的运行维护从长远角度制定合理的维护和检修计划，因此海上机组应具有 _____，能够进行远程控制。

513. 海上风电机组的故障率高于陆地机组，这大大增加了维护成本。为有效降低维护成本，提高机组可靠性，硬件及功能模块有电源、主控制模块、通信网络、信号采样及处理等应采用 _____。

514. 海上环境较陆地恶劣，主要体现在台风、潮湿、盐雾和雷击等方面，因此在设计机组时对控制和保护系统的所有部件需特别注意 _____。

515. 海上风力发电机组支撑结构的防护系统可以分为两类，分别是 _____ 和 _____。

516. 风电机组质保期满进行验收时，应出具风电机组振动状态监测系统提供的 _____。

517. 风电机组状态监测系统的数据来源是安装在设备上的各类传感器，传感器的安装位置最少在 _____、发电机轴承、齿轮箱（若有）、_____、塔架上部。

518. 两个独立元器件同时失效系属不可能发生，可不予考虑。如果两个或多个元器件相互关联，则它们同时失效可视为 _____。

519. 潮湿、高盐雾的海洋环境是影响海上风机寿命的重要因素，通常认为在相对湿度 _____ 以上，会发生严重腐蚀，因此机舱内部环境通过 _____ 及 _____ 加以控制。

520. 腐蚀损伤会影响结构的完整性，降低构件的承载能力。腐蚀防护的目的就是预防此类损伤发生在 _____ 敏感期。

521. 海上风力发电机组主控制系统柜体采用钢制防腐设计，防护等级不小于 _____。

522. 对腐蚀防护来说，所有 _____ 均应进行定期检查和维修，以确保在设计使用期内的完整性。

523. 海上风电机组主控制系统应配置 _____，根据用户权限的不同可以进行机组控制、机组状态及参数信息浏览、参数设置和修改等操作。

524．安全链系统应采用独立的安全链控制模块，设计采用 _____ 控制模式并独立于 _____ 运行。

525．主控制系统的安全保护系统应至少能启用两套相互独立的 _____，保证在任何情况下都能使风机 _____。

526．制动装置以 _____ 制动为主，同时传动轴配有机械制动，其动力源一般为电气和 _____ 两种形式，并配有辅助动力源。

527．海上风力发电机主控制系统的控制策略应支持机组 _____，低电压期间主控制系统主要控制功能正常。

528．海上风力发电机组若安全链系统动作，则需要手动进行故障复位。安全链故障复位可通过 _____ 实现，该复位功能应设置权限。

529．风力发电机组发生重大故障或监控到的数据危及机组安全，以及控制系统失效，机组不能维持稳定运行时应启动 _____。

530．紧急关机按钮使用后的解除应要求适当的操作。解除后，只有在 _____ 之后才能自动重启。

531．当危及风力发电机组安全的内部故障或触发造成关机时，应不能通过 _____ 来重启风力发电机组。

532．当监视到制动系统的辅助动力源 _____ 能量不能满足一次紧急制动的需要时，应 _____。海上风电机组对每种可能的故障，都应有详细的说明，应进行 _____。

533．IEC 61400-22 标准中规定，风力发电机组的认证模式分为 _____、_____ 和 _____。

534．单桩基础计入施工误差后，泥面处整个运行期内循环累积总倾角不应超过 _____。

535．半直驱风电机组的发电机体积相较于同等容量的直驱发电机体积 _____。

536．半直驱风电机组取消了齿轮箱的 _____，会降低其故障率。

537．海上测风，现场数据提取的时段最长不宜超过 _____。

第五章
简答题

第一节 标准依据

一、1～3题

1. GB/T 32346.1—2015《额定电压 220 kV（U_m=252 kV）交联聚乙烯绝缘大长度交流海底电缆及附件 第 1 部分：试验方法和要求》

2. GB/T 32346.2—2015《额定电压 220 kV（U_m=252 kV）交联聚乙烯绝缘大长度交流海底电缆及附件 第 2 部分：大长度交流海底电缆》

3. GB/T 32346.3—2015《额定电压 220 kV（U_m=252 kV）交联聚乙烯绝缘大长度交流海底电缆及附件 第 3 部分：海底电缆附件》

二、4～7题

GB/T 51190—2016《海底电力电缆输电工程设计规范》

三、8题

GB/T 51191—2016《海底电力电缆输电工程施工及验收规范》

四、9～11题

GB/T 51167—2016《海底光缆工程验收规范》

五、12～15题

NB/T 31117—2017《海上风电场交流海底电缆选型敷设技术导则》

六、16～21题

1. GB/T 191—2008《包装储运图示标志》
2. GB/T 50571—2010《海上风力发电工程施工规范》
3. GB/T 51121—2015《风力发电工程施工与验收规范》
4. GB/T 20319—2017《风力发电机组 验收规范》
5. DL/T 5191—2004《风力发电场项目建设工程验收规程》
6. GB 50150—2016《电气装置安装工程 电气设备交接试验标准》
7. GD 10—2017《海上风电场设施检验指南 2017》（中国船级社）
8.《海上风力发电机组认证规范 2012》（中国船级社）

七、22～23题

1. NB/T 31041—2019《海上双馈风力发电机变流器技术规范》
2. NB/T 31042—2019《海上永磁风力发电机变流器技术规范》

八、24题

NB/T 31043—2019《海上风力发电机组主控制系统技术规范》

九、25题

GB/T 32077—2015《风力发电机组 变桨距系统》

十、26题

NB/T 31018—2018《风力发电机组电动变桨控制系统技术规范》

十一、27～41题

1.《海上风力发电机组认证规范 2012》（中国船级社）
2. NB/T 31115—2017《风电场工程 110 kV～220 kV 海上升压变电站设计规范》

十二、42～63题

1. GB/T 33630—2017《海上风力发电机组 防腐规范》
2. GB/T 33423—2016《沿海及海上风电机组防腐技术规范》
3. NB/T 31006—2011《海上风电场钢结构防腐蚀技术标准》
4. IEC 62305-1：2010 *Protection against lightning-Part 1：General principles*
5. IEC 62305-3：2010 *Protection against lightning-Part 3：Physical damage to structures and life hazard*

6．IEC 62305-4：2010 *Protection against lightning-Part 4：Electrical and electronic systems within structure*

7．GB/T 36490—2018《风力发电机组 防雷装置检测技术规范》

十三、64～70题

1．DL/T 796—2012《风力发电场安全规程》
2．DL/T 797—2012《风力发电场检修规程》

十四、71～91题

IEC 61400-12-1：2022 *Wind energy generation systems-Part 12-1：Power performance measurements of electricity producing wind turbines*

十五、92～101题

IEC 61400-13：2015 *Wind turbines-Part 13：Measurement of mechanical loads*

十六、102～103题

IEC 61400-50-3：2022 *Wind energy generation systems-Part 50-3：Use of nacelle-mounted lidars for wind measurements*

十七、104～107题

DL/T 796—2012《风力发电场安全规程》

十八、108～109题

1．GB/T 32128—2015《海上风电场运行维护规程》
2．DL/T 797—2012《风力发电场检修规程》

十九、110～115题

DL/T 797—2012《风力发电场检修规程》

二十、116～120题

GB/T 25385—2019《风力发电机组 运行及维护要求》

二十一、121～123题

GB/T 33423—2016《沿海及海上风电机组防腐技术规范》

二十二、124～126题

GB/T 36569—2018《海上风电场风力发电机组基础技术要求》

二十三、127～128题

1．GB/T 18451.1—2022《风力发电机组 设计要求》
2．GB/T 31517.1—2022《固定式海上风力发电机组 设计要求》

二十四、129～140题

DL/T 797—2012《风力发电场检修规程》

二十五、141～143题

GB/T 25385—2019《风力发电机组 运行及维护要求》

二十六、144～146题

GB/T 18451.1—2022《风力发电机组 设计要求》

二十七、147题

NB/T 31006—2011《海上风电场钢结构防腐蚀技术标准》

二十八、148～151题

GB/T 32128—2015《海上风电场运行维护规程》

二十九、152题

GB/T 31517.1—2022《固定式海上风力发电机组 设计要求》

三十、153题

GB/T 20319—2017《风力发电机组 验收规范》

三十一、154～167题

IEC 61400-23：2014 *Wind turbines-Part 23：Full-scale structural testing of rotor blades*

三十二、168～171题

1．GB/T 25383—2010《风力发电机组 风轮叶片》
2．DNV GL-ST-0376：2015 *Rotor blades for wind turbines*

3．GB/T 33629—2017《风力发电机组 雷电防护》

4．IEC 61400-5：2020 *Wind energy generation systems-Part 5：Wind turbine blades*

5．IECRE OD-501：2018 *Type and Component Certification Scheme*，*Edition 2.0*

三十三、172～237题

1．GB/T 4472—2011《化工产品密度、相对密度的测定》

2．ISO 13003：2003 *Fibre-reinforced plastics-Determination of fatigue properties under cyclic loading conditions*

3．ISO 12944-1：2017 *Paints and uarnishes-Corrosion protection of steel structures by protective paint systems-Part 1：General introduction*

三十四、238～248题

1．GB/T 755—2019《旋转电机 定额和性能》

2．GB/T 1029—2021《三相同步电机试验方法》

3．GB/T 1032—2012《三相异步电动机试验方法》

4．GB/T 23479.1—2009《风力发电机组 双馈异步发电机 第1部分：技术条件》

5．GB/T 23479.2—2009《风力发电机组 双馈异步发电机 第2部分：试验方法》

6．GB/T 25389.1—2018《风力发电机组 永磁同步发电机 第1部分：技术条件》

7．GB/T 25389.2—2018《风力发电机组 永磁同步发电机 第2部分：试验方法》

8．NB/T 31063—2014《海上永磁同步风力发电机》

9．GB/T 22719.1—2008《交流低压电机散嵌绕组匝间绝缘 第1部分：试验方法》

三十五、249～250题

NB/T 10105—2018《海上风电场工程风电机组基础设计规范》

第二节　简答题例题

1．请写出 GB/T 32346.1 标准规定的额定电压 220 kV（U_m=252 kV）交联聚乙烯绝缘大长度交流海底电缆对于抽烟电缆试验的复试要求。

2．请写出交联聚乙烯绝缘海底电缆系统与交联聚乙烯绝缘陆上电缆系统的主要不同点。

3．额定电压 220 kV（U_m=252 kV）交联聚乙烯绝缘大长度交流海底电缆附件的型式试验有哪些？

4. 请写出至少 5 项海域段电缆路由选择时候的注意事项。

5. 写出海底电缆绝缘层承受的雷电过电压和操作过电压的确定依据。

6. 海底电缆的敷设方式有哪些？

7. 请写出海底电缆复合光缆的一般形式，并做简单对比。

8. 请写出海底电缆两端登陆处警示装置的安装规定。

9. 海底光缆登陆应满足的规定有哪些？

10. 海底光缆工程的竣工资料包括什么？

11. 海底光缆工程的工程基本资料包括什么？

12. 海底电缆选型敷设主要考虑的因素和条件有哪些？

13. 海底电缆的电压等级和回路数的确定依据是什么？

14. 海底电缆金属套的接地方式有哪些？

15. 海底电缆导体截面选择应考虑哪些主要因素？

16. 测量转子绕组的交流阻抗和功率损耗，应符合哪些规定？

17. 定子绕组端部现包绝缘施加直流电压测量，应符合哪些规定？

18. 中频发电机的试验项目，应包括哪些内容？

19. 测量绕组的直流电阻，应满足什么要求？

20. 定子绕组直流耐压试验和泄漏电流测量，应符合哪些规定？

21. 电力变压器的试验项目，应包括哪些内容？

22. 请列举出至少 10 项变流器的保护功能。

23. 请画出风电机组低电压穿越示意图。

24. 请列举出至少 5 种主控通信方式。

25. 请简述产品铭牌所应包含的内容。

26. 请简述人机服务的操作功能。

27. 海上风力发电机组电气设备自身产生的电磁干扰不应超过相关设备标准及电磁兼容性有关文件所规定的电平。为了使电气设备自身产生的干扰减至最小，可采取的措施有哪些？

28. 对于电力电子变流器，进行的检查和试验项目有哪些？

29. 电缆和电线的载流容量由哪些因素确定？

30. 风力发电机并网时应满足哪两个基本要求？

31. 海上升压变电站的站址选择应符合哪些要求？

32. 海上升压变电站的平台方位，应符合哪些要求？

33. 海上风电场无功补偿的设置，应遵循哪些原则？

34. 主变压器的选择应遵循哪些原则？

35. 配电装置的选择应遵循哪些原则？

36. 海上升压变电站计算机监控系统应主要包括哪些系统？

37. 继电保护应包括哪些内容？

38. 二次设备选择应符合哪些要求？

39. 海上升压变电站哪些区域应设自动灭火设施？

40. 海上升压变电站灭火系统的选择应考虑哪些因素？

41. 海上升压变电站灭火器安装，应满足哪些要求？

42. 机组总体结构应采用密封设计，塔架、机舱、轮毂及发电机（直驱型机组）内部宜采用腐蚀环境控制措施保持干洁空气环境，其总体防腐蚀措施是什么？

43. 结构、零件设计应采用哪些防腐措施？

44. 电气设备应采取哪些防腐措施？

45. 钢制结构件及部件在涂装过程中，对涂装环境有严格的要求，施工现场无风砂和灰尘，涂装作业应在空气流通、光线明亮、清洁干净的厂房内进行，如无特殊要求，哪些情况下不应该进行涂装工作？

46. 运输、安装后涂层破损处应按哪些要求进行修补？

47. 对海上风电机组进行防腐电化学法操作时，外加电流阴极保护系统中电缆应符合哪些要求？

48. 请简述腐蚀检测系统。

49. 雷击对建筑物可导致哪三种基本损害的类型？

50. 雷击对公共设施可导致哪三种基本损害的类型？

51. 雷击会造成哪些损失类型？

52. 根据雷击社会损失评估，在防雷措施中应考虑哪些风险？

53. 减少接触和跨步电压对活体危害的防护措施，可能的防护措施有哪些？

54. 减少活体损害的防护措施，可能的防护措施有哪些？

55. 减少电气和电气系统失效的防护措施，可能的防护措施有哪些？

56. 建筑物雷电防护系统（LPS）包括内部和外部的雷电防护系统，外部的 LPS 的功能有哪些？

57. 当建筑物外部土壤和内部地板的表面电阻不够大时，则由接触和跨步电压造成的生命灾害应采用哪些方法来减少？

58. 为减少内部系统受雷击电磁脉冲（LEMP）而失效的风险，其防护限于针对下列哪些情况？

59. 在防雷系统中，对于公共设施的防护，受保护的公共设施应置于哪些区域内？

60. 风力发电机组外部防雷装置包括哪些部分？

61. 风力发电机组内部防雷装置包括哪些部分？

62. 绝缘电阻测试仪器主要为兆欧表，按其测量原理可分为哪些？

63. 测量接地电阻时应注意哪些事项？

64. 什么是安全链？

65. 风电场安全工作基本方针是什么？

66. 新安装机组在启动前应具备哪些条件？

67. 保证安全的组织措施有哪些？

68. 请简述可以不用操作票的工作及事后需要完成的工作。

69. 工作班成员的安全责任有哪些？

70. 请简述装拆接地线的要求。

71. 请写出障碍物等效风轮直径计算公式。（障碍物高度 I_h，障碍物宽度 I_w，等效风轮直径 D_e）

72. 假定不确定度服从矩形概率分布，则标准不确定度为多少？

73. 假定不确定度服从三角形概率分布，则标准不确定度为多少？

74. 安装测风塔时应考虑防雷保护，需要做好哪些预防工作？

75. IEC 61400-12-1 标准中，功率系数 C_p 如何计算？每个计算变量代表什么意义？

76. IEC 61400-12-1 标准中，如何计算障碍物的影响扇区？

77. IEC 61400-12-1 标准中，如何判断场地地形是否为复杂地形？

78. IEC 61400-12-1 标准中，复杂地形如何进行场地标定？

79. IEC 61400-12-1 标准中，请介绍不同分级等级的风速计的适用范围。

80. 请简述场地标定的目的和结果。

81. 请简述测试数据库的要求。

82. 请简述数据库剔除原则。

83. 请简述风力发电机组功率曲线测试的内容含义。

84. 对风杯式风速计特性评估，应包括经过验证确定以下那些基本特征的影响？

85. 实际测试中，测风塔测的范围 B 的区间是多少？

86. 使用测风塔测风时，风向标的对北如何确定？

87. 在 IEC-61400-12-1 标准中，雷达分级时如何判断环境变量的重要性？

88. 根据 IEC-61400-12-1 标准所述，激光雷达验证不确定度主要分为哪几部分？

89. 根据目前人们对 RSD 的了解，标准进行了哪些要求？

90. 为评估参考传感器的标准不确定度（如果是杯式风速计），应考虑哪些不确定度因素？并且应认为它们是相互独立的，因此应以正交方式加入吗？

91. 所有可用的环境变量都被认为可能在灵敏度分析的范围内。需要考虑的变量列表包括哪些？（至少写出 5 条）

92. 请简述弦线定义。

93. 何为湍流强度？

94. 请简述偏航角度定义。

95. 为什么 MLC 测量需要重复多次测量？

96．载荷测试中俘获矩阵目的是什么？

97．为测量结构总载荷，在选择传感器安装位置过程中，选择的位置应满足哪些要求？（至少写出 3 条）

98．载荷测试期间，遇到风力发电机组配置更改，应该采取什么措施？

99．有几种方法可对载荷传感器进行标定？建议使用一种及以上的方法验证标定结果。

100．机舱的偏航位置可通过什么方法进行标定？

101．数据验证的两个目的是什么？

102．根据 IEC 61400-50-3 标准所述，机舱雷达的"标定"和"分级"的意义分别是什么？请简要描述其过程。

103．机舱雷达应用于海上机组测试，相比于其他测风设备的优势是什么？你认为目前阻碍其应用的最大困难是什么？

104．风电场在检修中必须坚持贯彻什么样的方针、思想和原则？

105．运维期间，逃生及救生系统应检查的项目有哪些？

106．在风机维护过程中，制动系统需要被定期检查，请总结需要检查的关键点。

107．试述齿轮箱的检修项目。

108．风电场的运行管理包含哪些主要内容？

109．风电机组因异常需要立即进行停机操作的顺序是什么？

110．风电厂运行管理工作的主要任务是什么？

111．风电厂备品配件管理的目的是什么？

112．海上风力发电场需要定期巡视，请简述巡视的类型及简介。

113．试述风力发电机组巡视检查的主要内容和目的。

114．请简述风电轮毂定期检修的项目。

115．请简述风力发电场高空维护作业应该注意的事项。

116．试述风力发电机组巡视检查的重点。

117．试述风力发电机组的应急处理原则。

118．风机机舱内齿轮箱的常见故障有哪几种？

119．风力发电机组机械制动系统的检查包括哪些项目？

120．风电场在哪些情况下要进行特殊巡视？

121．风机防腐涂层施工主要的工艺流程是什么？

122．海上风机防腐涂层的修补应符合哪些要求？

123．海上风电场所处的环境较为复杂，请简述海上风机所处的海上工况。

124．海上风力发电机常见的基础有哪些？

125．海上风电基础中的导管架结构是一种承台，其组成结构主要有哪些？

126．简述海上风机中群桩承台基础中承台的作用及主要组成结构。

127．简述风力发电机组的组成。

128．什么叫风力发电机组的扫掠面积？

129．风力发电机大型部件检修开工前，应做好哪些准备工作？

130．设备的解体、修理和安装工作为现场重点工作，该部分工作的实行应遵循哪些要求？

131．导流罩及机舱壳体检查项目有哪些？

132．风机主轴的检查项目有哪些？

133．风机空气制动系统的检查项目有哪些？

134．风机机械制动系统需要检查的项目有哪些？

135．请简述风机联轴器在运维时要检查的项目。

136．风机运维期间需要检查的传感器有哪些？

137．风机气象站及风资源分析系统的检查包括哪些项目？

138．风电机组整体检查项目有哪些？

139．风力发电机监控系统在检修过程中需要检查哪些项目？

140．对风机塔架的检查项目主要有哪些？

141．风力发电机操作和维修记录，至少包含哪些内容？

142．风电机组维护和修理操作手册应该规定操作安全规程，安全方面的规程需要考虑哪些因素？

143．哪些情况会增加风力发电机组的损伤程度，并且应该制定紧急事件的应急方？

144．为了保证检查和维护人员的安全，风机设计应该包含哪些内容？

145．运行人员指导手册包括的内容主要有哪些？

146．风力发电机组应配备维护手册，请简述手册应该包括的内容。

147．实施涂料保护和热喷涂金属保护前应进行表面处理，其中表面预处理的要求有哪些？

148．风电机组应该具备哪些条件，才能更好地运维管理？

149．海上风机运维人员，在海上作业时应具备的基本要求有哪些？

150．海上升压站及风电机组基础的定期维护内容主要有哪些？

151．海上风机海缆定期维护项目有哪些？

152．风力发电机组在超过 3 个月未发电的情况下重启时，应采取哪些特别的预防措施？

153．风电机组最终验收文件应包括哪些？

154．叶片哪些关键区域应被考虑？

155．请描述叶片的灾难性失效的现象。

156．在疲劳试验过程中，应测量和记录哪些参数？

157．试验过程中出现的哪些现象可以看作表观损伤？

158．静力试验过程中哪些数据应被测量和记录？

159．叶片试验应至少包含哪些试验项目，并按顺序进行？

160．在试验执行过程中会受到许多技术和经济方面的制约，其中主要制约因素是什么？

161．设计载荷是确定试验载荷的基础。根据设计计算，叶片应具有承受设计载荷的能力。在设计计算时应进行哪些假设？

162．叶片制造商应记录可追溯的试验叶片设计和制造的文档资料，其中应包括哪些记录？

163．在设计计算时，应包含的局部安全系数有哪些？

164．自重载荷可由哪些重量引起？

165．试验报告内容要求有哪些？

166．关于设计要求的试验评估有哪些？

167．以理论计算损伤为基础，通过等损伤原理进行载荷放大的方法具有哪些局限性？

168．叶片防护涂层体系测试项目有哪些？

169．叶片涂层外观要求主要包括哪些内容？

170．叶片常用的材料类型有哪些？

171．纤维增强材料在叶片结构中的作用是什么？

172．请简述 GB/T 4472 标准中适用材料的形式和测试方法。

173．ISO 13003 标准中，一般有哪几种疲劳测试或加载形式？

174．海上风机防腐十分重要，在 ISO 12944-1 标准中，防腐年限是如何规定的？

175．海上风力发电机组应参考哪两种安全等级进行设计？分别是什么？

176．用于验证海上风力发电机组结构完整性的设计载荷工况，应有哪些情况组合进行计算？

177．请简述陆上风电基础和海上风电基础在承受载荷方面的根本性差异。

178．请简述风电机组控制系统的定义。

179．请简述产生涡激振动的原因。

180．随着目前塔架高度的不断增加，塔架固有频率逐渐降低，易发生涡激振动。其避免措施一般有哪些？

181．什么是低电压穿越？

182．海上风力发电机组基础环境条件主要包括哪些因素？

183．海上风力发电机组地质条件评估中，地质勘察包括哪些内容？

184．测风数据验证包括哪些内容？

185．海上风电场包括哪些类型？

186．什么是威布尔分布？

187．请简述永磁直驱风机的特点。

188．距离海床 50 m 深度范围的近海离岸风电，通常使用固定式结构，目前广泛运用的结构包括 4 种，请简述类型以及对应特点。（重力式，单桩式，三脚架式，塔架式）

189．距离海床超过 50 m 深度范围的远海离岸风电，通常使用漂浮式结构，目前广泛运用的结构包括 3 种，请简述类型以及对应特点。（Spar 式，半潜水式，TLP 式）

190．为什么获取特定场地准确的风资源数据非常重要？

191．请简述测量部分各类传感器的名称及其测量对象。

192．请简述"失效"和"故障"的含义。

193．海上风电机组结构设计时应考虑哪些载荷？（请从载荷的来源角度分析）

194．每种设计载荷工况除了需要考虑重力及惯性载荷、空气动力载荷、驱动载荷等常规载荷以外，还应考虑哪些情况？

195．请简述制动系统的作用。

196．风力发电机在超过额定风速的风况下，会采取不同控制策略，用于保护风机，请简述这两种控制策略及其特点。

197．海上风电机组的设计要求相较于陆上风电机组有何异同？

198．测风数据对于不合理的数据和缺测的数据应如何处理？

199．海上风电相比于陆上风电具有哪些优势？技术层面面临哪些挑战？

200．请简述有义波高的概念。

201．请简述极大有义波高的概念。

202．请简述极大波高的概念。

203．请简述固定冰盖的概念。

204．请简述最高天文潮位的概念。

205．请简述堆积冰的概念。

206．请简述最低天文潮位的概念。

207．请简述平均海平面的概念。

208．请简述海上风力发电机组的概念。

209．请简述折射的概念。

210．请简述余流的概念。

211．请简述海底的概念。

212．请简述海床的概念。

213．请简述冲刷的概念。

214．请简述风暴潮的概念。

215．请简述涌浪的概念。

216．请简述波高的概念。

217．请简述波陡的概念。

218．请简述海洋波谱的概念。

219．请简述安全系数的含义。

220．请简述当采用测量的方法确定场址条件时需要注意的事项。

221．请简述运维记录中适宜记录的主要事项。

222．可能影响风电机组性能的环境特征包括哪些？

223．一般认为海流是定常速度和方向的水平均匀流场，紧随深度而变化。请简述海流速度应考虑的分量有哪些？

224．请简述海生物对海上风力发电机组支持结构的影响。

225．建立特定地址的海洋气象数据库时，需要包含哪些信息？

226．运维过程中，风电机组制造商应提供哪些文件？

227．对于风力发电机组的最大极限状态，应进行哪些分析？

228．请简述空气动力载荷定义。

229．请简述"扭缆"和"解缆"的含义。

230．海上风力发电机组振动状态监测可采用以下加速度传感器、速度传感器和位移传感器三种类型的传感器，应如何选择？

231．湍流强度的含义是什么？

232．潮间带和潮下带滩涂风电场指的是什么？

233．海上长期风能资源测量主要关注哪些方面？

234．风资源评估过程中对测风数据的要求是什么？

235．热带气旋的定义是什么？

236．最大风速和极大风速的含义是什么？

237．风速的日变化是指什么？

238．请解释双馈异步风力发电机组中"双馈"与"异步发电"的含义。

239．什么叫不可逆失磁？

240．请简述效率曲线的定义。

241．发电机检测时，定子侧各相线圈的直流电阻值分别为 0.24 Ω、0.28 Ω、0.20 Ω。请计算三相绕组的线不平衡率。

242．发电机检测时，15 ℃时测定定子线圈直流电阻为 1.65 mΩ，请计算 20 ℃时定子线圈的直流电阻值。

243．什么是直接冷却绕组？

244．什么是间接冷却绕组？

245．常用并网型风力发电机组有哪三种发电机型式？

246．请简述发电机的电气性能。

247．请简述风力发电机的常见类型。

248. 请简述冲击波形比较法原理。

249. 风电机组基础在施工期和运行期可能遭遇的荷载主要有哪些?

250. 半直驱风电机组与直驱双馈风电机组的区别是什么?

第六章
答　案

第一节　判断题

题序	1	2	3	4	5	6
答案	正确	正确	错误	正确	正确	正确
题序	7	8	9	10	11	12
答案	正确	正确	正确	正确	正确	正确
题序	13	14	15	16	17	18
答案	错误	正确	正确	正确	正确	正确
题序	19	20	21	22	23	24
答案	正确	正确	正确	正确	正确	正确
题序	25	26	27	28	29	30
答案	正确	正确	正确	正确	正确	正确
题序	31	32	33	34	35	36
答案	错误	正确	正确	正确	错误	正确
题序	37	38	39	40	41	42
答案	正确	正确	正确	正确	正确	正确
题序	43	44	45	46	47	48
答案	错误	正确	错误	正确	正确	正确
题序	49	50	51	52	53	54
答案	正确	错误	错误	正确	正确	错误
题序	55	56	57	58	59	60
答案	错误	正确	错误	正确	错误	正确

题序	61	62	63	64	65	66
答案	正确	错误	错误	错误	错误	正确
题序	67	68	69	70	71	72
答案	错误	正确	正确	正确	正确	正确
题序	73	74	75	76	77	78
答案	错误	错误	正确	正确	正确	正确
题序	79	80	81	82	83	84
答案	正确	正确	正确	正确	正确	正确
题序	85	86	87	88	89	90
答案	错误	正确	正确	正确	正确	错误
题序	91	92	93	94	95	96
答案	正确	正确	正确	正确	正确	错误
题序	97	98	99	100	101	102
答案	错误	正确	正确	正确	正确	正确
题序	103	104	105	106	107	108
答案	正确	正确	正确	正确	正确	正确
题序	109	110	111	112	113	114
答案	正确	正确	正确	正确	正确	错误
题序	115	116	117	118	119	120
答案	正确	正确	正确	正确	正确	正确
题序	121	122	123	124	125	126
答案	正确	正确	正确	正确	正确	正确
题序	127	128	129	130	131	132
答案	正确	正确	正确	正确	错误	错误
题序	133	134	135	136	137	138
答案	正确	正确	错误	正确	错误	正确
题序	139	140	141	142	143	144
答案	正确	错误	正确	正确	错误	错误
题序	145	146	147	148	149	150
答案	正确	正确	正确	错误	正确	错误
题序	151	152	153	154	155	156
答案	正确	正确	正确	错误	错误	正确
题序	157	158	159	160	161	162
答案	正确	正确	正确	正确	正确	正确

题序	163	164	165	166	167	168
答案	正确	正确	错误	错误	正确	正确
题序	169	170	171	172	173	174
答案	正确	正确	正确	正确	正确	正确
题序	175	176	177	178	179	180
答案	正确	正确	正确	正确	正确	正确
题序	181	182	183	184	185	186
答案	正确	错误	正确	错误	错误	错误
题序	187	188	189	190	191	192
答案	正确	正确	正确	正确	正确	正确
题序	193	194	195	196	197	198
答案	正确	正确	错误	正确	错误	错误
题序	199	200	201	202	203	204
答案	错误	错误	错误	正确	错误	正确
题序	205	206	207	208	209	210
答案	正确	错误	错误	正确	正确	错误
题序	211	212	213	214	215	216
答案	正确	正确	正确	正确	正确	正确
题序	217	218	219	220	221	222
答案	正确	错误	错误	错误	错误	正确
题序	223	224	225	226	227	228
答案	正确	错误	错误	错误	正确	正确
题序	229	230	231	232	233	234
答案	正确	错误	正确	正确	错误	正确
题序	235	236	237	238	239	240
答案	错误	错误	错误	错误	错误	正确
题序	241	242	243	244	245	246
答案	正确	正确	正确	错误	正确	正确
题序	247	248	249	250	251	252
答案	正确	错误	正确	正确	正确	正确
题序	253	254	255	256	257	258
答案	正确	正确	正确	正确	正确	正确
题序	259	260	261	262	263	264
答案	正确	正确	正确	正确	正确	正确

题序	265	266	267	268	269	270
答案	正确	正确	正确	错误	错误	正确
题序	271	272	273	274	275	276
答案	正确	错误	错误	错误	正确	正确
题序	277	278	279	280	281	282
答案	错误	错误	错误	错误	错误	错误
题序	283	284	285	286	287	288
答案	正确	正确	正确	正确	错误	正确
题序	289	290	291	292	293	294
答案	正确	正确	错误	正确	错误	正确
题序	295	296	297	298	299	300
答案	正确	错误	正确	错误	错误	错误
题序	301	302	303	304	305	306
答案	错误	错误	正确	错误	正确	正确
题序	307	308	309	310	311	312
答案	错误	错误	正确	正确	正确	错误
题序	313	314	315	316	317	318
答案	错误	错误	正确	正确	错误	正确
题序	319	320	321	322	323	324
答案	错误	正确	错误	正确	正确	正确
题序	325	326	327	328	329	330
答案	错误	正确	错误	正确	错误	错误
题序	331	332	333	334	335	336
答案	正确	错误	错误	错误	错误	错误
题序	337	338	339	340	341	342
答案	正确	错误	错误	正确	正确	正确
题序	343	344	345	346	347	348
答案	错误	正确	错误	正确	错误	正确
题序	349	350	351	352	353	354
答案	错误	正确	正确	错误	错误	错误
题序	355	356	357	358	359	360
答案	正确	错误	错误	正确	错误	正确
题序	361	362	363	364	365	366
答案	正确	错误	正确	正确	错误	错误

续表

题序	367	368	369	370	371	372
答案	错误	正确	正确	错误	正确	错误
题序	373	374	375	376	377	378
答案	正确	错误	正确	正确	正确	正确
题序	379	380	381	382	383	384
答案	错误	错误	正确	错误	错误	正确
题序	385	386	387	388	389	390
答案	错误	正确	错误	正确	正确	正确
题序	391	392	393	394	395	396
答案	错误	正确	正确	正确	错误	错误
题序	397	398	399	400	401	402
答案	正确	正确	错误	正确	正确	错误
题序	403	404	405	406	407	408
答案	正确	正确	正确	正确	错误	错误
题序	409	410	411	412	413	414
答案	正确	正确	错误	正确	错误	正确
题序	415	416	417	418	419	420
答案	正确	错误	正确	正确	正确	正确
题序	421	422	423	424	425	426
答案	正确	正确	正确	错误	正确	错误
题序	427	428	429	430	431	432
答案	错误	正确	正确	错误	正确	错误
题序	433	434	435	436	437	438
答案	正确	错误	错误	错误	错误	正确
题序	439	440	441	442	443	444
答案	错误	正确	错误	错误	正确	错误
题序	445	446	447	448	449	450
答案	错误	正确	正确	错误	正确	正确
题序	451	452	453	454	455	456
答案	错误	错误	正确	正确	正确	正确
题序	457	458	459	460	461	462
答案	错误	正确	正确	错误	正确	正确
题序	463	464	465	466	467	468
答案	正确	正确	错误	错误	错误	错误

题序	469	470	471	472	473	474
答案	正确	正确	正确	正确	正确	正确
题序	475	476	477	478	479	480
答案	正确	正确	错误	正确	错误	正确
题序	481	482	483	484	485	486
答案	错误	错误	正确	错误	正确	错误
题序	487	488	489	490	491	492
答案	正确	错误	正确	正确	正确	正确
题序	493	494	495	496	497	498
答案	正确	错误	正确	正确	错误	正确
题序	499	500	501	502	503	504
答案	正确	错误	正确	正确	正确	正确
题序	505	506	507	508	509	510
答案	正确	正确	正确	错误	正确	错误
题序	511	512	513	514	515	516
答案	错误	正确	正确	错误	正确	错误
题序	517	518	519	520	521	522
答案	正确	错误	正确	正确	正确	正确
题序	523	524	525	526	527	528
答案	正确	正确	正确	正确	正确	正确
题序	529	530	531	532	533	534
答案	正确	正确	正确	正确	正确	正确
题序	535	536	537	538	539	540
答案	正确	错误	正确	正确	正确	错误
题序	541	542	543	544	545	546
答案	正确	正确	错误	错误	正确	正确
题序	547	548	549	550	551	552
答案	正确	正确	正确	正确	正确	错误
题序	553	554	555	556	557	558
答案	正确	错误	正确	正确	错误	错误
题序	559	560	561	562	563	564
答案	正确	正确	正确	正确	正确	正确
题序	565	566	567	568	569	570
答案	正确	正确	正确	正确	正确	错误

题序	571	572	573	574	575	576
答案	错误	正确	正确	正确	错误	正确
题序	577	578	579	580	581	582
答案	正确	正确	错误	正确	错误	正确
题序	583	584	585	586	587	588
答案	正确	正确	错误	错误	正确	正确
题序	589	590	591	592	593	594
答案	错误	正确	正确	正确	错误	正确
题序	595	596	597	598	599	600
答案	正确	正确	正确	错误	正确	正确
题序	601	602	603	604	605	606
答案	正确	正确	正确	错误	正确	正确
题序	607	608	609	610	611	612
答案	正确	错误	正确	错误	错误	错误
题序	613	614	615	616	617	618
答案	错误	错误	错误	错误	错误	错误
题序	619	620	621	622	623	624
答案	错误	错误	错误	错误	错误	错误
题序	625	626	627	628	629	630
答案	正确	错误	错误	错误	错误	错误
题序	631	632	633	634	635	636
答案	正确	错误	错误	错误	错误	正确
题序	637	638	639	640	641	642
答案	错误	错误	正确	错误	正确	错误
题序	643	644	645	646	647	648
答案	错误	正确	正确	错误	错误	正确
题序	649	650	651	652		
答案	错误	正确	错误	错误		

部分题目答案解析：

题3. 错误（应为 318 kV，30 min，频率不低于 10 Hz 的电压试验）。

题13. 错误（海底电缆应采用整根连续生产，可以包含工厂接头）。

题31. 错误（有中继 WDM 海底光缆系统的终端设备功能检查和本机测试项目中包含海底光缆终端设备、远供电源设备、线路监测设备和网络管理设备等站内设备集成验证测试）。

题 35. 错误（海底光缆线路工程的工程终验应在初验合格并经试运行，且应在工程遗留问题已解决后进行）。

题 43. 错误（恶劣气象环境条件和最大送电容量两种工况可不同时考虑）。

题 45. 错误（海底电缆穿越堤防段保护套管的内径宜大于 1.5 倍电缆直径）。

题 50. 错误（应使用 500 V 及以下兆欧表或其他仪器测量）。

题 51. 错误（转子绕组绝缘电阻应不低于 2000 Ω）。

题 54. 错误（应可采用 2500 V 兆欧表测量绝缘电阻来代替）。

题 55. 错误（不应低于 0.5 MΩ）。

题 57. 错误（最小直径应为 8 mm）。

题 59. 错误（需配置连接件或带连接件端子的牵索）。

题 62. 错误（应在冷态条件下测量）。

题 63. 错误（直流电动机空载运行时间一般不少于 30 min）。

题 64. 错误（不应大于 20 mg/L）。

题 65. 错误（静置后取样测量油中的含气量应不大于 1% 的体积分数）。

题 67. 错误（应是 33 kV 及以下变压器适用此方法）。

题 150. 错误（锐边和切割边缘应打磨成曲率半径大于 2 mm）。

题 154. 错误（一般不小于 15 年）。

题 155. 错误（巡视检查周期应为 3 个月，定期检测周期一般为 5 年）。

题 165. 错误（在防雷系统中主动放电接闪器是不被许可的）。

题 166. 错误（在防雷保护系统中引下线应尽量直线和垂直安装）。

题 182. 错误（检测接地线与等电位联结带之间的过渡电阻不应大于 0.24 Ω）。

题 184. 错误（等电位联结尽可能走直线，连接线尽可能短）。

题 185. 错误（雷雨天尽量避免在外逗留）。

题 244. 错误（测试前后都应对风速计进行校准）。

题 248. 错误（所用的风速计应为运行特性相同的同一型号风速计）。

题 298. 错误（风力发电机组达到额定功率的轮毂高度处最小风为额定风速）。

题 299. 错误（应是从前缘到后缘连成的虚拟直线）。

题 300. 错误（载荷测试需要进行场地标定）。

题 301. 错误（大于 5% 的某一湍流有 6 个 10 min 序列也满足数据量要求）。

题 302. 错误（安装位置应处于塔架上部 20% 塔架高度内）。

题 304. 错误（应为挥舞方向）。

题 307. 错误（风轮转速可在低速轴或高速轴上测量）。

题 308. 错误（叶片材料特性不完全清楚，不能采用解析法）。

题 313. 错误（应通过参考叶片坐标系原点）。

题 314. 错误（应将传感器安装在内表面适当位置）。

题 317. 错误（也有可能是测试中的问题）。

题 319. 错误（梁理论对叶片不适用）。

题 321. 错误（应是与塔顶扭矩相近）。

题 332. 错误（不在机组时应乘船离开承台）。

题 579. 错误（测量范围应为 −40℃ ～ +50℃，精确度应为 ±0.5℃）。

题 581. 错误（测站总数应不少于 2 个）。

题 585. 错误（浙江中北部沿岸应为 5.0～6.0 m/s）。

题 586. 错误（中间应连续）。

题 604. 错误（机组的设计寿命应是 20 年）。

题 610. 错误（可能引起极端载荷）。

题 611. 错误（可能由于风速小，出现频率最高的风向不一定是风能密度最大的方向）。

题 612. 错误（海上测风塔的温度计及气压计也可安装在海上平台的百叶箱内）。

题 613. 错误（逐小时湍流强度是以 1 h 内最大的 10 min 湍流强度作为该小时的代表值）。

题 614. 错误（风功率密度还蕴含空气密度的影响）。

题 615. 错误（标准观测高度距离地面应为 10 m）。

题 616. 错误（湍流模型在使用时还需考虑风切变）。

题 617. 错误（由于下垫面改变，风场更加不对称，热带气旋行进右前方明显大于左后方）。

题 618. 错误（应为超强台风）。

题 619. 错误（应为地层结构）。

题 620. 错误（风切变幂律表示风速随离地面高度以幂定律关系变化的数学式）。

题 621. 错误（应是风能密度）。

题 622. 错误（威布尔分布函数取决于两个参数，还应包括控制分布宽度的形状参数）。

题 623. 错误（阵风系应为 1 年一遇 3 s 平均极端风速与 50 年一遇 10 min 平均极端风速的比值）。

题 624. 错误（应是最小无湍流稳态风速）。

题 626. 错误（风力发电机组等级加上 S，共 4 级）。

题 627. 错误（轮毂高度的风速至少需要 6 次仿真）。

题 628. 错误（EOG 是极端运行阵风的缩写）。

题 629. 错误（比例关系应为 1.25 : 1）。

题 630. 错误（轮毂高度风速未发生变化）。

题 632. 错误（频率变化应不得超过 2%）。

题 633. 错误（不宜小于 25 年）。

题 634. 错误（一般其低温的工作环境温度范围为 −30～+45 ℃）。

题 635. 错误（纵向湍流尺度参数的值应为 0.7 z）。

题 637. 错误（制动器的作用包括降低风轮转速、停止风轮旋转，不包括控制机舱偏航）。

题 638. 错误（需要注意的参数不包括湍流强度，包括平均风速、有义波高、谱峰周期）。

题 640. 错误（停机是指风力发电机组静止状态或者空转状态）。

题 642. 错误（测风数据中 1 h 平均气温变化趋势应小于 5 ℃）。

题 643. 错误（应是湍流强度的期望值）。

题 646. 错误（海上测风塔需要安装 2 套独立的风向标）。

题 647. 错误（风速参数采样时间间隔应不大于 3 s）。

题 649. 错误（应是在理论最低潮位以下 5～50 m 水深的海域开发建设的风电场叫近海风电场）。

题 652. 错误（应是半直驱风电机组的发电机体积相较于同等容量的直驱发电机体积偏小）。

第二节　单选题

题序	1	2	3	4	5	6
答案	D	C	C	B	C	D
题序	7	8	9	10	11	12
答案	A	D	C	C	C	A
题序	13	14	15	16	17	18
答案	C	A	B	B	C	C
题序	19	20	21	22	23	24
答案	C	C	A	A	D	D
题序	25	26	27	28	29	30
答案	B	B	C	A	B	A
题序	31	32	33	34	35	36
答案	A	D	B	C	C	C

题序	37	38	39	40	41	42
答案	C	B	A	C	D	C
题序	43	44	45	46	47	48
答案	B	C	D	B	C	B
题序	49	50	51	52	53	54
答案	C	C	A	D	B	D
题序	55	56	57	58	59	60
答案	A	D	B	C	D	B
题序	61	62	63	64	65	66
答案	D	C	C	A	D	A
题序	67	68	69	70	71	72
答案	C	D	B	D	B	A
题序	73	74	75	76	77	78
答案	D	A	C	B	A	C
题序	79	80	81	82	83	84
答案	A	C	D	C	D	A
题序	85	86	87	88	89	90
答案	B	A	A	A	B	B
题序	91	92	93	94	95	96
答案	C	C	A	A	C	A
题序	97	98	99	100	101	102
答案	A	B	D	C	A	B
题序	103	104	105	106	107	108
答案	B	A	D	B	C	D
题序	109	110	111	112	113	114
答案	A	C	A	B	B	C
题序	115	116	117	118	119	120
答案	B	B	A	C	C	D
题序	121	122	123	124	125	126
答案	A	B	A	C	C	C
题序	127	128	129	130	131	132
答案	B	C	A	C	B	A
题序	133	134	135	136	137	138
答案	A	D	B	A	C	A

题序	139	140	141	142	143	144
答案	B	A	B	D	A	C
题序	145	146	147	148	149	150
答案	B	B	A	B	D	A
题序	151	152	153	154	155	156
答案	C	D	C	B	A	D
题序	157	158	159	160	161	162
答案	B	A	C	B	A	A
题序	163	164	165	166	167	168
答案	B	A	C	B	B	A
题序	169	170	171	172	173	174
答案	B	C	A	C	A	B
题序	175	176	177	178	179	180
答案	D	B	C	C	A	D
题序	181	182	183	184	185	186
答案	A	C	D	A	B	C
题序	187	188	189	190	191	192
答案	C	D	A	A	B	B
题序	193	194	195	196	197	198
答案	A	B	B	A	C	D
题序	199	200	201	202	203	204
答案	B	A	B	B	D	C
题序	205	206	207	208	209	210
答案	B	B	C	C	B	B
题序	211	212	213	214	215	216
答案	B	C	D	B	A	C
题序	217	218	219	220	221	222
答案	C	A	C	C	B	C
题序	223	224	225	226	227	228
答案	A	D	D	D	C	A
题序	229	230	231	232	233	234
答案	D	B	C	C	C	C
题序	235	236	237	238	239	240
答案	B	B	C	C	A	B

续表

题序	241	242	243	244	245	246
答案	C	A	D	A	B	A
题序	247	248	249	250	251	252
答案	B	B	A	C	B	C
题序	253	254	255	256	257	258
答案	B	B	D	C	A	B
题序	259	260	261	262	263	264
答案	A	A	D	D	A	D
题序	265	266	267	268	269	270
答案	C	C	C	D	D	D
题序	271	272	273	274	275	276
答案	D	A	D	D	D	D
题序	277	278	279	280	281	282
答案	D	A	A	A	A	A
题序	283	284	285	286	287	288
答案	B	D	D	D	D	D
题序	289	290	291	292	293	294
答案	B	A	D	B	C	B
题序	295	296	297	298	299	300
答案	B	A	C	A	A	C
题序	301	302	303	304	305	306
答案	C	A	C	A	A	D
题序	307	308	309	310	311	312
答案	A	D	A	A	C	B
题序	313	314	315	316	317	318
答案	A	A	A	D	D	A
题序	319	320	321	322	323	324
答案	A	C	D	D	A	D
题序	325	326	327	328	329	330
答案	A	B	A	A	B	D
题序	331	332	333	334	335	336
答案	D	D	B	D	C	D
题序	337	338	339	340	341	342
答案	A	D	A	D	D	A

题序	343	344	345	346	347	348
答案	D	D	A	B	A	A
题序	349	350	351	352	353	354
答案	C	D	A	A	C	C
题序	355	356	357	358	359	360
答案	D	D	A	C	D	D
题序	361	362	363	364	365	366
答案	B	B	A	D	A	C
题序	367	368	369	370	371	372
答案	C	C	C	B	D	A
题序	373	374	375	376	377	378
答案	D	D	A	C	D	A
题序	379	380	381	382	383	384
答案	C	D	D	A	D	C
题序	385	386	387	388	389	390
答案	A	C	C	C	B	A
题序	391	392	393	394	395	396
答案	C	A	D	A	A	D
题序	397	398	399	400	401	402
答案	C	B	C	A	C	C
题序	403	404	405	406	407	408
答案	D	A	B	C	D	A
题序	409	410	411	412	413	414
答案	A	C	A	D	A	D
题序	415	416	417	418	419	420
答案	A	B	D	D	B	D
题序	421	422	423	424	425	426
答案	D	A	B	B	A	C
题序	427	428	429	430	431	432
答案	B	B	C	C	C	D
题序	433	434	435	436	437	438
答案	D	A	C	B	C	C
题序	439	440	441	442	443	444
答案	D	A	C	C	B	C

续表

题序	445	446	447	448	449	450
答案	D	D	D	D	D	D
题序	451	452	453	454	455	456
答案	B	A	C	D	A	A
题序	457	458	459	460	461	462
答案	C	B	A	B	A	A
题序	463	464	465	466	467	468
答案	A	B	C	A	B	A
题序	469	470	471	472	473	474
答案	C	A	A	D	C	C
题序	475	476	477	478	479	480
答案	B	D	A	B	A	A
题序	481	482	483	484	485	486
答案	A	C	A	A	B	D
题序	487	488	489	490	491	492
答案	A	D	C	C	C	C
题序	493	494	495	496	497	498
答案	D	B	A	D	B	C
题序	499	500	501	502	503	504
答案	B	C	B	D	A	C
题序	505	506	507	508	509	510
答案	B	D	A	C	A	C
题序	511	512	513	514	515	516
答案	B	B	A	D	D	B
题序	517	518	519	520	521	522
答案	A	B	A	A	B	C
题序	523	524	525	526	527	528
答案	D	D	C	C	B	D
题序	529	530	531	532	533	534
答案	C	A	B	A	B	B
题序	535	536	537	538	539	540
答案	B	C	A	C	B	D
题序	541	542	543	544	545	546
答案	B	C	D	B	B	B

续表

题序	547	548	549	550	551	552
答案	B	B	B	A	B	A
题序	553	554	555	556	557	558
答案	B	A	A	A	B	A
题序	559	560	561	562	563	564
答案	A	B	A	D	D	C
题序	565	566	567	568	569	570
答案	A	B	D	C	A	B
题序	571	572	573	574	575	576
答案	A	A	B	C	D	A
题序	577	578	579	580	581	582
答案	A	A	A	A	A	A
题序	583	584	585	586	587	588
答案	A	A	A	A	A	A
题序	589	590	591	592	593	594
答案	A	A	A	A	A	A
题序	595	596	597	598	599	600
答案	A	A	A	A	A	A
题序	601	602	603	604	605	606
答案	D	B	B	D	A	A
题序	607	608	609	610	611	612
答案	D	A	C	B	B	B
题序	613	614	615	616	617	618
答案	A	C	C	B	B	A
题序	619	620	621	622	623	624
答案	B	A	D	B	A	A
题序	625	626	627	628	629	630
答案	C	D	D	A	C	B
题序	631	632	633	634	635	636
答案	A	B	C	C	A	A
题序	637	638	639	640	641	642
答案	A	D	D	C	B	C
题序	643	644	645	646		
答案	C	C	A	B		

第三节　多选题

题序	1	2	3	4	5	6
答案	ABC	ABCD	ABCD	ABCD	ABCD	ABCD
题序	7	8	9	10	11	12
答案	ABCD	ABCD	ABCD	ABC	BCD	ACD
题序	13	14	15	16	17	18
答案	ABCD	AB	ABCD	ABCD	AB	ABCD
题序	19	20	21	22	23	24
答案	ABCD	ABC	ABCD	ABCD	ABC	ABCD
题序	25	26	27	28	29	30
答案	ABCD	ABCD	ABC	DAEBC	BD	AC
题序	31	32	33	34	35	36
答案	ABC	ABC	BCD	ABD	ABCD	ACD
题序	37	38	39	40	41	42
答案	ABC	ABC	ABC	ABCD	ABCD	BCD
题序	43	44	45	46	47	48
答案	AB	AB	ABCD	AC	ABC	ABCD
题序	49	50	51	52	53	54
答案	AB	ABC	BC	BD	ABC	ABD
题序	55	56	57	58	59	60
答案	ABCD	CD	ABCD	ABCD	BCD	AB
题序	61	62	63	64	65	66
答案	ABCD	ABC	ABCDE	ABCD	ABCD	ABCDE
题序	67	68	69	70	71	72
答案	ABCDEF	ABC	ABCDEFGH	ABCD	CDE	BCD
题序	73	74	75	76	77	78
答案	ABCD	BD	ABD	BCD	ABC	ABD
题序	79	80	81	82	83	84
答案	ABC	ABCDE	ABD	AC	AB	AB
题序	85	86	87	88	89	90
答案	BD	ABCD	ABCD	ACD	ABC	ABCDE

续表

题序	91	92	93	94	95	96
答案	ABCD	ABCD	ABC	ABC	ABCD	ABC
题序	97	98	99	100	101	102
答案	ABC	AC	ABC	ABC	ABC	ACD
题序	103	104	105	106	107	108
答案	ABCD	ABCD	ABCD	ABCD	ABCD	ABC
题序	109	110	111	112	113	114
答案	ABCD	ABCD	ABCD	ABCD	ABC	ABC
题序	115	116	117	118	119	120
答案	ABC	ABD	ABCD	ABCD	ABCD	AC
题序	121	122	123	124	125	126
答案	ABC	AB	AB	ABCD	ACD	ABC
题序	127	128	129	130	131	132
答案	ABC	ABC	ABCD	ABCD	ABCD	ABC
题序	133	134	135	136	137	138
答案	AB	ABCD	ABD	ABCD	ABCD	BCD
题序	139	140	141	142	143	144
答案	ACD	ABCD	ABCD	ABC	BCD	ABD
题序	145	146	147	148	149	150
答案	ABCD	ABCD	BCD	AB	ABCD	AB
题序	151	152	153	154	155	156
答案	ABCD	ABCD	ABCD	BCD	AC	AB
题序	157	158	159	160	161	162
答案	ABCD	ABC	ABC	ABC	ABCD	ABCD
题序	163	164	165	166	167	168
答案	ABC	ABC	ABCD	ABC	ABCD	ABCD
题序	169	170	171	172	173	174
答案	ABCD	ACD	AD	ABCD	ABC	ABC
题序	175	176	177	178	179	180
答案	ABC	ABCD	ABC	ABCD	ABC	ACD
题序	181	182	183	184	185	186
答案	AB	ABCD	ABC	BCD	ABD	ABCD
题序	187	188	189	190	191	192
答案	ABCD	AC	AB	ACD	ABCD	ABCD

题序	193	194	195	196	197	198
答案	ABC	ABCD	ABCD	ABC	AB	ABC
题序	199	200	201	202	203	204
答案	ABCDEF	BCDE	BCD	ABDE	ABC	AB
题序	205	206	207	208	209	210
答案	BC	AB	BC	ABCD	ABCDE	ABCD
题序	211	212	213	214	215	216
答案	ABC	ABCD	ABC	BC	ABCD	ACD
题序	217	218	219	220	221	222
答案	BC	ABCD	ABCD	ABCD	ABCD	ABCD
题序	223	224	225	226	227	228
答案	ABCD	ABD	ABC	ABC	ABCD	ABCD
题序	229	230	231	232	233	234
答案	ABCD	ABCD	ABC	ABCD	ABCD	ABCD
题序	235	236	237	238	239	240
答案	AD	ABCD	ABCD	ABCD	ABCD	ABCD
题序	241	242	243	244	245	246
答案	ABCD	ABCD	ABCD	ABCD	ABC	ABCD
题序	247	248	249	250	251	252
答案	ABCD	ABC	ABCD	AB	ABC	ABC
题序	253	254	255	256	257	258
答案	BD	ABC	ABCD	ABC	ABC	ABD
题序	259	260	261	262	263	264
答案	ABCD	ABCD	ABC	ABC	ABCD	ABCD
题序	265	266	267	268	269	270
答案	ABCD	ABD	ABC	ABCD	ACD	ABCD
题序	271	272	273	274	275	276
答案	ABCD	BCD	ABD	ABD	ABCD	ABC
题序	277	278	279	280	281	282
答案	ABCD	BCD	ABCD	ACD	ABC	ABC
题序	283	284	285	286	287	288
答案	BCD	ACD	ABC	ABCD	ABCD	ABCD
题序	289	290	291	292	293	294
答案	BCD	ABD	ABCD	ABD	AC	ABCD

续表

题序	295	296	297	298	299	300
答案	ABCD	BCD	AB	AB	ABC	ABCD
题序	301	302	303	304	305	306
答案	AB	AB	ABCD	ABCD	ABC	ABC
题序	307	308	309	310	311	312
答案	ABCD	ABCD	AB	ABC	ABC	ABCD
题序	313	314	315	316	317	318
答案	ABC	ABC	ABCD	AB	ABCD	ABCD
题序	319	320	321	322	323	324
答案	CD	ABCD	ABC	AC	AC	ABCD
题序	325	326	327	328	329	330
答案	ABCD	ACD	ABC	ABCD	ABC	BCD
题序	331	332	333	334	335	336
答案	BCD	ACD	ABCD	ABCD	ABCD	ABC
题序	337	338	339	340	341	342
答案	ABCD	ABCD	ABC	ABCD	ABCD	ABCD
题序	343	344				
答案	ABC	ABCD				

第四节 填空题

1. 线路输送容量、电缆长度、电容电流、无功补偿配置和敷设条件
2. 熔接法
3. 紧急关机
4. 不少于3天　0
5. 10 kV～35 kV　110 kV 和 220 kV
6. 交联聚乙烯绝缘海底电缆
7. 上交越　已有水下管线交越点两侧 50～100 m 的区域
8. 增大
9. 路由中心线左右两侧各 10 m
10. 所有四个侧　左上

11. 所有四个侧 左上

12. 可夹持 相对

13. 施工许可证

14. 施工坐直机构 人力资源及设备配备 物资材料供应计划 海上交通运输

15. 流水

16. 防冲击振动 抗变形 特定部位

17. 加固

18. 码头 港口

19. 尺寸 技术参数

20. 吃水 压载 浮游稳定

21. 警示

22. 施工记录 材料检验证明

23. 平整度 接地状况 法兰系统

24. GB/T 19568《风力发电机组 装配和安装规范》

25. 接插件 连接线 接线端子

26. GB 50254《电气装置安装工程 低压电器施工及验收规范》

27. GB 50168《电气装置安装工程 电缆线路施工及验收规范》

28. 顺

29. 重叠 弯曲

30. 不应

31. GB/T 17502《海底电缆管道路由勘察规范》

32. 船尾 船首

33. GB 50168《电气装置安装工程 电缆线路施工及验收规范》

34. 警示

35. 直流电阻值 直流耐压值 绝缘电阻 泄漏电流 GB 50150《电气装置安装工程 电气设备交接试验标准》 GB 50168《电气装置安装工程 电缆线路施工及验收规范》

36. 与工程级别相符

37. GB 50164《混凝土质量控制标准》 GB 13476《先张法预应力混凝土管桩》

38. 1 3 0.1

39. 1

40. 1/6 100 0.5

41. 180 220 1.05

42. JGJ 94《建筑桩基础技术规范》

43. 1/3 1/3 1.0

44．GB 50201《土方与爆破工程施工及验收规范》 GB 50202《建筑地基基础工程施工质量验收规范》

45．基础 接地 电缆管

46．8 10

47．DL/T 796《风力发电场安装规程》

48．GB 50171《电气装置安装工程 盘、柜及二次回路接线施工验收规范》

49．GB 50150《电气装置安装工程 电气设备交接试验》

50．转向 相序

51．过热松动 变形

52．GB 50169《电气装置安装工程 接地装置施工及验收规范》

53．GB 50303《建筑电气工程施工质量验收规范》

54．GB 50166《火灾自动报警系统施工及验收规范》

55．专业技术培训 风力发电工程安全工作规程

56．相序 色标

57．内部照明 防雷接地系统 起吊装置 测风装置

58．基本 安全链

59．急停按钮

60．设定值

61．设定值

62．调试

63．额定功率

64．安全 急救

65．电源 变流器控制单元

66．磁性

67．CANopen PROFIBUS

68．非连接处 35 25

69．90°

70．隔离变压器

71．自动

72．手动

73．3 6 h 3

74．180 s 60 s 120 s

75．0.750 10

76．3 s

77．4 Ω

78．61312-1

79．接地体、接地线、主接地端子和连接板 60364-5-54

80．IEC 61000

81．介电强度 电 热老化

82．排水口

83．风冷式

84．热应力 电动应力

85．GB 755 IEC 60034-1

86．S 1

87．IEC 60076-1 IEC 600726 IEC 61378-1

88．GB 10236 GB/T 3859.2 IEC 60204-1 IEC 61000

89．4208 60529

90．防止过载 电网短路

91．IEC 60947-1 IEC 60439-1 IEC 60664

92．快速轴制动操作 控制所需

93．100 kW 25

94．能量储存 应急电源

95．整体式 模块式

96．《风电场接入电力系统技术规定》或 GB/T 19963 《电力系统设计技术规程》或 DL/T 5429

97．可靠性 灵活性 经济性

98．接地变压器加电阻接地

99．IP 56 C 5-M IP 4 X C 4

100．应急负荷 重要负荷 常规负荷 应急负荷 重要负荷

101．柴油发电机组和配套的补偿设备

102．关口电能计量点

103．救生衣

104．防滑 防冻

105．承受重量

106．消防器材

107．禁止踩踏

108．当心机械伤人

109．现场工作

110．灭火器

111．急救箱 应急灯 缓降器 补充

112．安全风险分析　防范措施

113．安全帽　安全带　防护鞋

114．维护　巡检

115．一小时

116．人员靠近

117．停机

118．两人　随手关闭

119．后　先　低挂高用

120．安全绳定位点　两

121．专用工具袋

122．清点

123．单独作业

124．剩余电流动作保护器

125．吸烟　统一

126．检验合格

127．临时用电

128．身体部位

129．碰撞

130．人员

131．经检验合格

132．引雷线

133．刹车

134．工作票　工作监护　工作许可　终结　终结

135．4　8

136．绝缘手套

137．泄压

138．先　最后

139．恢复

140．塔架底部

141．启动机组

142．叶轮

143．转动

144．禁止合闸，有人工作

145．气道通畅　侧转

146．保持伤口清洁

147．多

148．超速

149．阴凉通风　仰卧

150．藿香正气水

151．如现场毒物浓度很高应戴防毒面具

152．相一致

153．锁定叶轮

154．半

155．半

156．绝缘棒

157．屏蔽

158．结冰　积雪

159．绝缘

160．以人为本

161．事故应急处理

162．升降装置

163．二氧化碳

164．定期巡视　登机巡视　特殊巡视

165．立即制止

166．违章指挥

167．双脚并拢　任何金属物品

168．将机组停运　加固

169．$2D \sim 4D$　$2.5D$

170．1.5m　2.5m

171．24h

172．0.02

173．$5°$

174．0.5

175．95

176．10

177．15　25

178．0.5

179．± 0.1

180．10

181．0.5

182．2.5 m　4

183．10

184．180

185．1　1.5

186．0.5

187．10

188．4　50

189．10

190．测风塔高度至少为 40 m 或者等于待测机组下叶尖高度

191．1080

192．30

193．40

194．主轴中心线

195．主轴

196．不动　空转

197．1　2

198．对侧

199．圆柱

200．平均风速　湍流强度

201．垂直风向变化

202．湍流强度

203．增加

204．12

205．雨流计数

206．30　50

207．20

208．DAS　数字

209．字节数

210．风轮轴

211．5

212．多普勒效应

213．机舱雷达

214．平坦

215．安全帽　安全带　防滑手套

216．8

217. 10

218. 绝缘手套

219. 半

220. 半

221. 两

222. 二氧化碳

223. 以人为本

224. 故障检修

225. 状态检修

226. 一

227. 紧急关机

228. 轮毂

229. 空转

230. 机舱

231. 停机

232. 静止或空转

233. 单桩基础

234. 防撞

235. 防冲刷

236. 群桩承台基础

237. 刚性

238. 悬链线张　张紧式

239. 预处理　除油　除盐分　除锈　除尘

240. 牺牲阳极保护法　强制电流保护法

241. 预防为主，巡视和定期维护相结合

242. 海事

243. 一般安全等级　特殊安全等级

244. 20

245. 极限　疲劳

246. 一周

247. 全浸区

248. 6

249. 240

250. 0.5

251. 48

252．10%

253．48

254．尺寸检验

255．5～40

256．−5～5

257．−5

258．喷丸或喷砂

259．2

260．人工封闭

261．100

262．电弧喷涂

263．12

264．25

265．定期维护

266．两

267．一

268．每年

269．迎风状态

270．三个月

271．1

272．设备可利用率

273．预防为主，定期维护和检修

274．每年

275．每年

276．坠落悬挂安全带

277．飞车

278．自然灾害类　事故灾难类　公共卫生事件类

279．高处作业

280．机械　电气　安装

281．坠落悬挂安全带　防坠器　安全帽

282．窒息情况

283．职业资格证书

284．安全教育和培训

285．安全工具　检修工具

286．36

287．系安全带　戴安全帽　穿防护鞋

288．禁止踩踏

289．当心机械伤人

290．交通安全标志

291．剩余电流动作保护器

292．雷电　大风　大浪

293．100 kg

294．安全工具

295．25

296．18

297．一小时

298．停机

299．两

300．后上塔、先下塔

301．桩套管　中立柱　水平支撑

302．8

303．钢管桩　高强预应力混凝土管桩

304．抗压、抗拔和水平承载力

305．强度、轴向承载力与抗拔承载力

306．密闭性

307．叶片　轮毂　偏航系统　主轴　主轴承　齿轮箱　塔架（填写4个即可）

308．刹车　变桨控制　偏航控制

309．主轴轴承　发电机轴承　偏航回转轴承　偏航齿圈的齿面　偏航齿盘表面

310．润滑　冷却

311．塔架　基础

312．油量　注油型号

313．风向标　风速仪

314．安全绳　定位绳

315．85

316．温度

317．飞溅　强制

318．胶合

319．水冷

320．齿形修型　如齿、轴、轴承、箱体等部件

321．增速

322．105

323．95

324．3

325．轴向力

326．额定速度

327．耐磨性能

328．承载能力

329．8.8

330．疲劳

331．TRB

332．磨削烧伤

333．锈蚀

334．倒角

335．瞬态

336．RFC

337．高速轴

338．挖根

339．弯曲强度

340．高温　抗磨

341．异步　双馈异步

342．转差能量

343．技术要求　试验方法

344．最大输出功率

345．$U_N/（1000+P_N/100）$

346．S 1

347．1 M

348．$2\,U_N+1000$　$3.5\,U_N+1000$

349．顺时针

350．埋置检温计法

351．助燃　爆炸

352．或埋置检温计

353．$V_{PEAK}\leqslant 3\,U_N$　$dv/dt\leqslant 1500\ V/\mu s$

354．0.5

355．$U_N/1000$ M

356．1 M

357. 1

358. 绕组电阻

359. C 5

360. 怠滞　异常响声

361. 砂眼

362. −20～+40 ℃

363. 热稳定

364. 功率

365. 120

366. 散热　阻力

367. 定子　转子

368. 极对数

369. 带集电环的绕线式

370. 直驱　半直驱变速恒频

371. 接地　短时电压过高　绝缘破损

372. 手动注油　自动注油

373. 内圈或外圈或滚子

374. 干燥或吹干

375. 1 K　2 K

376. 有损坏或产生有害　是否松动

377. 2～3 点　1～2 m　一半　算术平均值

378. 四分之一　平均值

379. 1000 m　10～40 ℃

380. 当地弦向　全局风轮平面方向

381. 叶片描述　载荷说明书　试验条件　使用的设备

382. 叶尖变形设计

383. 循环次数　载荷　变形　加速度　应变

384. 设计过程　质量保证体系

385. 目标载荷　试验载荷　加载方式　试验顺序

386. S-N 公式　循环计数方法　适当的损伤累积模型　值影响

387. 叶片承受设计载荷　叶片特性、应变和变形等信息

388. 最恶劣工况的载荷包络　载荷包络

389. 不小于

390. 真空灌注　手糊袋压　手糊

391. 平顺，无褶皱、无悬空

392. 真空胶带、脱模布、多孔膜、吸胶毡、导流网

393. 叶根、主梁、后缘辅梁、最大弦长处

394. 前缘保护膜　前缘保护漆

395. （接闪铝柱，接闪铜板等）

396. 35　39

397. 50～70 mm

398. 玻纤，树脂，黏接胶，芯材，油漆

399. 前、后缘补强，吊点补强，支架补强，配重补强

400. 喷胶

401. 叶根

402. 孔径，距离叶根端面距离，孔间距，孔个数

403. 外校　内校

404. 一

405. 高压和大电流试验，相似性评估，仿真

406. 峰值雷电流（I），雷击电流脉冲陡度（di/dt），电荷转移（Q）和单位能量（W/R）

407. 负放电和正放电

408. 分别为30°　60°　90°的

409. 95

410. 雨蚀　砂蚀

411. ±5

412. ±10

413. ±7

414. m_0=1.20

415. IEC 61400-24

416. 20%～80%

417. 灰尘　温度　湿度

418. 温度　湿度　温度　湿度

419. 200

420. RNA

421. 型式认证

422. 方向

423. 位置　大小

424. 手糊、手糊袋压、真空灌注

425. 褶皱梳（轮廓规）

426．0.24

427．一

428．8

429．两

430．3

431．叶片 机组 风场

432．吊点设置 吊带要求 后缘保护要求

433．含水率

434．同轴圆筒黏度计

435．0.1

436．拉伸剪切强度 刚性材料对刚性材料

437．GB/T 145

438．紫外

439．切入风速

440．下风向

441．阵风

442．空转

443．额定功率

444．参考风速

445．湍流强度

446．风切变

447．最高天文潮位

448．平均海平面

449．静水位

450．59%

451．扫掠面积

452．支撑结构

453．海床

454．气流通过面积 空气密度 气流速度的立方

455．失速

456．低电压穿越

457．减小 升力

458．叶片和轮毂 回转轴承

459．塔架高度 湍流强度

460．定桨距（失速）调节方法 变桨距调节方法

461．正常风况　1 年　50 年

462．风况　海洋条件

463．飞溅区

464．固定冰盖　风和流

465．重力　惯性载荷　空气动力载荷　驱动载荷　水动力载荷　海冰载荷

466．气流　气流与风电机组相互作用

467．温度　老化影响

468．正常　极端

469．最大质量　气动

470．风轮

471．偏航误差　控制系统错误

472．疲劳载荷分析　极限载荷分析

473．载荷效应

474．运行状态

475．停运状态

476．悬链线式　张紧式

477．上部结构　基础结构　地基

478．基础　上部结构体系

479．上部浮体结构　系泊系统

480．桩　承台

481．近海风电场

482．平均海平面

483．水平　垂直

484．平均海平面

485．3 s　10 min

486．地层组成

487．升压站

488．海底电缆

489．平均海平面

490．静水位

491．风速传感器　风向传感器

492．0～60 m/s　0.1 m/s

493．塔影效应

494．±5%

495．海上风电场

496. 最大风速

497. 海上测风塔

498. 磁偏角

499. 合理　相关性

500. 删改　增减

501. 台风眼

502. 风电场

503. 100 m

504. 10 倍

505. 月　年

506. 月平均风速

507. 风向　风速

508. 风场

509. 远程控制

510. 保护功能

511. 保护功能　紧急关机按钮

512. 状态监测系统

513. 冗余设计

514. 腐蚀防护

515. 涂层保护　阴极保护

516. 振动状态报告

517. 主轴承　机舱

518. 单一失效

519. 80%　环境密封　调湿

520. 疲劳和极限载荷

521. IP 54

522. 涂层系统

523. 人机界面

524. 失效—安全　主控制系统

525. 制动系统　减速停机

526. 叶片空气动力　液压

527. 低电压穿越控制

528. 远程

529. 安全链系统保护

530. 手动清除

531. 自动或远程

532.（如电池、压力储能器等）　立即停机　失效模式和影响分析

533. 型式认证　项目认证　样机认证

534. 0.5

535. 小

536. 高速级

537. 三个月

第五节　简答题

1.【答】如果任何一段选作试验的试样未通过抽样试验规定的任何一项试验，应以相同工艺条件制作两根与未通过试验的电缆相同的一次挤出的电缆上分别取一个试样，就原先未通过的项目进行试验，如果加试的试样都通过试验，则该电缆应认为符合抽样试验要求。如果任何一个试样未通过试验，则应判该电缆为不合格。

2.【答】

1）海底电缆系统通常需要有工厂接头；

2）海底电缆通常有铠装结构；

3）海底电缆的修理接头通常有机械保护盒（外部设计）。

3.【答】工厂接头连同海底电缆试样应经受卷绕试验和张力弯曲试验，随后进行电气型式试验；修理接头和终端应按规定进行电气型式试验；此外还应进行下列项目的试验：

1）终端组装后的密封试验；

2）户外终端短时（1 min）工频电压试验（湿试）；

3）导体压接和机械连接件的热机械性能试验。

4.【答】以下9项内容写出任意5项即可：

1）海域段电缆路由宜选择曲折系数较小的路由；

2）海域段电缆路由宜选择海底地形平缓的海域，避开起伏急剧的地形；

3）海域段电缆路由宜选择沙质或泥质的稳定海床，避开灾害地质因素分布区；

4）海域段电缆路由宜选择水动力弱的海域，避开流速或海浪较大的海域或河道入海口；

5）海域段电缆路由宜避开自然或人工障碍物、渔业和其他作业区域以及锚地，选择少有沉锚和拖网渔船活动的海域；

6）海域段电缆路由宜选择施工运行和其他海洋开发活动相互影响最小的海域，路由宽度应充分结合建设规划需要；

7）海底电缆与工业管道之间的水平距离应按照现行国家标准规定执行；

8）海域段电缆路由应减少与其他管线交越情况，当不可避免时，应采取相应措施，减小互相影响；

9）平行敷设的海底电缆应避免交叉重叠，电缆间距不宜小于该处最大水深的 1.2 倍，登陆段间距可适当缩小，但应满足电缆载流量和保护的要求。

5.【答】海底电缆绝缘层承受的雷电过电压和操作过电压应根据线路的冲击绝缘水平、避雷器保护特性、海底电缆和架空线路的波阻抗、海底电缆长度、雷击点距海底电缆终端距离进行确定。

6.【答】直接敷设和开沟敷设。

7.【答】目前海底电缆负荷光缆一般为两种形式，一是海底电缆内置复合光纤单元；二是海底电缆外与电缆绑扎固定的附加光缆。第一种形式总体成本较低，施工便利，但光纤维护不便；第二种形式的成本较高，同时增加了海底电缆敷设工作量，但光纤维护相对方便。

8.【答】

1）应安装醒目的警示标识；

2）应具有稳定可靠的夜间照明，宜采用节能型冷光源，并采用同步闪烁方式；

3）供电系统应符合设计要求并配备备用电源。

9.【答】

1）施工前应制订详细的方案和计划；

2）宜设置施工警戒船；

3）登陆段海底光缆冲沟埋设深度以及岸端预留光缆长度应符合工程合同和设计要求；

4）安装关节套管长度应符合工程合同和设计要求；

5）海底光缆铠装应固定于岸滩人井；

6）海底光缆穿越海堤方式应符合工程合同要求。

10.【答】工程基本资料、海底光缆线路工程技术资料、登陆站设备安装工程技术资料。

11.【答】

1）工程说明；

2）开工报告；

3）安装工程量总表；

4）已安装设备明细表和工余料清单；

5）工程设计变更单；

6）重大工程质量事故报告；

7）停（复）工报告；

8）随工签证记录；

9）交（完）工报告；

10）交接书；

11）验收证书；

12）施工相关的审批文件；

13）备考表。

12.【答】

1）应考虑技术发展、制造水平、敷设条件和运行经验；

2）应符合技术成熟、性能良好、经济合理、节能环保和便于维护的要求。

13.【答】海底电缆的电压等级和回路数应主要根据海上风电场工程的装机规模、场址条件、海缆路由长度、接入系统方案、电气设计总体方案，通过技术、经济比较来确定。

14.【答】海底电缆金属套正常运行感应电压在 50 V 及以下，或正常运行感应电压在 50～300 V 并采取了隔离保护措施，可采取单端接地方式；正常运行感应电压超过 300 V，宜采用多点接地方式。

15.【答】

1）额定载流量下的导体温度；

2）短路电流下的导体温度；

3）满足电场强度要求的最小导体截面；

4）线路电压降；

5）敷设施工、运行和维修过程中导体的机械负荷；

6）海底电缆制造能力、结构选择和敷设施工难度。

16.【答】

1）应在静止状态下的定子膛内、膛外和在超速试验前后的额定转速下分别测量；

2）对于显极式电机，可在膛外对每一磁极绕组进行测量，测量数值相互比较无明显差别；

3）试验时施加电压的峰值不应超过额定励磁电压值。

17.【答】

1）现场进行发电机端部引线组装的，应在绝缘包扎材料干燥后，施加直流电压测量；

2）定子绕组施加直流电压为发电机额定电压；

3）所测表面直流电位应不大于制造厂的规定值。

18.【答】

1）测量绕组的绝缘电阻；

2）测量绕组的直流电阻；

3）绕组的交流耐压试验；

4）测录空载特性曲线；

5）测量相序；

6）测量检温计绝缘电阻，并检查是否完好。

19.【答】1000 V 及以上、容量 100 kW 以上的电动机各相绕组的直流电阻值，相互差别不应超过其最小值的 2%；中性点未引出的电动机可测量线间直流电阻，其相互差别不应超过其最小值的 1%。

20.【答】1000 V 及以上、1000 kW 以上，中性点连接已引出的出线端子板的定子绕组应分相进行直流耐压试验，试验电压为定子绕组的额定电压的 3 倍。在规定的试验电压下，各相漏电流的差值不应大于最小值的 100%；当最大漏电流在 20 μA 以下时，各相间应无明显差别。

21.【答】

1）绝缘油试验或 SF_6 气体试验；

2）测量绕组连同套管的直流电阻；

3）价差所有分接头的电压比；

4）检查变压器三相接线组别和单相变压器引出线的极性；

5）测量与铁心绝缘的各紧固件及铁心绝缘电阻；

6）非纯瓷套管的试验；

7）有载调压切换装置的检查和试验；

8）测量绕组连同套管的绝缘电阻，吸收比或极化指数；

9）测量绕组连同套管的介质损耗角正切值；

10）测量绕组连同套管的直流泄漏电流；

11）变压器绕组变形试验；

12）绕组连同套管的交流耐压试验；

13）绕组连同套管的长时感应电压试验带局部放电试验；

14）额定电压下的冲击合闸试验；

15）检查相位；

16）测量噪声。

22.【答】

1）过电流保护；

2）缺相保护；

3）相序错误保护；

4）电网电压不平衡保护；

5）接地故障保护；

6）冷却系统故障保护；

7）过温保护；

8）发电机欠／过速保护；

9）过／欠电压保护；

10）通信故障告警；

11）浪涌过电压保护；

12）防雷保护。

23.【答】

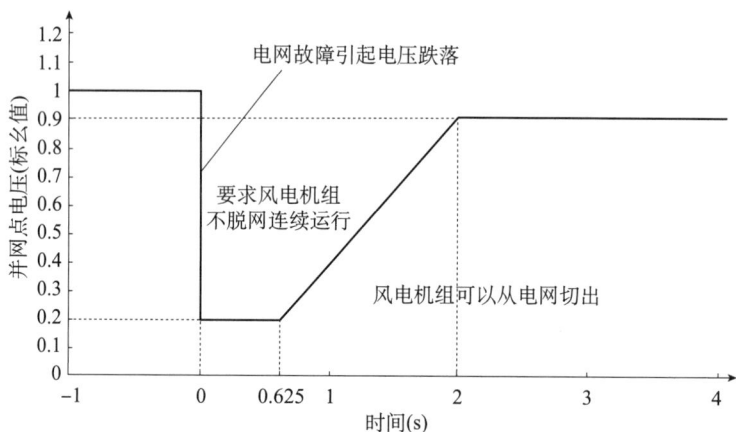

风电机组低电压穿越示意图

24.【答】profibus、10 Mbit/s 或 100 Mbit/s 自适应网口、CANOpen、光纤 1000 Mbit/s、Powerlink、串口或 I/O 等。

25.【答】

1）制造厂名称和商标书；

2）产品型号和名称；

3）规格号（需要时）；

4）额定值；

5）产品出厂时间；

6）产品的编号。

26.【答】

1）信息交互：变桨控制系统参数的查询、设置，系统状态查看及故障诊断信息查看；

2）速度控制：变桨控制系统处于手动模式或维护模式时，通过人机界面可以对每个桨叶的变桨方向和变桨快慢速率进行点动控制；

3）位置控制：变桨控制系统处于手动模式或维护模式时，通过人机界面可以对每个桨叶进行位置控制。可以设置桨叶变桨速度和给定的位置。

4）校准：变桨控制系统具备编码器的 0°位置或限位开关的位置进行校准的功能。

27.【答】

1）在信号源处采用电容器、电感器、二极管、压敏电阻、有源器件或这些元件组合使用；

2）设备采用有电气连接的导电护壳作屏蔽，以此构成对其他设备的隔离；

3）消除不应有的静电效应，发射电磁能和负荷馈线产生的干扰，如采用合适的滤波器和布线形式，选用合适的电平等。

28.【答】

1）绝缘试验；

2）温升试验；

3）控制装置性能试验；

4）保护系统性能试验；

5）抗干扰试验；

6）一般性能的检验。

29.【答】

1）正常条件下，通过最大可能的稳态电流时导线的最高允许温度；

2）短路条件下，允许的短时极限温度。

30.【答】

1）投入瞬间发电机的冲击电流和冲击力矩不超过允许值；

2）被投入的风力发电机能够安全可靠地并入电网。

31.【答】

1）直位于风电场的中心，并靠近送出海缆的登陆点；

2）应具备适宜的水文、地质条件；

3）当有直升机起降需求时，升压变电站周边还应具备直升机起降必要的净空条件；

4）应具备升压变电站运输、安装和维护所需的水深和交通条件。

32.【答】

1）进出海缆顺畅，避免海缆重叠和交叉；

2）波浪和海流对结构的不利作用小；

3）运维船能够安全靠泊；

4）当有直升机起降需求时，应满足直升机起降通道的要求。

33.【答】

1）应充分发挥风电机组发出或吸收无功的能力；

2）根据送出线路的电压等级与长度，结合风电场无功补偿及工频过电压需要，宜安装高压并联电抗器组和动态无功补偿装置；

3）海上风电场的无功补偿装置，宜设置在陆上。

34.【答】

1）应根据风电场建设规模，合理选择主变压器容量，确定主变压器的额定变比、联接组别、阻抗电压、绝缘水平和冷却方式；

2）海上升压变电站内设置2台及以上主变压器时，单台主变压器容量宜考虑冗余，当1台主变压器故障退出运行时，剩余的主变压器可送出风电场60%及以上的容量；

3）主变压器宜采用本体与散热器分离的布置方式。主变压器本体户内布置，散热器户外布置。

35.【答】

1）应根据配电装置的接线方式，结合短路电流的计算成果，确定配电装置设备参数；

2）主变压器同压侧配电装置宜选用气体绝缘金属封闭开关设备（GIS），主变压器低压侧配电装置宜选用气体绝缘金属封闭开关设备或气体绝缘开关柜。

36.【答】海上升压变电站变电部分计算机监控系统、风电机组计算机监控系统、风电机组配套升压设备监控系统、通风空调监控系统、电气设备在线状态监测系统、风电机组在线状态监测与振动分析系统。

37.【答】

1）送出线路保护；

2）主变压器保护；

3）母线保护；

4）集电线路保护；

5）站用变压器保护；

6）接地变压器保护。

38.【答】

1）应能够在无人值守条件下长期安全可靠运行；

2）防腐和抗振、抗倾斜性能应能适应海上升压变电站的运行环境；

3）宜选用技术成熟、自动化程度高、运行寿命长、少维护的设备；

4）在有爆炸危险性的区域，应选用防爆型设备。

39.【答】

1）主变压器室、柴油机房、柴油油罐室、电抗器室；

2）开关柜室、GIS室、通信继电保护室、蓄电池室、低压配电室；

3）避难室。

40.【答】灭火效率、灭火剂的更换周期及对环境、人员、设备的安全性等因素。

41.【答】

1）应保证在一旦着火时人员易于到达和随时使用；

2）灭火器应安装在人员可以看得见并不受阻碍的地方；

3）手提式灭火器应安装在箱体内或托架上，灭火器底部与甲板间应有足够距离，以防止盐水腐蚀。

42.【答】

1）塔架宜采用密闭筒式结构，安装时法兰连接面宜采用密封胶等措施进行密封处理，塔筒门应采用密封设计，门内侧宜设置隔离减少门开／闭过程中外部空气的侵入；

2）机舱和轮毂宜采用耐腐蚀材料制作的罩壳并设计成一个尽可能密闭的空间；

3）直驱机组独立安装在机舱和轮毂间的发电机外壳宜采用耐腐蚀材料，机体及散热系统采用密封设计。

43.【答】

1）根据所处腐蚀环境区域合理选用腐蚀材料和涂覆保护；

2）用管形构件代替其他形状的构件，结构形式力求简单；

3）在可能积水和留存湿气的空间开设排水孔和排气孔，不留死角；

4）形状和尺寸改变时采用圆弧过渡，菱角、边缘采用圆角设计，避免应力腐蚀和提高镀涂的工艺性；

5）同一结构中尽量选用同一金属材料，防止电偶腐蚀。

44.【答】

1）柜体宜采用焊接的型材框架结构及薄形钢板材料，内表面宜采用环氧类粉末涂料进行防腐保护，粉末厚度不小于 100 μm；

2）柜体采用密封设计，舱外区及舱内区电气设备需要外部空气进行冷却时，应对冷却空气进行去腐蚀介质处理。

45.【答】

1）施工现场环境温度低于 5℃或高于 40℃；

2）施工现场空气相对湿度高于 85%；

3）基材表面温度低于周围空气的露点以上 3℃；

4）表面处理过的结构或机械部件已重新锈蚀或玷污；

5）基材表面潮湿或者有可能溅湿。

46.【答】

1）采用原涂料并按原工艺进行修补，条件不满足时热喷涂锌和锌合金涂层可用富锌低层漆修补，热喷铝和铝合金涂层可用铝粉底漆修补；

2）选用中间漆和面漆对修补处进行加强，所选涂料体系应适应现场条件，且与金属涂层具有良好的相容性。

47.【答】

1）所用电缆均为低烟、无卤、阻燃绝缘护套的铜芯电缆，参比电极及测量电缆应为屏蔽电缆；

2）浸于海水中的电缆应采用耐海水电缆；

3）阴极电缆和阳极电缆应具备有合理的截面，通常允许的压降小于 2 V；

4）连接到同一根电缆上的多只阳极的输出电流差应小于 10%。

48.【答】

1）检测传感器：

①基本要求：应在未施加阴极保护时腐蚀最严重处安装监测传感器用于评估阴极保护效果；

②参比电极：宜采用铜 / 硫酸铜或高纯锌参比电极；

③其他传感器：电流密度探头、保护度探头。

2）检测设备：

①数字仪表：数字仪表应满足最小分辨率为 1 mV、精度为 ±mV 或更高、输入阻抗不小于 10 MΩ、零电阻电流表或者其他装置的精度和分辨率应能使电流的测量精度小于被测精度值的 ±1%；

②数据记录仪：应有多通道输入或多路转接器、应装有识别测试位置传感器，恒电位仪系统和阳极区域等功能的软件、最小输入阻抗为 10 MΩ、测量范围为 2000 mV 时分辨率至少为 1 mV、精确度为 ±5 mV 或更高、应能够在电源断电的 0.1～0.5 s 内采集到电位、记录仪应具备与网络的连接和实时在线显示数据的功能。

3）检测数据管理系统：

数据管理系统应能对校对、整理和评估阴极保护效果的数据和文件进行处理。

49.【答】

1）由于接触和跨步电压伤害活体；

2）由于雷击电流的影响，包括火花造成的实体损害（火灾、爆炸、机械毁损、化学释放）；

3）由于雷击电磁脉冲（LEMP）使内部系统失效。

50.【答】

1）由于接触和跨步电压伤害活体；

2）由于雷击热效应使物体损坏（火灾、爆炸、机械毁损、化学释放）；

3）由于过压使电气和电子系统失效。

51.【答】

1）生命损失；

2）公共设施损失；

3）文化遗产损失；

4）经济损失（建筑物及其内部设施，业务活动上的损失）。

52.【答】

1）生命损失风险；

2）公共设施的损失风险；

3）文化遗产的损失风险。

53.【答】

1）对外露导电部件适当地绝缘；

2）采用网格接地系统实现等电位化；

3）行动限制和警告提示。

54.【答】

1）对建筑物：安装雷击防护系统；

2）对公共设施：采取线缆屏蔽。

55.【答】

1）对建筑物：在进入建筑物的线缆和内部装备的进入点上安装浪涌保护器（SPD）、建筑物和（或）其中的装备和（或）进入建筑物的线缆做磁屏蔽、建筑物内部的线路合理布线；

2）对公共设施：在公共设施和线缆端接处安装浪涌保护器（SPD）。

56.【答】

1）截取对建筑物的雷电闪击（利用接闪器）；

2）将雷电电流安全地导入地（利用引下线）；

3）将雷电电流泄入地（利用接地系统）。

57.【答】

1）在建筑物外部，对外露的导电部件加以绝缘，并用网格接地系统将之做等电位联结，并给出警告提示和活动限制；

2）在建筑物内部，对公共设施进入建筑物的进入点进行等电位联结。

58.【答】

1）对建筑物的雷电闪击，导致由电阻性和感应耦合形成的过电压；

2）对建筑物邻近区域的雷电闪击导致由感应耦合形成的过电压；

3）由于入户线路邻近区域的雷击传入的电压；

4）由内部系统直接耦合的磁场。

59.【答】

1）LPZ 0 B 或更高，以减小实体损害，靠选择埋置于地下取代空架或采用适当安装的屏蔽线（SW），其有效性根据线路特征而定，或增大管壁厚度到足够数值，并保证金属管道的连续性；

2）LPZ 1 或更高等级，以保护过压造成的公共设施失效，采用足够的磁屏蔽（MS）的线缆减小雷击感应过压水平，和（或）用足够的 SPD 以消减过流和限值电压。

60.【答】

1）叶片防雷装置：接闪器、引下线；

2）机场防雷装置：机舱接闪器、引下线、外部裸露金属装置；

3）接地装置：机组基础接地电阻。

61.【答】

1）等电位联结装置：电气柜、机组附属装置（金属爬梯、电气设备、振动监测仪等）；

2）电浪涌保护器。

62.【答】

1）直接测量试品的微弱漏电流兆欧表；

2）测量漏电流在标准电阻上电压降的电流电压法兆欧表；

3）电桥法兆欧表；

4）测量一定时间内漏电流在标准电容器上积聚电荷的电容充电法兆欧表，兆欧表可制成手摇式、晶体管式或数字式。

63.【答】

1）测量时接地装置应与基础环断开；

2）电流极、电压极应布置在与线路或地下金属管道垂直的方向上；

3）应避免在雨后立即测量接地电阻；

4）允许采用其他等效的方法进行测量。

64.【答】由风力发电机组重要保护原件串联而成，并独立于机组逻辑控制的硬件保护回路。

65.【答】安全第一，预防为主，综合治理。

66.【答】

1）各电缆连接正确，接触良好；

2）设备绝缘良好；

3）相序校核，测量电压值和电压平衡性；

4）检测所有螺栓力矩达到标准力矩值；

5）正常停机试验及安全停机、事故停机试验无异常；

6）完成安全链回路所有元件检测和试验，并正确动作；

7）完成液压系统、变桨系统、变频系统、偏航系统、刹车系统、测风装置性能测试，达到启动要求；

8）核对保护定值设置无误；

9）填写调试报告。

67.【答】工作票制度，工作许可制度，工作监护、间断、转移和终结制度。

68.【答】

1）事故紧急处理；

2）程序操作；

3）拉合断路器的单一操作；

4）拉开或拆除全厂（站）仅有的一组接地开关或接地线；

5）变压器、消弧线圈分接头的电动调整。

上述操作在完成后应做好记录，事故或应急处理应保存好原始记录。

69.【答】

1）熟悉工作内容、工作流程，掌握安全措施，明确工作中的危险点，并履行确认手续；

2）严格遵守安全规章制度、技术规程和劳动纪律，对自己在工作中的行为负责，互相关心工作安全，并监督本规程的执行和现场安全措施的实施；

3）正确使用安全工器具和劳动防护用品。

70.【答】成套接地线要求：

1）成套接地线应用有透明护套的多股软铜线组成，其截面积不得小于 25 mm²，同时应满足装设地点短路电流的要求；

2）禁止使用其他导线作接地线或短路线；

3）接地线应使用专用的线夹固定在导体上，禁止用缠绕的方法进行接地或短路。

注意事项：

1）装设接地线应先接接地端，后接导体端，接地线应接触良好，连接应可靠；拆接地线时先拆导体端，后拆接地端；

2）装、拆接地线均应使用绝缘棒和戴绝缘手套。

3）人体不得碰触接地线或未接地的导线，以防止触电；带接地线拆设备接头时，应采取防止接地线脱落的措施。

71.【答】$D_e = (2I_h I_w) / (I_h + I_w)$

72.【答】$\sigma = U / \sqrt{3}$

73.【答】$\sigma = U / \sqrt{6}$

74.【答】

1）避雷针应安装在测风塔顶部，这样会保护到 60° 伞状范围内的风速计；

2）接地导体尺寸应足够与塔基连接；

3）评估引起的风速计气流畸变，另加不确定度。

75.【答】$C_{p,i} = \dfrac{P_i}{\frac{1}{2}\rho_0 A V_i^3}$ 　　其中，$C_{p,i}$ 是第 i 个区间的功率系数；V_i 是第 i 个区间标

准化的平均风速（将所定义的风速与风轮等效风速或轮毂高度风速相匹配）；P_i 是第 i 个区间标准化的平均输出功率；ρ_0 是标准空气密度。

76.【答】略（可参考 IEC 61400-12-1 标准中附录 A.4 的内容）。

77.【答】如果地形符合测量扇区内表所有需求，即不是复杂地形；否则地形被认为是复杂地形。

78.【答】略（可参考 IEC 61400-12-1 标准中附录 C.9 的内容）。

79.【答】略（可参考 IEC 61400-12-1 标准中附录 I.4 的内容）。

80.【答】目的：测量边界层跟随地形变化造成的来流的变化。

结果：

1）测试扇区内所有风向的风速修正；

2）每段风速修正对应的标准不确定的估计。

81.【答】风速范围应为 0.5 m/s 的连续区间，以 0.5 m/s 的倍数为中心。所选数据组应至少覆盖风速范围，即从切入风速以下 1 m/s 到风力发电机组额定功率 85% 对应风速的 1.5 倍。另一选择为，风速范围应从切入风速以下 1 m/s 到"AEP 测量值"大于或等于"AEP—外推值"。当满足下列条件时，数据库认为是完整的：

1）每一个区间至少包含 30 min 的采样数据；

2）数据库包含至少 180 h 的采样数据；

3）如果某一区间不完整导致测试不完整，则可用 2 个邻近区间的插值来估计其区间值。

82.【答】

1）风速以外的其他外部条件超出风力发电机组的运行范围；

2）风力发电机组故障引起风力发电机组停机；

3）在测试中或维护运行中人工停机；

4）测量仪器故障或降级（例如，由结冰引起）；

5）风向在标准规定的测量扇区之外；

6）风向在场地标定有效（完整）扇区之外；

7）在场地标定期间过滤的特殊大气条件，也应在功率曲线测试期间过滤。

83.【答】风力发电机的功率特性由测量功率曲线和估计的年发电量（AEP）确定。测量功率曲线定义为一定时间段内通过收集气象变量（包括风速），同时收集测试地点的风力发电机组信号（包括功率输出）得到风速和风力发电机组功率输出之间的关系，该时间段要足够长，使得在一定的风速范围和大气条件变化的情况下，能够建立统计意义上的数据库。AEP 是通过测量功率曲线和参考的风速频率分布计算而得，且假定风力发电机组的可利用率为 100%。

84.【答】

1）倾斜角度响应特性；

2）偏航角响应特性；

3）温度对风速计性能的影响；

4）由于转子转矩特性引起的动态影响。

85.【答】在 $H—R$ 和 $H—2/3\ R$ 之间，并满足附录 G 对侧置风速计的要求。

86.【答】

1）固定测风支架的安装位置，将风向标的 0 刻度线与安装支架的横杆位置保持平行（使用罗盘矫正刻度线）；

2）记录测风塔的坐标，同时记录远程与安装支架并行的约 100 m 位置坐标；

3）通过两个坐标点确定风向标与地理正北的偏差值。

87.【答】

1）灵敏度 0.5 以上或者相关系数与灵敏度乘积为 0.1 以上；

2）该环境变量只要有一个高度满足上述条件之一，则认为所有测量高度下该变量的敏感度分析是相关的。

88.【答】

1）参考传感器的标准不确定度；

2）RSD 测量值与参考传感器测量值的平均偏差；

3）RSD 测量的标准不确定度；

4）校准期间由于安装效应引起的不确定度；

5）由于测量体积内非均匀流动导致的 RSD 不确定度。

89.【答】

1）只能应用于平坦地形；

2）只能是地面式设备；

3）必须有监控测风塔；

4）注意激光束不能受到干扰。

90.【答】

1）风洞校准；

2）根据风速计分类的杯型风速计效应；

3）杯式风速计安装效果；

4）对参考杯式风速计测量的任何应用气象桅杆修正的不确定度；

5）参比仪器的数据采集系统中针对区间中的风速的不确定度。

91.【答】至少写出五条：

1）风切变指数；

2）湍流强度；

3）降雨；

4）风向；

5）气温；

6）空气密度；

7）两个不同高度的温度差；

8）上升角；

9）风向和云量。

92.【答】叶片翼型横截面前缘到后缘连成的虚拟直线。

93.【答】给定 10 min 时间段内风速的标准差与同一时段中平均风速的比值。

94.【答】主轴中心线在塔底上的垂直投影与参考方向（例如，正北、磁北等）之间的夹角。

95.【答】由于外部条件具有随机特性，有些 MLC 测量需要重复多次，以便减少统计不确定度。

96.【答】俘获矩阵用于组织管理测量的时间序列。该矩阵有两个目的：一是可用于规定每种载荷测量工况数据的最低要求；二是可用于报告测试数据库，以证明是否满足了数据的最低要求。

97.【答】

1）在单位载荷作用下，产生大的应变；

2）应力和载荷之间具有线性关系；

3）应力均匀区域（即：不受大的应力或应变梯度影响，避免局部应力过高或集中）；

4）有安装传感器的空间；

5）允许温度补偿；

6）由各向同性材料制成（例如，钢材比复合材料更好）；

7）材料易于固定或黏接测量装置。

98.【答】首先应判断是否会对载荷产生重大影响：

1）对载荷不会产生重大影响；

配置更改前后数据可以放到统一数据库中使用。

2）对载荷会产生重大影响。

①配置临时更改：配置更改期间的数据应从数据库中删掉。

②持续更改：即在模型中实施相同的更改后，可以用相同的模型进行交叉模拟。更改期间的数据应分离成单独的数据库。

其次，这个改变解决了一个问题（故障或缺陷），并且实际上使风力发电机组进入了之前它应处于的状态。此时，测试应当重新开始。

99.【答】

1）使用重力载荷；

2）解析标定法；

3）利用外部载荷。

100.【答】使主轴（主轴通常与机舱在同一条直线上）指向远距离位置的地标，并使用地标和风力发电机组的坐标来计算风轮的方位。

101.【答】

1）为了保证信号正确测量；

2）为了验证获得数据的有效性并能够快速识别问题。

102.【答】略。

103.【答】略。

104.【答】风力发电场在检修中必须坚持贯彻预防为主、计划检修的方针，始终坚持质量第一的思想，贯彻实施应修必修、修必修好的原则，使设备始终处于良好的工作状态。

105.【答】

1）检查逃生通道；

2）检查救生艇或救助艇；

3）检查吊艇架及登乘设施；

4）检查气胀式救生筏；

5）检查救生衣救生圈等。

106.【答】接线端子有无松动，制动盘和制动块之间的间隙，制动块的磨损程度，制动盘是否松动，液压装置测点压力值是否正常，紧固螺栓是否松动，液压油位是否正常等等。

107.【答】

1）检查齿轮箱运转时有无异常声音及振动情况；

2）检查油温、油色是否正常，油标位置是否在正常范围之内；

3）检查箱体油冷却器和油泵系统有无泄漏，是否工作正常；

4）检查箱体有无泄漏；

5）检查齿轮箱油过滤器，并按产品技术要求时间进行更换；

6）定期采集油样，进行化验；

7）齿轮箱油根据产品技术要求时间或油液化验结果进行更换；

8）检查齿轮箱支座缓冲装置及其老化情况；

9）根据力矩表紧固齿轮箱与机座螺栓；

10）检查齿轮的轮齿及齿面磨损损坏情况；

11）检查齿轮箱润滑系统工作情况。

108.【答】

1）设备管理：含设备巡视、验收、缺陷、日常维护、评级等；

2）技术管理：含技术资料、技术档、技术培训等；

3）日常管理：含各项规章和制度等，属于行政范畴。

109.【答】

1）利用主控室计算机进行遥控停机；

2）当遥控停机无效时，则就地按正常停机按钮停机；

3）当正常停机无效时，使用紧急停机按钮停机；

4）仍然无效时，拉开风电机组主开关或连接此台机组的线路断路器。

110.【答】提高设备可利用率和供电的可靠性，保证风电厂的安全经济运行和工作人员的人身安全，降低各种损耗。

111.【答】科学合理地分析风电厂备品配件的消耗规律，寻找符合生产实际需求的管理方法，在保证生产实际需求的前提下，减少库存，避免积压，降低运行成本。

112.【答】

1）日常巡视：运维制度制定的巡视制度；

2）特殊巡视：当发生风暴、台风、海洋水文气象异常、海上漂浮物撞击等情况时进行的巡视。

113.【答】

1）主要内容：机组在运行中有无异常声响、叶轮及运行的状态、偏航系统是否正常、塔架外表有无油迹污染等。

2）目的：若发现故障隐患，则应及时报告和处理，查明原因，从而达到避免事故发生、减少经济损失的目的；同时要做好相应的巡视检查记录进行备案。

114.【答】

1）检查轮毂表面有无腐蚀；

2）根据力矩表抽样紧固主轴法兰与轮毂装配螺栓；

3）当发现螺栓不符合要求时应予以更换；

4）检查液压式变桨距系统有无异常，轴承注油；

5）检查电动势变桨距系统，变桨电机、变桨传动系统等是否正常，轴承注油。

115.【答】高处作业时，使用的工器具和其他物品应放入专用工具袋中，不应随手携带；工作中所需零部件、工器具必须传递，不应空中抛接；工器具使用完后应及时放回工具袋或箱中，工作结束后应清点。

116.【答】巡视过程中要根据设备近期的实际情况有针对性地重点检查：

1）故障处理后重新投运的机组；

2）起停频繁的机组；

3）负荷重、温度偏高的机组；

4）带"病"运行的机组；

5）新投入运行的机组。

117.【答】

1）发生事故时，应立即启动相应的应急预案，并按照国家事故报告有关要求如实上报事故情况，事故的应急处理应坚持"以人为本"的原则；

2）事故应急处理可不开工作票，但是事故后续处置工作应补办工作票，及时将事故发生经过和处理情况，如实记录在运行记录簿上。

118.【答】齿轮箱常见的故障有：

1）齿轮损伤；

2）轮齿折断（断齿）；

3）齿面疲劳；

4）胶合；

5）轴承损伤；

6）断轴；

7）油温高等。

119.【答】检查项目包括：

1）接线端子有无松动；

2）制动盘和制动块间隙，间隙不得超过厂家规定数值；

3）制动块磨损程度；

4）制动盘有无磨损和裂缝，是否松动，如需更换按厂家规定标准执行；

5）液压系统各测压点压力是否正常；

6）液压连接软管和液压缸的泄漏与磨损情况；

7）根据力矩表100%紧固机械制动器相应螺栓；

8）检查液压油位是否正常；

9）按规定更新过滤器；

10）测量制动时间，并按规定进行调整。

120.【答】风电场在下列情况发生后要进行特殊巡视：

1）设备过负荷或负荷明显增加时；

2）恶劣气候或天气突变过后；

3）事故跳闸；

4）设备异常运行或运行中有可疑的现象；

5）设备经过检修、改造或长期停用后重新投入系统运行；

6）阴雨天初晴后，对户外端子箱、机构箱、控制箱是否受潮结露进行检查巡视；

7）新安装设备投入运行；

8）上级有通知及节假日。

121.【答】钢板表面预处理——喷砂除锈——除锈——监测——油漆喷涂——成品检测——涂层养护——损伤补涂。

122.【答】

1）修复范围应大于损伤表面；

2）补涂底漆时，小面积宜使用刷子，大面积宜使用喷涂；

3）修补时每层涂料的厚度以及各道涂层覆涂间隔应按原始规范执行，厚度不够的应再次进行涂刷；

4）内部修补时，要提供迎风和照明；

5）修补时期的环境条件控制相同于新建结构涂装时的要求；

6）修补后的涂层要注意保护，防止纳米固化涂层遭受踩踏或破坏；浸水或可能浸水区域，涂层修补后需等涂层彻底固化后再浸水。

123.【答】海上大气区域、浪溅区域、潮差区、全浸区域。

124.【答】单桩基础、群桩承台基础、导管架式基础、重力式基础、浮式基础等。

125.【答】由桩套管、中立柱、水平支撑、斜支撑等构成的组合式钢制承台。

126.【答】实现上部结构和桩连接功能的钢制结构，包括过渡段、导管架、衔架等。

127.【答】大型风力发电机组一般由风轮、机舱、塔架和基础四个部分组成。

128.【答】垂直于风矢量平面上的，风轮旋转时叶尖运动所产生圆的扫掠面积。

129.【答】

1）确定施工和验收负责人；

2）编制检修方，制定技术措施、组织措施和安全措施；

3）编制项目预算；

4）确定需测绘和校核的专用工具和备品备件加工图；

5）落实物资准备和大型部件检修施工前的场地布置；

6）确定大型吊车及备品备件的到货、进场等时间安排；

7）准备技术记录表格；

8）组织维护检修人员学习检修方法并进行安全技术交底工作，形成记录并确认无误。

130.【答】

1）检修负责人和有相关专业技术人员应在现场；

2）设备检修应严格按技术措施进行作业；

3）设备解体后如发现新的缺陷，应及时补充检修项目，落实检修方法，并修改施工进度表和调配必要的工机具和劳动力等；

4）宜保留解体、修理、安装过程的影像或图片资料。

131.【答】

1）检查导流罩本体有无损坏；

2）检查安装螺栓有无松动，按力矩表紧固螺栓；

3）检查工作窗锁有无异常；

4）检查工作窗钢线是否可靠；

5）检查机舱壳体与主机基架连接是否可靠。

132.【答】

1）检查主轴部件有无破损、磨损、腐蚀，螺栓有无松动、裂纹等现象；

2）检查主轴运转时有无异常声音及其振动情况；

3）检查轴封有无泄漏，轴承两端轴封润滑情况；

4）根据力矩表紧固主轴螺栓、轴套与机座螺栓；

5）检查主轴的轴承支撑有无异常；

6）检查主轴润滑系统有无异常并按要求进行注油；

7）检查注油罐油位是否正常；

8）检查主轴与齿轮箱间连接装置，根据力矩表紧固螺栓力矩。

133.【答】

1）检查定桨距系统的叶尖是否复位；

2）检查定桨距系统的连接钢索是否牢固；

3）检查变桨距系统的叶片是否可正常变桨到停机或紧急停机位置；

4）检查液压缸及附件有无泄漏；

5）检查液压电机工作是否正常、相关阀件工作是否正常；

6）检查液压站本体有无漏油，液压管有无磨损，电气接线端子有无松动；

7）检查液压站系统是否正常；

8）检查液压变桨系统的蓄能器是否正常；

9）检查电动式变桨系统的变桨电池（电容）及供电回路是否正常。

134.【答】

1）检查制动系统接线端子有无松动；

2）检查制动盘和制动块间隙，间隙不能超过产品技术要求数值；

3）检查制动块磨损程度；

4）检查制动盘是否松动，有无磨损和裂缝；

5）检查液压站各测点压力是否正常；

6）检查液压连接软管和液压缸的泄漏和磨损情况；

7）根据力矩表紧固机械制动器相应螺栓；

8）检查液压油位是否正常；

9）按规定更换过滤器；

10）测量制动时间，并按规定进行调整。

135.【答】

1）检查联轴器运转是否正常；

2）根据力矩表紧固联轴器螺栓；

3）检查联轴器缓冲部件有无老化或损坏；

4）检查联轴器同心度。

136.【答】检查电气、位置、转速、位移、温度、压力、振动和方向传感器。

137.【答】

1）检查风资源采集系统（风向标和风速仪）是否正常；

2）检查与监控系统连接的数据通道是否完好；

3）检查风资源分析系统是否良好；

4）测试风资源分析软件的所有命令和功能是否符合要求。

138.【答】

1）检查法兰间隙；

2）检查风电机组防水、防尘、防沙暴、防腐蚀情况；

3）一年至少检查一次风电机组防雷系统；

4）一年至少测量一次风电机组接地电阻；

5）检查并测试系统的命令和功能是否正常；

6）检查电动吊车、助爬器及电梯等特种设备；

7）根据需要进行超速试验、飞车试验、正常停机试验、安全停机、事故停机试验；

8）检查风电机组内外卫生情况；

9）检查各类标志标识；

10）检查灭火器、逃生绳情况。

139.【答】

1）检查所有硬件（包括计算机、调制解调器、通信设备及不间断电源）是否正常；

2）检查所有接线是否牢固；

3）检查并测试监控系统的命令和功能是否正常；

4）测试数据传输通道的有关参数是否符合要求。

140.【答】

1）检查塔身有无脱漆、腐蚀，密封是否良好；

2）检查安全装置是否良好；

3）检查塔架垂直度；

4）检查塔架内接地线是否良好；

5）根据力矩表对法兰的螺栓抽样进行检查并紧固；

6）检查电缆表面有无磨损和损坏；

7）检查梯子、平台、电缆支架、门、锁等有无异常；

8）检查塔门和塔壁焊接有无裂纹。

141.【答】机组编号、发电量、工作小时数、停机小时数、故障名称及发生的时间、维护和修理人员及操作时间、故障和维修性质、进行的操作、更换的零件等。

142.【答】电控系统的操作、兼顾运行和维修、操作现场清理规程、塔架攀爬的规程、设备操作规程、恶劣天气下的操作、通信及应急方式等。

143.【答】结冰、闪电和暴雨、台风、地震、水灾洪水、过速、刹车失灵、叶轮不平衡、紧固件松动、拉锁松动或断裂等。

144.【答】

1）检查和例行维护所需要的安全通道和工作场所；

2）防止工作人员意外触碰旋转件或运动件的适当措施；

3）当攀爬或在地面以上工作时，提供安全绳和安全带；

4）对风轮、偏航系统、变桨系统等机械运动部件，应该可锁定和解除锁定；

5）合适的放电设备、人员防火保护、备选的机舱逃生路线。

145.【答】

1）规定执行运行工作的人员应该受过相应的培训和指导；

2）安全运行范围和系统说明；

3）启动和关机程序；

4）报警清单和应急方等。

146.【答】

1）规定执行维护工作的人员应该受过相应的培训和指导；

2）风力发电机组子系统及其运行说明；

3）润滑时间表、规定的润滑周期和种类；

4）维护检查周期和程序；

5）保护子系统功能性检查程序；

6）完整的布线图和内部接线图；

7）诊断程序和故障排除说明；

8）推荐的备品备件清单；

9）现场组装安装图；

10）工具清单；

11）拉索检查和再拉紧周期表、螺栓检查和预加载周期表，包括拉力和扭矩。

147.【答】

1）用刮刀或砂轮机除去焊接飞溅物，粗糙的焊缝需打磨至光滑；

2）锐边要用砂轮打磨成曲率半径大于 2 mm 的圆角；

3）表面层叠、裂缝、夹杂物等需打磨处理，必要时进行补焊。

148.【答】

1）风电机组内部环境控制系统运行正常；

2）电梯、照明系统正常；

3）机舱顶部航空警示灯，叶片上航空警示标识，助航标志都要符合要求；

4）船舶靠泊系统及人员逃生系统正常运行；

5）塔筒内应配备食品、淡水及睡袋等临时留宿物资，配置急救药物及灭火器材；

6）风电机组的其他部件已经安装、调试合格，并通过验收。

149.【答】

1）关注大雾、雷雨、风暴潮等不适合维护船舶航行的不良天气的通告；

2）及时、系统、全面地了解风电场海域的海事信息，关注航行警告和航行通告的发布；

3）船员配备不低于规定的最低要求，且处于适岗状态，船员适任；

4）海上船舶驾驶人员应证照齐全；

5）维护人员海上作业应不少于两人。

150.【答】

1）检查海上升压站和风电机组基础完整性（含爬升系统、靠泊装置、防坠落装置、栏杆、梯子、平台及平台维护吊机）；

2）检查结构变形、损伤及缺口；

3）检查钢结构节点焊缝裂纹；

4）检查混凝土表面裂缝、磨损；

5）使用 ROVC 遥控水下机器人或潜水员，检查基础冲刷防护系统；

6）检查助航标志。

151.【答】

1）检查海缆的警示标志、相位色标、命名标志是否明显；

2）检查登陆段海缆有无冲刷，有无裸露，有无磨损，海缆保护套管、盖板是否露出水面或移位；

3）通过水下地形测量检查海中段海缆是否出现严重冲刷；

4）检查海缆监控设备是否正常；

5）检查海缆防雷设施和接地系统是否正常；

6）检查电缆终端设备，电缆终端头接地是否良好，有无松动、断股和锈蚀现象；

7）检查海缆 J 型管、海缆锚固系统和海缆密封性；

8）检查海缆路由周边海域情况。

152.【答】重启前，应对所有部件和系统进行全面检查，并评估其工程整体性。若确定部件和系统因长期不发电而不再满足设计要求，则应进行维修或更换。重启后，应对主要部件和系统的运行状况进行监控，并使其恢复到正常发电状态。

153.【答】

1）最终验收申请书；

2）验收小组成员确认单；

3）验收条件审查报告；

4）最终验收机组分系统检查报告；

5）传动链振动分析报告；

6）齿轮箱油液检测报告；

7）机组运行分析报告；

8）功率曲线验证报告；

9）机组噪声特性验证报告（如合同有约定）；

10）机组计量仪表及传感器检查报告；

11）机组最终验收报告；

12）最终验收证书。

154.【答】

1）沿叶片展向从叶片根部到截面特性渐变的区域；

2）计算得到屈曲、强度和疲劳寿命的安全系数最小的区域；

3）如果有空气制动装置（或其他叶片系统），叶片与其结合的部位应被考虑，特别是叶片结构受这些装置影响的部位。

155.【答】

1）叶片主结构的断裂或坍塌；

2）结构部件的完全失效，如内外黏接面、蒙皮、腹板和根部紧固件等；

3）主要部件从主结构上脱离。

156.【答】

1）循环次数；

2）试验的控制参数（如施加的载荷、变形、加速度、应变）。

157.【答】

1）在层内或黏接面上的小裂纹；

2）胶衣产生裂纹；

3）涂层剥落；

4）表面起泡；

5）未产生永久变形或损伤的局部屈曲；

6）微小的分层。

158.【答】

1）5个等级下的载荷的大小和方向以及应变；

2）时间信号——确保各级载荷的最小持续时间。

159.【答】

1）重量、重心及固有频率；

2）静力试验；

3）疲劳试验；

4）疲劳试验后的静力试验。

160.【答】

1）叶片上的分布载荷只能近似地模拟；

2）通常只有一年或更短时间来进行试验；

3）只能对一支或少数几支叶片进行试验；

4）某些失效难以发现。

161.【答】

1）应力或应变是由精确计算或保守估算确定的；

2）所有相关材料、零件的强度和抗疲劳等级是经过准确地或保守地估算确定的；

3）用于强度计算中的强度和疲劳公式是准确或保守的；

4）叶片生产是按照设计进行的。

162.【答】

1）唯一的标识；

2）相关图纸和规范；

3）铺层表和操作规程；

4）所有重要材料的制造商、类型和识别号的清单；

5）所有重要材料供应商的合格证书、叶片制造商的入厂验收记录；

6）关键区域的热固性树脂和胶黏剂固化过程中的温度记录；

7）差示扫描量热法或其他固化控制方法反映的数值；

8）责任人填写的制造质量记录卡；

9）重量、重心和配重平衡记录；

10）记录应明确是否包括任何可拆卸部件重量，如叶根连接零部件和阻尼液；

11）制造过程中的偏差记录。

163.【答】

1）材料局部安全系数；

2）失效后果局部安全系数；

3）载荷局部安全系数。

164.【答】

1）叶片自身；

2）加载装置（如激振装置、分配梁、夹持装置等）；

3）电缆、吊索、传感器。

165.【答】

1）目录；

2）试验承办人；

3）试验日期和地点；

4）叶片标识；

5）叶片描述（说明）；

6）试验方和流程；

7）对试验载荷的描述；

8）试验设备（包括制造商、型号和序列号等）测量设备的校准记录；

9）传感器和测量点的位置；

10）叶片特定的标定信息（自重载荷、应变等）；

11）不确定度分析；

12）对检查、维修和观察的描述；

13）试验综述和试验结果；

14）试验方、实验室程序与参考规范之间的偏差；

15）参考文献（试验方、实验室程序、参考规范）。

166.【答】

1）载荷分布的试验载荷的评估；

2）基于设计基准的试验结果评估；

3）叶片刚度评估。

167.【答】

1）最大应力或最大应变可能超过材料的极限，从而导致静力破坏或静力失效；

2）应力或应变值太高，使力与应力之间的线性假设不再适用，如屈曲；

3）高应力区域存在内部发热。

168.【答】

1）附着力、弯曲试验、高低温交变湿热（1000 h）；

2）人工加速老化（UVB-313，方法 A，2000 h）；

3）耐湿热（1000 h）；

4）耐盐雾（3000 h）；

5）耐水性（甲法，240 h）；

6）耐油性；

7）耐酸性；

8）耐碱性；

9）耐磨性；

10）耐冲击。

169.【答】表面平滑、色泽均匀，无露底、无剥落、无起泡、无裂纹、无针孔，防雷接闪器表面无异物覆盖。

170.【答】纤维复合材料、黏接胶、夹芯材料和表面防护材料等。

171.【答】纤维提供了纤维增强材料主要的强度和刚度特性，并与聚合物基体成分（树脂）相结合；树脂为纤维提供支撑、应力传递和保护。

172.【答】测试固体密度：

1）密度瓶；

2）静水力学称量。

测试液体密度：

1）密度瓶；

2）韦氏天平；

3）密度计。

气体密度，可不描述。

173.【答】拉—拉疲劳、拉—压疲劳、压—压疲劳三种。

174.【答】短期防腐蚀小于 5 年，中等防腐蚀 5～15 年，长效防腐蚀大于 15 年。

175.【答】

1）一般安全等级：当失效结果可导致人身伤害或造成经济损失和社会影响时，采用此等级；

2）特殊安全等级：当根据地方法规和（或）由制造商来确定安全要求时，可采用此等级。

176.【答】

1）正常设计状态和相应的正常外部条件和极端外部条件；

2）故障设计状态和相应的外部条件；

3）运输、安装及维护设计状态和相应外部条件。

177.【答】海上机组相对于陆上机组而言，其支撑结构还承受水动力载荷的作用。

178.【答】风电机组控制系统是接受风电机组信息和（或）环境信息，调节风电机组，使其保持在工作要求范围内的系统。

179.【答】非流线型物体，在稳定的流体中，会在物体两侧周期性交替产生脱离结构表面的漩涡，当这个漩涡脱落的频率与物体的固有频率相近时，就有可能引发物体的共振，也就是涡激振动。

180.【答】在塔架吊装期间加装扰流条或者在塔顶附近增加可拆卸塔架阻尼（如沙袋）；吊装完成后，采用外接电源让机组保持正常偏航对风，或者增加硬件阻尼（摆锤加阻、水箱加阻）等。

181.【答】在风力发电机组并网点电压跌落的时候，风机能够保持并网，甚至电网提供一定的无功功率，支持功率恢复，直到电网恢复正常，从而"穿越"这个低电压时间。

182.【答】主要包括风速、海潮、海浪、海流、海冰、地震和海床冲刷等要素。

183.【答】

1）风力发电机组场址的地质勘测；

2）海底地形勘测，包括定位海底上的巨石、沙波或者其他障碍物；

3）地球物理勘测；

4）岩土勘测，包括原位测试和实验室内试验。

184.【答】数据验证包括完整性检验，合理性检验，不合理数据和缺测数据的处理，计算测风有效数据的完整率，验证结果。

185.【答】海上风电场包括潮间带和潮下带滩涂风电场、近海风电场和深海风电场。

186.【答】经常用于风速的概率分布函数，分布函数取决于两个参数，控制分布宽度的形状参数和控制平均风速分布的尺度参数。

187.【答】

1）电网兼容性方面，永磁直驱风机更强，永磁直驱风机具备较强电容补偿、低电压穿越能力，对电网冲击小；

2）维护成本方面，永磁直驱风机更低，永磁直驱风机省去齿轮箱维修费用；

3）空气动力学性能方面，永磁直驱式受风速限制较小，其通过电磁感应原理发电，在额定的低转速下输出功率较大、效率较高；

4）永磁直驱风机噪声更低，永磁直驱风省去了齿轮箱，噪声低；

5）永磁直驱风机效率更高，发电效率平均提高 5%～10%；

6）永磁直驱风机运输难度更大，永磁直驱风机体积较大，因此运输难度更大；

7）永磁直驱风机要求更高，永磁直驱风省去齿轮箱，全功率逆变；

8）永磁直驱风机改进空间更大，永磁直驱风机技术较新，电子化程度高。

188.【答】

1）重力式通常设置在浅水面下 0～30 m 的深度，价格昂贵，安装难度不大，但是海床在设置前需要被平整，适用度不高；

2）单桩式和三脚架式一般设置在浅水面以下 25～30 m 的深度，凭借廉价的设置成本以及成熟的工程方，在近海离岸发电中扮演重要角色；

3）塔架式一般设置在浅水面以下 30～80 m 的深度，经济性良好，被大规模工程方采用。

189.【答】

1）TLP 式采用十字型的浮式平台，连接两组系泊线，是三种浮式平台中造价最低的方式，然而由于其抗风浪的性能不够突出，现在深海方式中逐渐淡出；

2）Spar 式是目前唯一商用化的漂浮式方式，利用本身的重力和三条 120° 系泊线抵抗风浪，稳定性和经济性并存；

3）半潜水式是为了应对更复杂的海洋情况，对 Spar 式的重大改良，利用平台排水性能稳定浮在海面，下方冠以三组系泊线，是深海浮式发电的最新科研趋势。

190.【答】由于风能与风速的立方成反比，故精确地估测风速是至关重要的。过高地估算风速意味着风电机实际出力比预期出力要低。过低地估算风速又将引起风电机容量过小，因此，场地潜在的收入就会减少。

191.【答】

1）风传感器：风速、风向；

2）温度传感器：空气、润滑油、发电机线圈等；

3）位置传感器：润滑油、刹车片厚度、偏航等；

4）转速传感器：叶轮、发电机等；

5）压力传感器：液压油压力、润滑油压力等；

6）特殊传感器：叶片角度、电量变送器等。

192.【答】"失效"是指丧失完成某项规定功能的能力。"故障"是指当风电机组的一个部件或组件劣化，或出现反常状态，可能导致风电机组失效时，部件所处的状态。

193.【答】海上风电机组结构设计时应考虑常规的重力和惯性载荷、空气动力载荷、驱动载荷、水动力载荷、海冰载荷以及其他载荷的共同作用。

194.【答】

1）由风力发电机组自身引起的风场的扰动（尾流诱导速度、塔影效应等）；

2）三维气流对叶片气动特性的影响（如三维叶片失速和叶尖损失）；

3）非定常空气动力影响；

4）结构动力学及振动模态耦合；

5）气动弹性效应；

6）风力发电机组控制系统和保护系统动作。

195.【答】制动系统应能够使风轮从任何运行状态变为空转模式或者完全停止。当风速小于维修规定的风速限制时，应提供使风轮从危险的空转状态回到完全停止状态的措施。

196.【答】

1）桨矩角控制：是指变桨型风机，叶片通过变桨轴承连接到轮毂，可以根据风速的大小调整当前桨矩角，保证风力机稳定运行在额定转速和转矩下，确保输出功率的稳定（目前主流风机）。

2）失速控制：是指定桨型风机，无变桨轴承，叶片无法变桨。通过巧妙的气动设计，在大风速下，叶片气动性能变差，确保机组在不同风速下，功率仍可以在一个稳定的范围内（定桨型设计常见兆瓦级以下的风机）。

197.【答】海上风电机组设计中考虑的外部条件取决于海上风力发电机组场址类型。GB/T 18451.1《风力发电机组设计要求》中，风电机组等级由风速和湍流等级定义，该等级涵盖绝大部分的陆上风电应用。对于海上风电机组，根据风速和湍流参数定义的风力发电机组等级仍可作为风轮—机舱组件（RNA）的设计依据。对于海上风电机组设计，除了定义风电机组等级的风速和湍流强度外，还需引入其他重要参数，尤其是海洋条件参数，以形成完整的外部环境。

198.【答】

1）检验后列出所有不合理的数据和缺测的数据及其发生的时间；

2）对不合理数据再次进行判别，挑出符合实际情况的有效数据，回归原始数据组；

3）将备用的或可供参考的传感器同期记录数据，经过分析处理，替换已确认为无效的数据或填补缺测的数据。

199.【答】

1）优势：当前风电发展趋势是大型化轻量化，能捕捉多少风能，很大程度上取决于扫风面积和环境风速。海上风电具有风轮面积大，风资源丰富，环境问题小等优点。

2）挑战：海上风电的建设和维护成本高，零部件一旦发生问题，维护周期长。同时，海底电缆的输电成本高。环境因素上，海上湍流复杂，海水的腐蚀作用，都是对技术层面的巨大挑战。

200.【答】在某海况下波高的统计量，定义为 $4 \times \sigma_\eta$，其中 σ_η 为海面高程的标准差。在窄带波频的海况中，有义波高近似等于最大上跨零波高 1/3 的平均值。

201.【答】最（极）大有义波高的期望值，为 3 h 以上的平均值，年超越概率为 $1/N$（重现期为 N 年）。

202.【答】最（极）大单个波高的期望值（通常为上跨零点波高），年超越概率为 $1/N$（重现期为 N 年）。

203.【答】固定冰盖为无运动的刚性连续冰盖。

204.【答】最高天文潮位是指在一般气象条件下，各种天文条件任意组合所能出现的最高静水位。由于风暴潮源于气象，本质上无规律并与潮位变化相互迭加，因此最终静水位可能高于最高天文潮位。

205.【答】大块浮冰相互碰撞或碰到坚硬障碍物（如海上风力发电机组支撑结构）时，碎冰和浮冰堆积形成冰丘。

206.【答】最低天文潮位是指在一般气象条件下，各种天文条件任意组合所能出现的最低静水位。由于风暴潮源于气象，本质上无规律并与潮位变化相互叠加，因此最终静水位可能低于最低天文潮位。

207.【答】排除海浪、潮汐及风暴影响，在一段足够长时间内的海平面的平均水位高度。

208.【答】支撑结构承受水动力载荷的风力发电机组。

209.【答】由于水深和（或）流速的变化导致波浪的传播速度改变，引起波能重新分配的过程。

210.【答】除去潮流后的海流，主要指风暴潮引起的海流。

211.【答】海水和海床的分界面。

212.【答】海面以下用于建造支撑结构的部分。

213.【答】由于海流、波浪或者结构部件阻断海底上方水体自然流动所引起的海床面土层流失。

214.【答】由于风和大气压变化而引起的不规则海洋运动。

215.【答】海况中，由远离场址的风所生成的向场址移动的波浪，而不是在场址局部生成的波浪。

216.【答】一个向上跨零波中水面最高点和水面最低点之间的垂直距离。

217.【答】波高与波长之比。

218.【答】某海况下海面高程的频域描述。

219.【答】局部安全系数考虑了载荷与材料的不确定性和易变性，分析方法的不确定性以及考虑失效后果时结构部件的重要性。

220.【答】当采用测量的方法确定场址条件时，除非能验证测量是保守的，否则应该把场址条件与当地气象站的长期条件进行相关性分析。测量时间应足够长，已获得至少六个月的可靠数据。在季节变化对风况有很大影响的地方，测量时间应足够长，至少包括这些影响。

221.【答】如风力发电机组序列号，发电量，运行时间，关机时间，故障报告日期时间，采取的措施和更换的零件。

222.【答】主要环境特征包括风况，海拔高度，温度和湿度。

223.【答】

1）由潮汐、风暴潮和大气压力变化等引起的次表层流；

2）风生近表层流；

3）由近岸波浪生成的与海岸平行的表层流。

224.【答】海生物影响海上风力发电机组支撑结构的质量、几何形状和表面状态，进而可影响支撑结构的水动力载荷、动态响应、可达性和腐蚀速率。某些区域内，海生物可能大量存在，应在支持结构设计中予以考虑。

225.【答】应包括风速风向，有义波高，波浪周期方向，流速流向，水位，海冰的发生和特性以及相关海洋气象参数（气温和水湿，空气和水的温度密度，海生物等）。

226.【答】海上风力发电机组制造商应提供机组的组装步骤，安装和吊装用图纸，说明和指导。制造商还应提供详细载荷，重量，起吊点，专用工具以及海上风力发电机组装卸和安装的必要步骤说明。制造商应提供所有危险操作的风险评估。

227.【答】一般来讲，最大极限状态分析要涉及：

1）极限强度分析；

2）疲劳失效分析；

3）稳定性分析；

4）临界挠度分析。

228.【答】空气动力载荷是由气流以及气流与风力发电机组静止和运动部件相互作用所引起的静态和动态载荷。气流由穿过风轮平面的平均风速和湍流，风轮转速，空气密度，风力发电机组零部件的空气动力外形及它们之间的相互作用（包括气动弹性）确定。

229.【答】扭缆是指风力发电机组在一定的外部条件下，始终向同一方向偏航，造成机舱电缆缠绕的现象。解缆是指在扭缆的情况下，使机舱反向偏航解开缠绕电缆的过程。

230.【答】

1）加速度传感器：高温或强磁场环境振动状态监测应优先选择加速度传感器；风电机组滚动轴承和齿轮箱的状态监测应选择加速度传感器；

2）速度传感器：风电机组机舱和塔架的状态监测应选择加速度或速度传感器；

3）位移传感器：风电机组主轴轴向位置的状态监测应选择位移传感器。

231.【答】风速的标准偏差与平均风速的比率。

232.【答】在沿海多年平均大潮高潮线以下，至理论最低潮位以下5 m 水深内的海域开发建设的风电场。

233.【答】

1）测风塔设置：

①测风塔代表性：应在海上风电场范围内；周围应开阔，应远离障碍物，距离大于30 倍障碍物的高度；

②测风塔数量和布置：单个风电场的测风塔不少于1 座，具体数量依据风电场场址形状和范围确定；

2）测量高度：

测风塔的测量高度应高于预装风电机组轮毂高度，风电场范围内至少有1 座测风塔测量高度不低于100 m；

3）测量参数：

包括风速、风向、温度、气压；

4）测量仪器及测量范围和精度：

风速传感器与风向传感器设备在现场安装前应经国家法定计量机构检验合格，在有效期内使用；

5）测风塔的要求及设备的安装；

6）数据收集；

7）数据收集质量控制记录；

8）数据整理。

234.【答】

1）风场附近海洋站等长期测站的测风数据：

①在收集长期测站的测风数据时应对站址现状和过去的变化情况进行考察；

②应收集长期测站以下数据：

a. 有代表性的连续 30 年的逐年平均风速和各月平均风速；

b. 与风场测站同期的逐小时风速和风向数据；

c. 累年平均气温和气压数据；

d. 建站以来记录到的最大风速、极大风速及其发生的时间和风向、极端气温、每年出现雷暴日数、积冰日数、冻土深度、积雪深度和侵蚀条件等；

2）风场测风数据：

应按照 GB/T 18709 标准的规定进行测风，获取风场的风速、风向、气温、气压和标准偏差的实测时间序列数据，极大风速及其风向。

235.【答】热带气旋是指生成于热带或副热带洋面上急速旋转并向前移动的大气旋涡。按强度可分为热带低压、热带风暴、强热带风暴、台风、强台风和超强台风。

236.【答】最大风速指 10 min 平均风速的最大值；极大风速指瞬时风速的最大值。

237.【答】风速的日变化是指以日为基数发生的变化。月或年的风速（或风功率密度）日变化是求出一个月或一年内，每日同一钟点风速的月平均值或年平均值，得到 0 点到 23 点的风速（或风功率密度）变化。

238.【答】双馈：发电机定子绕组直接向电网送出电能；转子绕组经变频器与电网联接，转子转速低于同步转速时，转子绕组从电网吸收电能；转子转速高于同步转速时，转子绕组向电网送出电能，即转子功率双向流动。

异步发电：电机转子处于同步转速上、下的一定转速范围内，电机皆可运行于发电状态。

239.【答】不可逆失磁是指永磁体在外部条件恢复后，其磁性能不能恢复到原有值的差额部分。一般表现为剩磁或磁通的损失。

240.【答】发电机在机组的转速—功率曲线上不同的工作点，输出功率与效率之间的关系。

241.【答】

1）R_{ab}= 0.24，R_{ac}= 0.28，R_{bc}= 0.20；

2）ΔR=（$R_{ac}-R_{bc}$）/R_p×100%；

3）R_p=（$R_{ab}+R_{bc}+R_{ac}$）/ 3 =（0.24+0.28+0.20）/ 3= 0.24；

4）（0.28−0.20）/ 0.24×100% = 33%。

242.【答】R =［1.65×（20+235）］/（15+235）= 1.683（mΩ）。

243.【答】一种绕组，其冷却介质流经位于主绝缘内部作为绕组组成部分的空心导体、导管、风道或通道，与被冷却部分直接接触，不管其取向如何。

244.【答】除直接冷却绕组以外的其他任何绕组。

245.【答】

1）定桨距失速型发电机组，主要的功率输出单元为双速双绕组异步发电机；

2）变桨变速恒频双馈发电机组，主要的功率输出单元为双绕组异步发电机；

3）变桨变速恒频直驱发电机组，主要的功率输出单元为永磁或电励磁同步发电机。

246.【答】电机类型、工作制、额定功率、额定电压、极数、相数、额定转速、发电机转速范围、额定效率、功率因数、定子接线方式。

247.【答】永磁发电机和双馈发电机。

248.【答】冲击波形比较法，其原理是将具有规定峰值和波前时间的冲击电压波，交替地（或同时）直接施加于同一设计的被试绕组和基准绕组（或线圈）上，利用冲击电压在两者中引起的衰减振荡波形有无差异，来检验电机绕组（或线圈）匝间绝缘是否良好。

249.【答】可能遭遇风、波浪、海流、地震、冰等海洋环境荷载，以及运维船舶靠泊与碰撞、海生物附着荷载等。

250.【答】与双馈机型相比，半直驱风电机组取消了齿轮箱的高速级，降低了齿轮箱的传动比；与直驱机型比，半直驱的发电机转速高，可以减少发电机的磁极对数。这个特点决定了半直驱风电机组一方面能够提高齿轮箱的可靠性与使用寿命，另一方面相对于直驱发电机而言，能够兼顾对应的发电机设计，改善大功率直驱发电机设计与制造条件。